物联网工程研究丛书

物联网架构
——物联网技术与社会影响

Architecting the Internet of Things

〔德〕Dieter Uckelmann   〔英〕Mark Harrison
〔瑞〕Florian Michahelles 编著

别荣芳　孙运传　郭俊奇　王慎玲　等译

科学出版社

北　京

内 容 简 介

　　本书围绕物联网的系统设计思想、核心体系架构方法论、终端用户的参与、业务前景与应用模式、物联网中的资源管理等诸多涉及物联网研究与发展的关键方面展开论述，澄清了一些易被混淆的基本概念，提出了很多具有重大影响的学术思想，为物联网的学术研究与应用开发提供了重要的参考，是物联网领域的经典著作。

　　本书可作为高等院校物联网等相关专业的教材，也可作为相关领域工程技术人员的参考书。

Translation from the English language edition：
Architecting the Internet of Things edited by Dieter Uckelmann; Mark Harrison; and Florian Michahelles

Copyright © Springer-Verlag Berlin Heidelberg 2011
Springer-Verlag Berlin Heidelberg is part of Springer Science＋Business Media
All Rights Reserved

图书在版编目（CIP）数据

物联网架构：物联网技术与社会影响/（德）乌珂曼（Uckelmann，D.）等编著；
别荣芳等译 . —北京：科学出版社，2013
　（物联网工程研究丛书）
　书名原文：Architecting the Internet of Things

ISBN 978-7-03-035938-4

　Ⅰ.①物…　Ⅱ.①乌…　②别…　Ⅲ.①互联网络-应用②智能技术-应用
Ⅳ.①TP393.4　②TP18

中国版本图书馆 CIP 数据核字（2012）第 260294 号

责任编辑：王　哲/责任校对：林青梅
责任印制：徐晓晨/封面设计：迷底书装

科学出版社 出版
北京东黄城根北街 16 号
邮政编码：100717
http://www.sciencep.com

北京厚诚则铭印刷科技有限公司 印刷
科学出版社发行　各地新华书店经销
*

2013 年 1 月第　一　版　　　开本：B5（720×1000）
2018 年 6 月第二次印刷　　　印张：20 1/4
字数：3 940 000
定价：128.00元
（如有印装质量问题，我社负责调换）

译 者 序

近年来，随着信息技术的不断进步和社会经济的不断发展，物联网逐步成为学术界和产业界研究的热点之一。在欧洲，由于欧盟物联网研究项目组（CERT-IOT）的推动，物联网的研究开展得如火如荼；在美国，对于信息物理空间的研究在学术界一直都是一个炙手可热的方向；在日韩，泛在（普适）计算技术被广泛应用在各行各业；在中国，由于近年来政府的大力支持，目前"感知中国"、"智慧中国"等概念已经深入人心，各方面的研究也都陆续展开。近三年来，已经有十几项与物联网基础研究相关的 973 项目获批，几十所高校开设物联网专业。

然而，随着研究的不断深入，人们也逐渐发现，无论是在学术界还是在产业界，对于物联网的认识并没有达成共识。物联网究竟是什么？如何架构物联网？其基本的设计思想是什么？如何标识、如何组织、如何管理物联网环境下数以万亿计的各种"物"的资源？企业与百姓如何协助建设物联网？物联网能够给企业和普通百姓带来什么？如何解决物联网环境下的隐私保护与法律问题，等等。一系列的困惑始终萦绕在人们的心头。科学家们对这些问题的解释与回答也是各执一端，难以达成一致。

本书试图对这些问题给出一些回答。事实上，我们很难从书中找到这些问题的准确答案。对于有些问题而言，准确答案本身也许并不存在。但是，对于物联网的未来发展，无论是从社会学的角度还是从技术发展的角度，这本书都能给我们很多的启发。本书力图从全局的角度阐述物联网的整体架构方法，从商业模式和社会学等不同侧面阐述物联网的发展愿景与面临的挑战，从技术的角度考察物联网的实现工具、物联网中的资源管理、物联网中的异构数据处理与集成等问题，并从哲学与社会伦理的角度思考物联网中物与人的关系问题和"人学思想"在物联网设计中的渗透问题，分析在物联网环境中如何充分发挥普通民众的创造力的问题。此外，还通过分析研究企业在物联网环境中的商业运作模式和计费方案、考察欧盟的物联网智能体验项目和物联网在智能物流领域的具体应用深入研究物联网实现的可能性和可行性。

在本书的翻译过程中，北京师范大学物联网研究组的十余名成员尽心尽力地翻阅了大量的文献资料，并多次通过邮件与各章节的作者进行深入沟通。其中，各章的主要翻译人员如下：

第 1 章　王慎玲　孙运传

第 2 章　孙运传　鲁　珵

第 3 章　孙运传　鲁　珵

第 4 章　郭俊奇

第 5 章　郭俊奇　余晓峰

第 6 章　郭俊奇　许梦玲

第 7 章　王慎玲　谢晓波

第 8 章　郭俊奇　张红阳

第 9 章　孙运传　严红理

第 10 章　孙运传　严红理

第 11 章　王慎玲

第 12 章　张广志　郑　琛　曲明超

最后，别荣芳教授对全书进行审阅定稿。

对于本书的翻译，我们要特别感谢原书的作者给予我们的帮助，也特别感谢信息学院周明全院长、数学学院何青老师以及施毓同志对我们的大力支持。

由于水平有限，本书的翻译可能有很多错漏之处，请广大读者不吝批评指正。

译者

前　　言

物联网：未来的挑战与机遇

在过去十几年中，互联网在很大程度上影响和改变了社会商业活动以及人们生活方式，未来这种影响和改变还将继续。近年来，Web 2.0、社交网络和移动接入等技术和应用的蓬勃发展已经充分说明了这一点。目前，普适计算和环境智能已经成为热门的研究领域，并在日常生活中得到广泛应用。当前物联网的发展，将为现实世界中各种物品、传感器、执行器和其他智能技术的互联互通提供一个基础平台，从而使得人与物、物与物之间能够进行有效通信。

物联网的发展与信息技术、物流和电子商务的发展是齐头并进的。信息技术的发展日新月异，如在通信领域中模数转换的技术进步，使得在单位消息量减少的同时，单位时间内消息交互的数量显著提高。此外，互联网信息传播方式也有了长足的进步，从最初的信息单向地向大众传播，逐渐转变为由大众或者特定用户根据个人兴趣主动定制。同时，互联网上信息量的爆炸式增长，使得我们需要从中提取个性化的信息，以满足用户的需求。当然，这种发展不仅仅局限于互联网领域。在物流领域，其发展状况也是类似的。例如，在过去的几年中，随着电子商务的发展和货物运输技术的进步，小宗物品的投递数量在不断增加。物联网可以将信息技术融入这些物品之中。过去，个人物品识别仅仅局限于某些特殊类型的物品，或者局限于物品的批量识别。自动识别技术和数据处理能力的不断进步，使得个人物品识别变得非常容易。历史上，大宗产品的召回曾导致商家严重的经济损失，甚至品牌声誉也受到破坏。反观现在，商家与客户之间可以直接进行交流，商家对产品的召回可以针对个别产品有选择地进行。电子商务的发展在很大程度上改变了人们的购物习惯。人们可以直接在网上查看商品信息、购物，也可以对产品进行评价。随着商业活动的日益加速，要求商业经营的灵活性达到一个新的水平。过去，很多经销商曾经依靠传统营销模式获得了成功，但现在，由于没有对信息时代做好充足的准备，部分经销商成为信息时代的"牺牲品"。

物联网或许恰好就是物流和信息之间的连接纽带。然而，在未来的物联网中，我们的生活将会变成什么样，目前尚无法清楚地做出判断。例如智能冰箱，人们最初的愿景是智能冰箱能够自动判断并发送补货订单。目前看，这一愿景的实现尚待时日。有人可能会认为消费者和商家对此尚未作好充分准备，甚至有人认为这种愿景的实现过于复杂。那么，实际情况如何呢？事实上，打印机制造商已经实现了一套完整的自动化解决方案：利用自动识别技术可以识别墨盒，传感设备可以自动测量墨汁容量，有的用户界面还可以自动向用户报告打印机的当前状态，并且可以通过软件系统实现墨盒在线即时补货，其中包括在线商务沟通、在线订货、在线服务，以及电子账单和电子支付等。当然，这不过是大型商业公司主导的一种独立的解决方案。对于物联网的应用来说，我们自然不希望每一个应用只有一个解决方案。物联网成功的关键在于能够自由地选择！我们希望可以在不同的制造商、供货商、服务提供商、投递方式和支付服务中自由地选择，而不需要为这些进行专业培训。为了实现这一愿望，我们需要解决不同的技术和体系结构的异构问题。如果要在商家、服务商和消费者之间实现交互，就需要提供标准化的接口，解决不同技术与体系的融合问题。

此外，我们需要解决商业经营中对于 IT 投资结构的缺陷问题。迄今为止，大企业往往采用将新技术授权中小企业使用的方式进行投资，而这些新技术几乎无法让这些中小企业从中获益，最终导致中小企业不堪重负。因此，我们需要考虑合适的成本收益分享机制以及其他补偿方法，从而使物联网不只对大公司有利。

未来，为了充分发挥物联网的巨大潜能，我们不仅需要考虑设计各种设备接口，还需要考虑各种用户界面。在现实生活中，安装在手机上的条形码和二维码软件已经能够识别物体。但是，只有极少数用户使用这些功能获取互联网上的物品信息。近场通信（Near Field Communication，NFC）技术应该是下一代能够实现唯一识别和自动连接到互联网服务的技术。为了考察近场通信技术带来的商机，移动供应商会首选移动记账和支付服务作为对市场的试探。射频 SIM 卡提供了另一种选择，可以使非近场通信手机参与到有关信息接入的移动商务和产品中。除了这些多功能的设备之外，我们可能会发现一些专用的个人识别小配件较易操作，如 USB 闪存盘在便携式数据存储方面比手机要好得多 。一些易用的小型识别设备，有可能对物品与其在网上虚拟表示的连接非常有效。

物联网能否使我们的生活变得更加方便舒适，亦或物联网只是促使信息泛滥的另一个因素？当前，人们关于物联网的讨论还只是限制在信息的范畴，尚未达到决策自主化的水平。为了从日常决策工作中解放出来，避免信息时效性和决策之间的脱节，我们需要开始考虑整合新的方法与技术。在物流领域，人们正在研究自治和协同的物流运作机制，其主要思想是利用分散的分层计划和控制方法，对物流过程进行规划和控制。我们相信自治控制技术和物联网技术的结合，必将把基础设施的稳健性、可扩展性和敏捷性提高到一个新水平。

当然，物联网中自治概念的整合不只局限于物流领域。个性化的软件代理能够满足我们的私人生活需要，包括购物、智能家居和公共环境等。目前，在互联网上，招标代理软件已经十分普遍。尽管如此，软件代理需要超越简单的 if-then 算法，可以综合利用各种传感数据，感知周围环境的变化，并与其他代理交流，能够从历史数据中学习，同时也允许人类用户的干预。不过，为了在公众中进行普及，软件代理应该是易于使用和易于配置的。当前，互联网技术正在朝这方面发展，借助混搭技术和其他容易使用的 DiY 软件工具，互联网终端用户能够积极地参与其中，同时，这一趋势正在逐渐脱离传统的开发者社区，逐步走向终端用户。

新技术的出现只能为我们提供发展机会，利用这些技术能否获得整体的创新最终取决于我们自己。我们需要重新反思传统的商业模式，需要把物联网技术与人们日常生活结合起来考虑问题。比如，在民用住宅地区开办工厂，需要考虑射频保护，避免反射与干扰；设计师可以考虑开发集成信息技术的铲车，使之更加符合工效学原则，减少笨重的附加装置；借助物联网技术，可以将收费系统等公共基础设施的功能进行扩展，使之可以支撑更多服务；各种物品，如汽车，需要它们之间、它们与周围环境之间能够进行交流，以便开发一个有限的基础设施和实现新的可持续的共享模型；可穿戴计算可以发展成为一种"时尚计算"，将时尚、实用、智能、联网和移动等特性有机地集成到一起，设计出方便最终用户使用的设备。未来物联网需要实现人与物品的连接，现有智能手机、个人数据终端和其他移动计算设备离这一需求仍然差之甚远。

物联网技术的发展为我们带来的好处是显而易见的，利用物联网技术，人们可以大大提高工作效率、获得更多的效益，甚至可以创造新的商业环境。当然，物联网技术的发展和应用也存在很多值得思考的问题，比如在物联网治理、安全、隐私等方面就存在许多的挑战。首先，在物联网领域，开放治理是一个值得人们关注的重要话题。然而，从长远看来，如同今天互联网中域名结构一样，在物联网领域中，不同地区和国家之间的协商谈判有可能会实现某些统一的技术结构。尽管如此，在很多产业领域中，人们往往会忽视国际标准化，忽视政治因素的影响，而试图建立自己专有的事实上的标准。其次，物联网的安全是一个非常重要的问题。最近发生的恶意攻击软件 Stuxnet 偷窥和篡改监控与数据采集系统（Supervisory Control And Data Acquisition，SCADA）的事件，再次揭示未来物联网对安全需求的紧迫性。同时，滥用互联网操纵虚拟世界的情况非常严重，如对股票市场的操控等，造成了极坏的影响。物联网能够对现实世界产生直接的影响，因此，其安全性也显得格外重要。最后，物联网中的隐私问题是一个非常敏感的话题。所有的个人数据应该看做个人隐私。目前，很多公司滥用员工个人数据的问题已经引起了人们的关注，在欧美等一些国家和地区正在考虑将这方面的立法工作提到日程上来。德国当前的一些政论认为应该禁止对员工行为进行视频监控，并且在员工招聘过程中，针对员工的调查不能使用社交网站等方法。物联网技术的发展能够进一步提高针对员工与消费者的监控方法。当然，需要强调的是，在我们利用物联网的新技术，充分发挥物联网优势的同时，也要提升自己的责任感。在这方面，完善的法律法规能够发挥作用，但是自律机制尤为重要。当今世界，来自社会的可持续管理的影响越来越大，负责任地使用物联网技术的行为会受到人们的褒扬。事实上，很多商家已经开始关注物联网发展过程中所遇到的抵制行为，因此，他们会迅速调整其发展策略。企业应该清醒地认识到，自律机制是非常重要的，这种自律能够改变企业的发展前景，可能更好，也可能更坏。当然，技术的发展总是具有双刃作用，其关键在于我们如何使用，比如，除了可以监控员工行为，物联网的视频监控技术在其他方面能够发挥的作用是巨大的，一个小小的摄像头可以轻松地监控破裂的油管漏油的情景。

物联网对异常情况的敏捷处理、节约成本、保护环境，甚至挽救生命都是大有帮助的。物联网发展究竟能够为我们带来什么？在这一点上，我们无法做出清晰的判断。但是，我们深信物联网未来的发展会远远超出我们的想象。

Bernd Scholz-Reiter 教授

目　　录

第1章 未来物联网的架构方案

Dieter Uckelmann[1], Mark Harrison[2], Florian Michahelles[3]

[1] 德国，不来梅大学，动态物流实验室
[2] 英国，剑桥大学，制造研究所
[3] 瑞士，苏黎世联邦理工学院，信息管理系

在物联网（Internet of Things，IoT）的概念诞生之初，其含义主要是利用自动识别技术（Auto-ID）和网络技术实现对 B2B（Business to Business）物流的管理和产品生命周期的自动化管理。之后，随着信息技术的迅速发展，人们对物联网的研究逐步展开，未来物联网的广阔前景也逐渐呈现在人们的面前。在未来物联网环境中，分布在我们生活每个角落的智能物品可以随时随地获取各种各样的信息，并通过物品互联的网络技术发布和利用这些信息。在日常工作和生活中，人们可以充分利用这些丰富的信息，同时也可以通过各种智能物品方便地为物联网提供信息。目前，盛行的社交网络为人们交友提供了便捷的交流平台。通过这些社交平台，人们可以及时与他人分享工作与生活体验，针对社会热点问题发表个人意见和建议，针对特定的问题征求他人的帮助。社交网络在商业应用中取得了巨大的成功，充分体现了社交网络与商业应用整合发展的巨大潜力。

信息是物联网中价值创造的主要源泉。物联网能够为商业应用提供实时的信息分析服务，进一步提高商业智能的功能，从而进一步提高目前已有的商业软件系统的内部整合和交互能力。在物联网环境中，可以建立相应的激励机制来鼓励用户向物联网提供信息，以加强信息的共享与交易。信息获取与分析技术的迅速发展，将进一步加快物联网商业模式的改革与创新，从而促使物联网逐步从投入转向收益。

在物联网中，人们可以采用混搭模式①建立自己的业务应用。混搭是指利用已有的功能服务，对存储在物联网上的数据进行分析处理，并按照某种合理的形式呈现给最终用户。同时，人们还可以通过编程对混搭而成的业务应用进行改进。通过自动识别、无线传感等技术，用户可以实时获取现实世界中的事件信

---

① 译者注：在 Web 应用开发中，混搭技术是指利用来自多个不同站点或者应用程序的数据、页面表现形式和应用接口来构建新的服务的方法。利用混搭模式，可以快速创建满足用户需求的新的业务流程，目前 Yahoo、Google 都提供开放的应用程序接口（Application Programming Interface，API）供其他网站使用。

息，并将这些信息与虚拟世界的信息（如企业数据库和 Web 2.0 应用）相结合，在智能分析系统的支持下，为物联网环境中的商务应用提供服务。此外，物联网可以利用各种灵活方法，通过机器接口，直接操纵现实世界中的物品。

本章主要讨论三方面的内容。首先阐述未来物联网的规划与发展，主要内容包括物联网的概念、发展历程、发展愿景，以及所面临的一系列关键问题和挑战。其次，讨论物联网的商业问题。针对用户对物联网的评价，从以用户为中心和以商业为中心两种不同的情况出发进行论述；针对物联网的成本和收益，从企业、用户、社会和环境等不同的角度展开论述。最后，就未来发展，为研发人员提出一些供参考的意见。

1.1　引　　言

2001 年，美国麻省理工学院自动识别技术中心（Auto-ID Center）的 Davik Brock 在介绍电子产品编码（Electronic Product Code，EPC）[①] 的文章中，首次使用"物联网"[②] 这个词。2003 年 9 月，在芝加哥召开的 EPC 研讨会上，"物联网"开始受到人们的关注。当时，自动识别技术中心提出了 EPC 网络的初步构想，并提出将其用于物流供应链中物品的自动识别和物流的监控与追踪。而后，越来越多的研究人员及开发人员开始沿用这一术语，物联网开始得到学术界和产业界的关注，相关的研究与开发工作如雨后春笋般地发展起来。

物联网的主要思想是将现实的物理世界和虚拟的信息世界无缝地融合为一体。信息世界是以信息技术为基础构建的虚拟世界，其中的数据内容是对现实世界的客观物体和对应事件流程的描述。借助自动识别技术，对物理世界中的物体进行标识，可以实时地获取相关物体的具体信息，利用网络技术和相应的信息技术可以将这些信息与信息世界进行对接，从而实现两个世界的无缝融合。在商业

---

① 译者注：EPC 的载体是射频识别（Radio Frequency IDentification，RFID）标签，并借助互联网来实现信息的传递。借助全球开放的标识标准，EPC 的目标是为每一件产品建立唯一的电子标签，实现全球范围内对单件产品的跟踪与追溯，从而有效提高供应链管理水平、降低物流成本。EPC 是一个完整的、复杂的、综合的系统。EPC 概念最初是 1999 年由美国麻省理工学院提出的，在国际条码组织、宝洁公司、可口可乐、沃尔玛、联邦快递、雀巢、英国电信、SAP、SUN、PHILIPS、IBM 等全球 80 多家跨国公司的支持下，于 2003 年完成技术体系的规模测试，并成立 EPCgloble 全球组织，推广 EPC 和物联网的应用。全球最大的零售商美国沃尔玛宣布从 2005 年开始使用 EPC 电子标签。美国国防部，美国、欧洲、日本的生产企业和零售企业都制定了从 2004 年到 2005 年实施电子标签的方案。

② 译者注：1995 年，比尔·盖茨在他的《未来之路》中提到物联网的理念，但由于无线网络、硬件及传感设备等技术发展的限制，当时并未引起重视。1999 年，美国麻省理工学院的自动识别技术中心首次提出 EPC 的概念和技术，再次明确物联网的理念，并开始使用"Internet of Things"这个术语。2005 年，国际电信联盟（International Telecommunication Union，ITU）正式提出物联网概念。

活动和日常生活中，利用物联网，人们能够更加容易地获取现实世界的信息，甚至可以通过物联网的信息系统直接对现实世界中的物体进行操作。在强大的信息技术支持下，用户可以更好地做出行动计划，并采取相应的行动方案，大大提高业务管理的水平。除了能够为商业活动提供及时、准确、高效的信息服务外，在人们的日常生活中，物联网也会发挥巨大的作用，使我们生活得更方便、更舒适。

自从自动识别中心提出"物联网"的概念之后，随着自动识别技术、实时定位系统、传感技术的发展，越来越多的研发人员开始研究"物联网"对现实世界与信息世界的融合问题（Fleisch et al.，2005；Bullinger et al.，2007；Floerke-meier et al.，2008）。

近年来，随着用于物体标识的标签的微型化、各种存储与读取设备的成本的降低，以及 RFID①、传感网②、近场通信③、无线通信等相关技术的逐步成熟，在我们的日常工作与生活中也逐渐出现一些物联网的雏形。在物联网环境中，我们可以利用传感器来监测现实世界中物体的状态信息，并对这些信息进行合理的分析，以便于对现实世界中发生的各种变化做出快速反应。这种具有充分交互和迅捷反应能力的网络，对普通民众和企业而言，应用潜力非常大。

目前，RFID 技术在生产车间、仓库和零售商店等领域已经得到广泛应用，在产品的供应链管理中，也日益凸现出其重要性。传感器技术在制造业和物流业中应用广泛。在制造业中，其主要作用是监控生产进程和商品的质量管理。在物流中，其主要作用是实时监控物品的实际状态信息，包括位置、运输状态、完好程度等。在传统的应用系统中，跨系统的数据交换受到技术的限制而发展缓慢。

最初，RFID 技术主要应用于访问控制和生产自动化领域。在这些领域中，标签大都在封闭的环境中使用，并且 RFID 数据只能通过简单的客户端使用。也就是说，初期的 RFID 应用基本上都局限在独立的系统环境中，没有实现不同系统的交互与通信。而在物联网环境下，识别技术与通信技术的发展使得跨系统的数据交换不再困难。当然，这需要借助于网络通信技术。近年来，在传统的商业信息系统中，互联网技术得到广泛应用，并逐渐向高度网络化发展。类似地，目前传统的 RFID 应用也需要接入到互联网环境中，从而促使其应用更加开放，实现网络环境中的 RFID 应用。这是目前工业界正在考虑的重大挑战。

---

① 译者注：射频识别技术（RFID）是一种无线通信技术，可通过无线电信号识别特定目标，并读写相关数据，而无需识别系统与目标之间建立机械或光学接触。

② 译者注：传感网是将红外感应器、全球定位系统、激光扫描器等信息传感设备与互联网结合起来而形成的一个巨大网络，让所有的物品都与网络连接在一起，从而方便识别和管理。

③ 译者注：近场通信（NFC），又称近距离无线通信，是一种短距离的高频无线通信技术，允许电子设备之间进行非接触式点对点资料传输，在 10 厘米（3.9 英寸）内交换资料。

要实现随时随地访问各种实时信息，物联网需要借助信息通信技术（Information Communication Technology，ICT）。因此，开放的、可扩展的、安全的和标准的网络通信的设施对物联网而言是必不可少的。当然，这样的基础设施建设绝非一日之功。好在有关这方面的研究已经引起人们的关注。目前，EPCglobal 的工作组正在收集和分析客户需求及商业案例，力图制定全球统一的技术标准，以提高物联网技术应用的可行性。开放地理空间联盟（Open Geospatial Consortium，OGC）[①] 也正着手研究和建立一个开放标准框架，以便能够连接各种传感设备，如洪水计量表、空气污染监测器、桥梁的压力测量仪、移动心脏监测器、网络摄像头和星载地球成像设备等。

目前，物联网的研究主要是围绕技术发展的可能性展开的，而不是围绕用户需求展开的。这在一定程度上阻碍了物联网应用的发展。应该说，随着近距通信、RFID 技术在具体应用中的推广（如 Nabaztag，Touchatag），移动互联网（如 Apple iPhone，HTC Touch）和社交网络平台（如 Twitter[②]）的迅速发展，为用户 DiY 的创新和应用提供了一个巨大的发展空间（见第 3 章）。在物联网环境中，人类和物品的关系变得越来越紧密。当然，物联网的发展需要开放的网络体系结构把物品和人联系起来。

目前，在企业生产和物流领域广泛使用的 RFID 系统，可以看做一种企业内各种物品间的物联内网或者物联外网。传统的通信技术（比如电子数据交换标准 EDIFACT）通常对通信者的数量是有限制的；而未来开放的互联网架构需要进一步提升和扩展这些早期的技术和方法。

图 1.1 所示为从当前的物联内网/物联外网[③]到未来的物联网和人联网[④]的发展过程中需要经历的各个阶段。在新的技术推动下，大量新的应用需要加入到物联网中来，因此可扩展性对于物联网的发展来说是至关重要的。

此外，对于目前企业中在用的信息系统，我们很难分析其成本和带来的收益，也没有成功的商业案例来说明信息应用系统为企业带来收益的定量分析。

从目前 Web 2.0 的最新应用中，我们可以获得一些启发，为物联网的发展提供一些思路。物联网中大量自适应的、自主管理的智能物品能够为用户提

---

① 译者注：开放地理空间联盟（OGC）是一个非盈利的国际标准化组织，引领着空间地理信息标准及定位基本服务的发展。

② 译者注：Twitter 是国外的一个社交网络及微博客服务的网站。它利用无线网络、有线网络、通信技术，进行即时通信，是微博客的典型应用。

③ 物联内网（Intranet of Things）和物联外网（Extranet of Things）。

④ 译者注：人联网是以社交（social）、位置（location）、移动（mobile）和线上支付、线下服务（Online to Offline）为基础打造的全新体验的用户分享社区。它与互联网、物联网不同，它通过使用国际流行的技术手段，实现人与人之间高效互通互联的社交形式。

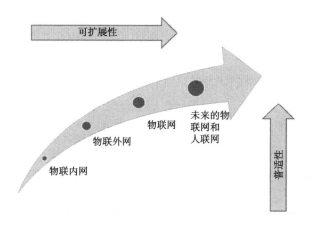

图 1.1　从物联内网到未来物联网的发展阶段

供各种各样的个性化智能服务，用户可以从这些服务中获得完美的体验。企业可以从这些智能物品及其提供的服务中寻求获利机会，作为最终消费者的用户则可以由此得到更加完善的服务。目前，很多成功的 Web 2.0 应用大大提高了人们之间的数据联系，如 Facebook[①] 或 Twitter 等社交网站就是其中的典型代表。这些应用大都是通过专有应用程序接口（Application Programe Interface，API）来实现的。借助物联网中的智能物品，人们可以更加便捷地进行交流，而且物联网中强大的信息分析系统将可以为企业 B2B 应用提供功能更完善的数据分享模式。

　　本章主要论述物联网的规划及发展需求，内容安排如下：1.2 节论述物联网的定义及其功能需求；1.3 节介绍目前欧盟物联网研究的相关项目与研究现状；1.4 节论述物联网未来发展的 10 个关键需求；1.5 节提出一个物联网发展的整体规划与架构模型；最后，1.6 节对全章进行了总结并展望物联网的未来。

1.2　定义和功能需求

　　虽然"物联网"至今都没有明确的定义，但是在科学研究和企业应用中，这个术语都得到了广泛使用。当然，有的时候是误用。截至目前，人们都很难给"物联网"下一个准确清晰的定义。2009 年，欧盟物联网研究项目工作组在《物

---

　　① 译者注：Facebook 是一个于 2004 年 2 月 4 日上线的社会化网络站点，中文网名译为"脸谱网"。

联网的战略研究路线图》①　中为物联网提出一个定义。这个定义总结了之前人们对物联网的定义，在学术界和产业界产生了深远的影响。

"物联网将是未来互联网的一个重要组成部分。它是一个动态的全球性基础网络。通过采用标准化和通用的通信协议，物联网可以自由、自主地配置网络环境。在物联网中，不论是实体的'物品'还是虚拟的'物品'都拥有自主标识，且包含实体属性和虚拟属性。同时，物联网可以使用智能化接口，可以和现有的以及未来的信息网络无缝整合。

在物联网中，'物品'将成为社会、信息、商业活动中的自主参与者。它们之间可以相互自主地交流与沟通；能够自主感知所处的环境，并根据情况与所处环境交换数据和信息；可以对现实世界中的事件做出自主反应；并且不论在有人还是无人的情况下都可以自主记录行为或动态建立相应的服务接口。在未来的物联网中，以服务为形式的各种智能接口将促进网络中各种智能物品之间的交互，方便查询和改变这些物品的状态和信息，并且将可以时刻保障它们自身的安全性和解决它们所涉及的隐私安全问题。"

从某种意义上说，上述定义综合了构建和实现物联网各种可能的技术，应该是相对比较完善的定义。但是，该定义仍然存在一些不足之处。主要包括以下三点。

第一，上述物联网定义的内容，在以前的一些概念中已有所提及，比如普适计算等。该定义涵盖了这些概念，但是，难以将物联网与这些概念区别开来。

为了将物联网与其他概念区别开来，在定义物联网时，除了说明物联网是什么和能够做什么之外，最好还能明确物联网不是什么。针对很多人将普适计算、因特网技术、通信技术、嵌入式系统等概念混同于物联网的概念，Tomas Sánchez López 在博客上发起了一个有关这方面的讨论（Sánchez López，2010），他认为物联网所涵盖的范围远远超出如下内容的范畴：

（1）普适计算。普适计算的目标是为用户提供无所不在的实时计算能力，其中并不使用物体的概念，也不需要全球互联网基础设施。因此，普适计算可以看

---

①　译者注：作为未来的发展趋势，物联网将在诸多方面决定未来世界和人类社会的发展方向。为了更好地开展物联网的研究工作，对物联网的发展提出合理可行的建议，欧洲物联网研究项目组（CERP-IoT）于 2009 年制定了物联网相关的战略研究路线图（SRA）。这一路线图不但综合了欧洲各界专家的意见，同时也汇集了欧洲专家与世界各地专家的交流成果。这个版本的路线图是对物联网研究和发展中的各个阶段的研究领域和研究路线提出的建议。该战略研究路线图将涵盖四个部分的研究内容：①对于物联网的基础定义体系的研究，如"物"的定义和物联网的发展构想等；②确定物联网在社会中的应用领域，并积极探索未来可能的新应用领域；③确定物联网现阶段发展和未来发展所必需的技术领域；④为未来十年的物联网发展制定合理的研究日程，详细描述研究中可能遇到的问题，提出研究所应遵循的先后顺序，以及一些不能忽视的标准化工作和隐私与安全问题。（参见：http://www.internet-of-things-research.eu/pdf/IoT _ Cluster _ SRA _ English2Chinese _ Translation. pdf）。

做物联网构成的部分，但是不能将其作为物联网。

（2）因特网协议（Internet Protocol，IP）。因特网协议能够支持目前互联网的信息传输，未来也可以纳入物联网中，作为物联网信息传输技术的一部分。但是物联网中使用的信息传输技术将非常复杂，因特网协议只是其中的一种。

（3）通信技术。与互联网中通信技术所起的作用类似，通信技术只是物联网技术发展的一小部分。

（4）嵌入式设备。嵌入式设备是对物体进行标识和识别的基础，这些设备构成的系统应用，如 RFID 标签或无线传感器网络（Wireless Sensor Network，WSN）等，可以看做物联网的一部分。但是，缺少后台信息基础设施的支持，RFID 标签或者孤立的应用系统无法实现信息的交互与共享，因而难以看做物联网；同样，当无线传感器网络缺少与"物"发生关联时，也不能看做物联网。

（5）实施案例。目前，虽然已经有一些使用 RFID、无线传感网等技术实现的物联网雏形，但是这些具体的实施案例，充其量只能够算做物联网在某个具体而微的环境中——物联内网的实施案例。正如 20 世纪 90 年代初的某些具体的互联网应用不能用于代表后来互联网或万维网的发展一样，目前，任何物联网的具体应用也不能代表完整的物联网的含义。

通过上述分析，我们可以比较容易地区分物联网同这些概念的差别。由此可以看出，不同的文献所认定的物联网的定义，实际上千差万别。真正揭示物联网本质及内涵的定义却是少之又少。

事实上，我们还可以再补充两点。一是物联网不是人联网。尽管人联网最终会和物联网融合为一体，但是单纯的人联网也不能涵盖物联网的含义。二是企业物联内网或者物联外网的概念也不是完整的物联网概念。因此，仅在局部范围（如企业内部）使用的 RFID 或者无线传感网的应用系统，不能作为物联网的代表。当然，上面提到的这些概念都与物联网的技术发展或多或少地有些交叉，如图 1.2 所示。

第二，目前很多交互技术在 Web 2.0 中已经得到广泛应用，而上述物联网的定义并没有将这些技术考虑进来。类似于万维网与因特网的关系，对于物联网来说，不仅要集成 Web2.0 的功能，物联网在以"用户为中心"的发展思路上的扩展就是对 Web 2.0 的一个扩展。20 世纪 90 年代初，万维网出现之前，因特网的发展已有三十多年的历史。但是，对于物联网而言，情况不太一样，物联网的发展从一开始就受到 Web 2.0 的影响，这两者是并行发展，而不是先后发展。

在这一点上，有人可能会有不同的意见，认为 Web2.0 应用只是在互联网中针对特定领域的应用。当然，Web 2.0 不能等同于物联网。

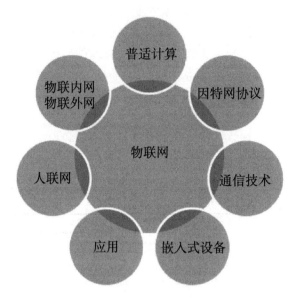

图 1.2　物联网与其他研究领域的交叠

　　事实上，经过近几年的发展，我们可以看到，Web 2.0 已经改变了人们对万维网的使用模式。通过用户互动、社交网络、用户自创内容的发布等手段，Web 2.0 为用户提供更加直观的用户界面，但是，却没有对因特网的设计和已有标准做任何根本的改变。Web 2.0 技术最主要的优势在于能为终端用户提供直观的操作界面，这一点使得任何用户不需要掌握高深的技术就可以为 Web 提供信息，做出自己的贡献。

　　未来物联网的本质在于智能物品和人类的交互作用，将虚拟的信息世界同现实的物理世界无缝地融合在一起。对于产品而言，用户在使用之后，对产品的评价和使用体验，可以为物品提供非常丰富的信息。在这一点上，目前的互联网技术也收集了很多这方面的信息，但是这些信息却散落在互联网各个角落，没有与其标识的产品相连，因此也无法实现与实体产品相关联。从这个角度看，将 Web 2.0 相关的技术融入到未来的物联网中是非常有意义的。

　　第三，上述定义没有说明未来物联网能够取得成功，并能够可持续发展的原因。物联网发展的可持续性就是其实现的可行性。物联网要能够可持续发展，就必须建立一个动态的、可自主配置的全球网络基础设施。该设施的实现要依赖各种技术标准和相互兼容的通信协议。无论是针对未来的扩展，还是针对今后的发展思路，这个全球网络基础设施都需要具备开放性。在以前的因特网和其他网络设施的定义中，从来没有将经济效益的因素纳入考虑的范围。但是，我们认为从全盘考虑，在提出技术的发展思路时，应该考虑这一点。从长远看来，经济效益的成败往往决定了技术的发展，甚至会影响到物联网是否能够成功实现。

当然，物联网的定义不可能提供对物联网发展的经济分析。对物联网发展的经济分析需要在物联网成为现实之后才能进行。最初，有关自动识别技术的应用大多数都是企业内部的应用，而不是跨企业的。用户无法参与相关的业务活动，也很难从这些应用中收益。尽管有人通过供应链或产品生命周期的方式，计算这些应用的成本与收益，但是用于计算的样本数据大多数是估计的，而不是基于实际的数据进行的分析计算（Gille et al.，2008；Laubacher et al.，2006）。

在物流领域，人们把物联网定义为："正确的产品"应该是"以准确的数量"，在"恰当的时间"、"恰当的地点"、"合适的条件"、"合理的价格"下进行。在上述说法中，"正确的产品"是指唯一可识别的物品的准确、合理的信息，如产品的形状、使用范围和功能等。这些信息包括通过自动识别技术和传感器来获取的信息，或者其他的任何能够和物品关联的信息。这些信息能够通过物联网进行访问。"准确的数量"可以通过对信息进行过滤和智能处理得到细粒度信息获取。"恰当的时间"并不意味着任何时间，更准确地说，应该是"在需要的时候"；现实中，收集产品信息的频率可能每天仅一次或者在状态改变时收集信息就足够了。因此，"恰当的时间"也并不一定是实时的，这在物联网讨论中是经常提及的问题。

在一般情况下，实时数据是为了减少商业事件和采取处理措施之间的时间间隔；减少时间间隔的能力有时也称为敏捷。当然，通常系统的实时响应能力与基础设施的成本是成正比的，为了获取实时的数据，往往需要付出更多的代价如图1.3所示。但是，事实上，在人们的实际生活中，我们所需要的数据更多的是要求在"需要的时候"提供就行了，而不一定要求实时地提供数据。

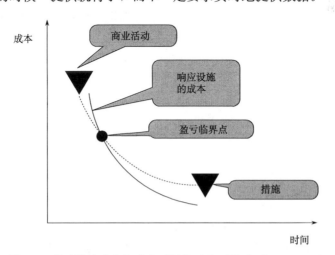

图 1.3　基础设施成本与响应时间的对比（Hackathorn，2004）

类似地，信息在"恰当的地方"的可用性，并不是指在任何地方都能用，相反，是指在需要的地方（需要信息的地方未必是信息产生的地方）。如果信息产生和使用的地方不一样，或者两个地方是由不可靠的网络连接，那么，我们就有必要对高效的数据同步协议和缓存技术展开研究，以便保证信息用在"恰当的地方"。同样地，"任何的地方"的数据提供的成本要远远大于"恰当的地方"。

应该认识到，信息在任何地方可用的高代价与收益是有关系的。随着移动设备的日益普遍，人们将有机会随时随地，以合理的价格访问物联网上的信息。

如果信息可以以最小的代价使用，那么"合适的条件"这一要求就可以达到。这包括人类交往中的可读信息以及语义和语法丰富的机读信息。当然，这个过程中需要把低层次的原始数据（可能来自多个源的）转换成有意义的信息，可能需要一些模式识别和进一步的分析，以确定生成数据的相关性及其变化趋势。

"合理的价格"不能想当然地理解成是最低的价格，而是指价格介于提供信息的成本和合理的市场价格之间。提供信息的成本包括人员成本及基础设施成本。

物联网最简单的定义，即物联网是由物品、互联网和它们之间的连接构成。首先，定义中的物品是指任何可识别的物理对象，它独立于各种实现技术，这些技术包括：物品识别技术、获取物品及其周围环境状态的技术等。其次，定义中的互联网，包含企业外联网范围之外的很多事物，这样，它不再仅仅只为小团体或者部分企业提供信息。同样，封闭的应用系统，可以看做物联外网。互联网扮演存储和通信基础设施的角色，它拥有物品的虚拟信息，这些信息都是和物品相关的。

综合以上各种有关物联网的定义方法，对于物联网，我们得出以下结论。

在物联网中，任何唯一可识别的物体在因特网上都有其虚拟表示信息。物体的虚拟表示包含或者关联两类不同的信息，一是物体的身份、状态和位置信息，二是商业、社会或者与私人相关的信息。因特网中的虚拟信息可以获得财务或者非财务的回报，回报的价值会超过获取信息的成本。物联网把唯一可识别的物体同其在网络中的虚拟表示关联在一起，并为物联网的非预期参与用户提供信息访问的机会。物联网能够为用户提供准确而合理的信息。用户可以在恰当的时间与地点，以合理的价格，准确的数量和合适的条件访问这些信息。物联网不是如下概念的同义词：普适计算、因特网协议、通信技术、嵌入式设备、物联网应用、人联网、物联内网/物联外网。事实上，物联网将上述各概念的不同方面和所有的技术方法都整合在内。

1.3 欧洲物联网研究现状

目前，物联网方面的研究在世界各国都得到了很大重视，各国也开展了很多物联网技术相关的研究项目，以期对物联网的未来发展做出贡献。在欧洲，很多与物联网相关的研究项目得到资助，这些项目针对物联网不同的领域展开研究工作。下面简要介绍 EPoSS、BRIDGE、ITEA 2 等项目的基本情况。

EPoSS 项目[①]计划统一协调欧洲各方，将未来物联网发展利益相关各方联合起来，建立一个可持续发展的物联网研究基础平台。利用这一平台，EPoSS 可以协调和集中研究力量，规划和组织合理的研究活动，建立一个可持续发展的机构，为实现各种不同的智能系统在物联网中的整合开展相关的研究工作。2008年，EPoSS 项目发布了"Internet of Things 2020"的报告（EPoSS，2008），该报告详细阐述了未来物联网的发展状况；同时，其指出在未来的物联网中，为了实现物物交互，物联网的管理制度、标准化、互操作性三者缺一不可；报告还指出应该让民众心悦诚服地相信物联网所具有的真正优势，并且物联网的任何创新性解决方案和实用项目的开发，都需要关注所有民众关心的问题，如隐私保护、公众利益和各种社会问题等。

BRIDGE 项目[②]主要是针对 RFID 与 EPCglobal 网络应用和实施过程中需要解决的技术问题设立的研究项目，其目标是研究、开发并实现各种相关的工具，为 RFID 技术和 EPCglobal 在物联网中的广泛应用奠定基础。在自动识别中心提出 EPCglobal 的最初设想之后，经过几年的努力，EPCglobal 网络已经发展成为向业界开放的标准体系结构。这一体系基本思想是：通过使用电子产品编码来实现对物品身份的唯一标识。RFID 技术是能够满足对物品进行电子产品编码的主要技术之一。同时，该网络对 EPC 数据的获取、过滤、存储和查询规定统一的标准，而且对整个体系结构的各个层次都定义相应的分层标准，从 RFID 标签存储的使用方案和空中传输接口到服务搜索。服务搜索能够针对给定的识别码，返回其对应的数据存储的位置，从而实现查询的目的。基于已有的 RFID 技术和 EPCglobal 的研究基础，BRIDGE 项目主要开发易于使用的技术方案，以满足欧洲不同企业之间信息交流服务的需求；同时，确保 EPCglobal 网络系统能够协作一致地为商业活动中的商品供应链服务，使之反应迅捷、高效、安全。为了保证物联网的普适性和民主性，BRIDGE 项目开发的技术方案的使用对象不只是那些大公司，也包括中小型企业在内。BRIDGE 项目已经完成的技术工作为满足

---

① www. smart-systems-integration. org。

② www. bridge-project. eu。

物联网的某些需求做出了显著贡献。

近期，ITEA 2①启动资助 "Do it Yourself Smart Experiences" (DiYSE)②项目。其目标是将我们的日常生活环境变成智能的生活环境，在这样的智能环境中，用户能够非常容易地创建、配置、控制各种应用。通过控制感知设备、智能物体来体验高度个性化的或者社会化的生活，甚至是能够实现人与设备交互的生活。该项目希望在这种生活体验中，让人们能够体验到物联网环境下家庭生活和城市生活的无缝连接。与 BRIDGE 项目不同的是，DiYSE 项目不考虑企业之间的交流，其力图在标准化公共设施的基础上，建立一个能联系企业应用和公众应用的物联网体系架构。这个项目的开展对于推动民众对物联网的认识是非常有意义的。

2010 年，欧盟资助了很多个项目，其中包括 IoT-A③ (Internet of Things-Architecture)，EBBITS④ (Enabling the Business-Based Internet of Things and Services)，NISB⑤ (The Network IS the Business)，SPRINT (Software Platform for Integration of Engineering and Things)，ELLIOT (Experiential Living Labs for the Internet Of Things)，NEFFICS (Networked Enterprise transFormation and resource management in Future internet enabled Innovation CloudS)，IOT-I⑥ (Internet of Things-Initative) ，以及 IoT@Work (Internet of Things at Work)。目前，上述项目都已经开始启动和运行，这些项目必将对欧洲正在发展的物联网技术研究做出应有的贡献。

与此同时，在传感网领域，相关的研究项目也在如火如荼地开展，人们也正在做一些传感网标准化的工作。同时，我们需要指出，那些认为传感网就是物联网的说法是非常片面的。最终，传感网会作为一个重要的组成部分融合到物联网中来，这是无须争辩的事实。这里，我们将介绍几个与之相关的研究项目。在工业应用领域，COBIS 项目⑦主要是针对嵌入式无线传感网络技术展开研究工作，并为之提供基础技术支撑。针对大量在全球各地部署的无线传感器和执行器，SENSEI 项目⑧主要是想建立一套用于商业活动的开放体系结构，从根本上解决这些传感器和执行器设备的可扩展性。这套体系需要为网络和信息管理服务提供

---

① www. itea2. org。
② www. dyse. org。
③ www. iot-a. eu。
④ www. ebbits-project. eu。
⑤ www. nisb-project. eu。
⑥ www. iot-i. eu。
⑦ www. cobis-online. de。
⑧ www. sensei-project. eu。

可靠准确的相关信息查询，并可以支持与物理环境的交互。

与以上项目类似，GSN（Aberer et al.，2006），SARIF（Shim et al.，2007），MoCoSo（Sánchez López et al.，2009）等是一些较小规模的研究项目。这些项目主要是研究物品标识、智能感知、物联网中的智能物体与因特网的连接等问题。

作为物联网的重要组成部分，传感网完全可以集成到 EPCglobal 网络体系框架中。目前，EPCglobal 网络还不支持传感网中的数据流的接入。但是，GS1/EPCglobal 等研究组已经对这些问题展开积极的研究工作。其中，包括的热点问题有主动标签、传感器和电池辅助的被动标签等。韩国自动识别中心实验室开展了一些 EPC 传感网研究（Sung et al.，2007）。该实验室希望将无线传感网和传感器获取到的数据整合到 EPCglobal 网络的体系架构和标准中去。同时，开放地理空间联盟（OGC）的传感网整合框架已经实现该领域内的各种接口标准和协议，能把各种类型的传感器的数据接入到互联网上的各种应用和服务中，最终实现对地理空间的智能感知。OGC SWE 组织制定了一系列标准，包括传感器数据的建模、编码、传输、查询、数据发现等技术标准。在这些项目的实施过程中，以及在标准化组织（比如 IEEE 1451、ISO/ICE 24753）的标准化活动中，我们可以获得很多有价值的经验，为未来物联网融合传感网络奠定基础。

2009 年，针对传感器的数据集成标准，BRIDGE 项目做了一个详细的调查。调查显示，目前传感器网络的标准化工作尚处于发展初期。但是，OPC（OLE for Process Control）基金会[①]和自动化测量系统标准化协会[②]却已经建立传感网的工业标准，该标准的出发点是工业自动化。在开放的物联网体系结构中，不同的方法之间可以进行整合，实现协同工作。

识别技术、感知与执行设备等技术是物联网的技术基础。此外，物联网的发展还有一些新的技术需求，比如在物联网的扩展性和稳健性等方面，目前的技术尚无法满足物联网的要求。在这方面，根据这些技术需求也设立了很多相关的研究项目。其中，资源分类聚集技术是解决物联网扩展性的一个有效方法。事实上，针对移动自组织网络，已经有很多与分类聚集技术相关的研究结果。但是，物联网中存在很多受限设备（如无线传感器等），目前开展的这些研究很少考虑这类受限设备。为了满足特定的需求，这些项目制定了一些特殊协议。比如，针对物联网高效节能的 EECS（Ye et al.，2005），EDAC（Wang et al.，2004）和

[①]　www.opcfoundation.org。译者注：OPC，即用于过程控制的 OLE。OPC 基金会是管理这个标准国际组织。

[②]　www.asam.net。译者注：自动化及测量系统标准协会（Association for Standardisation of Automation and Measuring Systems，ASAM）。它是汽车工业中的标准协会，致力于数据模型、接口及语言规范等领域。

HEED (Younis et al.，2004)，针对智能物体移动性的 DMAC (Basagni，1999)，针对物联网异构性的 GESC (Dimokas et al.，2007) 等。目前，这些项目的一个很大的缺陷在于它们各自为政，没有进行统一，这将会影响到未来物联网的融合问题。此外，智能物体的自主性是物联网最重要的特点之一，在这方面也有一些相关的研究。智能物体的自主性会对未来物联网的发展产生深刻影响。

除了上述研究项目外，有关各种标准化的研究和相关的活动也在进行，这些研究和活动与技术研究形成互补。GRIFS 项目①主要是探索和制定有关实体物品（探测仪器、标签、传感器）操作标准，以及智能设备的通信协议、寻址方式、结构化和数据交换等方面的标准。CASAGRAS2 项目②主要是探索和制定一些全球标准，包括物联网的管理标准、RFID 相关的技术标准，并试图确定 RFID 在未来物联网世界中所扮演的角色。PRIME 项目③主要研究针对个体消费者的隐私、身份管理等问题，但是，目前的一些技术协议不允许用户拥有更多的控制权，比如，物联网不能帮助用户在购买决策中做出明智的选择。欧盟物联网研究组（CERP-IoT，IERC)④ 以及一些其他的国际组织需要在物联网的未来发展诸多问题上达成共识。

1.4　研究方向与机遇

在物联网相关的各个技术领域中，各种研究项目和开发活动开展得如火如荼，并取得了很多成果。为了可持续发展，物联网需要开放的、易于访问的、大规模的基础设施。目前，针对这方面的研究工作相对较少。为了满足物联网未来发展的需要，这种具有普遍性、基础性的研究工作应该提到日程上来。应该承认，为了解决物联网的一些局部性问题，当前正在进行的各个研究项目和技术研发工作都是非常重要的。但是，这些局部性的工作没有从物联网发展的全局出发考虑问题，也无法涵盖物联网发展所面临的所有问题。从这个意义上说，为能满足未来物联网发展的需要，我们需要从物联网发展的整体出发，考虑一些具有全局意义的研究方向和目标。我们从五个方面论述物联网未来发展需要关注的问题。

---

① www.grifs-project.eu。

② www.iot-casagras.org。

③ www.prime-project.eu。

④ www.internet-of-things-research.eu。译者注：欧洲物联网研究项目组，是为了满足在一系列由欧盟提供资金支持的有关 RFID 和物联网的研究项目之间进行沟通、协调和合作等工作的需要而设立的。这个研究项目组的目标是为了推广、共享和宣传上面提到的有关 RFID 和物联网的研究项目的相关研究成果，促进 RFID 和物联网相关产业和应用在欧洲范围内的发展。

1. 发展愿景

未来物联网需要把个人、社会、商业利益三者融合成一个整体来进行全面考虑。为此，在进行物联网相关的实验和研究时，需要充分考虑不同群体的意见和利益，允许他们在需求确定、可用性测试与评估等各个环节中积极建言，充分发表意见。在这方面，如果我们只根据个别专家的意见或者只考虑某个群体的利益，那么未来物联网的建设就很难得到社会的广泛支持，其未来的发展也将举步维艰。同时，为了便于不同群体的参与和交流，需要建立一套机制，向研究人员、企业和普通民众提供一个多向的交流平台，促使全民参与物联网的发展与创新。这种以用户为中心的思想能够为用户提供友好的沟通方式，在物联网中允许人们以熟知的 Web2.0 的方式进行交互。这种思想可以称为物维网（Web of Things）。

2. 技术扩展

从技术的方面看，目前物联网已经有一些比较成熟的技术，如 RFID、传感网等。EPCglobal 网络是一个相对比较完善的体系框架。为了加快物联网的发展进程，我们可以在原有开放框架的基础上进行扩展，增加一些新的功能，以支持各种不同的技术和方法，如标识技术（如 RFID、条码、二维码）、传感器、执行器、智能设备和其他信息源（如用户自创内容、商业数据库）等。语义技术是机器理解原始数据的基础。为了提升产品数据的价值，丰富的语义信息是必需的。因而，我们需要在现有的体系框架中增加支持语义技术的功能。

采取对现有物联网技术和方法进行扩展的发展思路，允许我们考虑筛选部分需要优先发展和投资的技术，并采用分阶段发展的思路和方法。并不是所有的新技术都会对物联网的发展产生积极作用，有些甚至可能会对物联网的发展产生不良影响。因此，如果新的技术不能对物联网技术发展提供实质性的贡献，应该尽可能地避免使用。当然，需要特别强调的是，这种思路是以提升核心框架为目的，不排斥与各种异构技术的集成与融合。

3. 推动因素

除了技术因素外，建设与发展物联网的关键之一是民众对物联网的接受程度。目前，有很多技术问题，技术人员都会想当然地认为不是问题，至少从技术上认为是已经解决的问题。但是，事实上并非如此，比如隐私保护与安全问题和利益分配问题等。很多技术人员往往只注重功能实现，而忽略了隐私保护的问题。而对于高可信的物联网，隐私保护技术、安全技术、数据加密技术等都是关键性的技术。同时，商业发展也是推动物联网建设的关键因素，如何进行利益分配，实现合作共赢决定着物联网是否能够顺利发展。为此，我们需要考虑新的利益分配机制，允许物联网的参与者都有机会分担物联网的建设成本、分享物联网带来的价值和利益，并能平等地参与市场竞争。只有这些问题都能得以合理地解决，物联网才会得到社会的认可与支持。

4. 激励与关注

民众的参与是物联网成功发展的另一个关键因素。未来，我们应该创造条件，激励各种群体都乐于为物联网的发展贡献力量。为了方便用户参与，我们需要提供便利的参与方法，允许用户方便地分享利益。这也是物联网进一步发展的必备条件。只有这样，才能激发人们的兴趣，促使人们积极参与物联网建设。用户参与物联网的形式很多。物联网提供的开放的技术框架和终端编程环境，允许用户无成本地创建一些微型的服务，比如产品指南和产品评论等。其他用户在使用这些服务时，需要支付相应的费用。这样，参与物联网开发的民众也可以从物联网的建设中获取相应的利益。采用这种对用户进行激励的方法，能够促进物联网的快速发展。

5. 产品评测

在物联网发展过程中，一种新技术或者产品提出之后，需要与利益相关各方协调利益的分配机制；当然，也需要在企业或者用户环境中进行测试与评估。事实上，在这方面存在很多有利于促进物联网技术发展的因素。例如，用户可以通过物联网对产品的标识和识别，了解产品的属性信息（如产品的产地、制作原料、最佳使用日期、碳排放量等）。同时，用户也可以向物联网提供相应的产品信息，如产品的使用体验等，为后来的用户提供使用经验和产品评价。智慧城市、智能家居等都是以用户为中心的，这些概念的提出和发展也为用户体验和评估物联网提供机会。

此外，在未来的网络环境中，很多物体将具备一定的社会属性，我们需要从哲学上更加冷静地分析和评估物联网未来的发展。

1.5　未来展望

根据前面对物联网发展进程的论述，本节给出物联网进一步发展所必需的条件。

（1）物联网发展需要满足关键的社会需求：开放、安全、隐私保护、可信。

如同因特网和万维网一样，物联网应该是一个开放的全球基础设施，而不应属于某个特定的利益团体。例如，美国一家提供智能信息基础设施服务的公司

VeriSign，在遵循 EPCglobal 网络协议的基础上，提供对象命名服务（Object Name Service，ONS）。近年来，该公司在欧洲和亚洲占据了主导性的优势，这是一个很严重的问题（Clendenin，2006；Heise online，2008），并已经引起了欧洲和亚洲各国政府的注意。

在物联网发展过程中，为了平衡各方势力，需要建立一个联合机构。众所周知，目前，安全、隐私及可信等技术在因特网领域已经得到广泛应用。当然，这些问题同样是物联网需要关注的。这些成功的技术可以很方便地移植到未来物联网中去。当然，考虑到物联网的特殊性，在移植过程中可能会遇到一些麻烦。譬如，在物联网中很多移动设备和便携设备经常会更换所有权和使用权，在这种复杂情况下，如何保护用户的隐私与数据安全，就是一个需要解决的关键问题。然而，在物联网中，由于自动识别技术、传感器、执行器等不同技术之间存在差异性，因此它们可能遇到的攻击也各不相同。在物联网中，并非时时处处都需要最高级别的安全保证，具体的安全需求会因不同的应用而有所不同。例如，针对护照和物流等不同的应用，就有不同级别的安全需求。

（2）物联网发展需要建立通用的、开放的物联网基础设施，以便在 B2B、B2C、M2M 等不同业务之间建立联系。

过去几年，在物联网的发展方面，人们的注意力主要集中在 B2B 业务的发展上。在未来物联网中，B2C 和 M2M 业务的发展将会越来越重要。B2C 应该是一种易于应用的业务，目前在互联网环境中已经取得了巨大成功，其中，非常重要的一点是人可以读懂数据；而在 M2M 的通信中，需要机器能够读懂相关数据的含义，就需要对数据的语义进行良好的组织和定义，并建立通用的、开放的体系，以便在 B2B、B2C、M2M 等不同业务之间建立联系。

（3）物联网发展需要建立开放的、可扩展的、灵活的、可持续发展的物联网基础设施。

物联网必须采用开放的体系，开放的标准能够便于使用并扩展功能。考虑到每个物体在网络中都会有唯一的虚拟标识，物联网必将是一个庞大无比的网络。由于新的物体的不断加入，对于物联网而言，扩展性是必须要满足的。为了适应各种需求的变化和各种技术的发展，物联网也需要具有高度的灵活性。诸如 Fosstrak[①] 等开源软件开发平台允许任何人能够开发和测试物联网的新功能，这些新功能的加入需要物联网具备相应的灵活性。物联网生活体验室是对新功能进行实验与测试的良好场所，其中的服务提供商和用户可以在合作的环境中参与各种实验。最后，物联网需要一个可持续发展的平台，以便于找到物联网发展所必需的投资。

---

① www.fosstrak.org。

（4）物联网发展需要合理选择技术。

物联网的发展需要提供一套机制，使新的技术方法能够方便地集成到物联网的环境中去。只有这样，才能保证物联网的可持续发展。当然，有些技术可能具有两面性。一方面，这些技术能够较好地提高物联网某些方面的性能；另一方面，这些技术也有可能引起一些不必要的问题。物联网需要有策略地对待这些新技术。比如，有一些问题本身具备很大的自主性，不需要使用网络平台就可以正常工作。如果在物联网中大量引入这类物体，可能会给物联网的管理造成混乱。因此，对这类问题，物联网需要使用其他的集成方法，以便于扩展应用，而且不影响物联网的管理。比如，专门为自主物体建立一个可靠的网络设施（Uckel-mann et al.，2010）。

物联网并不是无条件地接受所有可能有用的技术。在很多情况下，需要有策略地选择那些适合物联网发展与管理的技术。

（5）物联网的发展需要激励企业和民众为物联网的发展贡献力量。

无论是企业，还是普通民众，倘若无法从物联网发展中获益，那么谁也不乐意参与物联网的建设。相反，只有让所有参与的用户从物联网发展中获得相应的利益，才会吸引和激励更多的企业和民众参与其中。为此，我们需要开展一些相关的研究工作，制定一些措施和方法来保证普通用户能够从物联网中受益。对于企业用户而言，实实在在的商业机会才能真正吸引他们参与到物联网的建设和使用中。而对于普通民众来说，只有物联网能够切实给他们的工作和生活带来好处，才会引起他们的兴趣，从而更好地参与物联网的建设。在这方面，已经有一些受到资助的项目专门从事相关的研究（参见1.3节），这些项目可以把物联网的很多新的尝试和人们的利益结合起来。当然，从长远发展的角度来看，物联网给人们带来的益处必须是物联网本身产生的，而不是通过政府或者其他机构额外资助产生，这样物联网才能持续地发展下去。

（6）物联网的发展需要促进企业跨行业地整合。

在物联网中，用户可以更加便捷地发布信息，也可以便捷地访问物联网中的各种信息源。对于企业来说，在本领域内部，甚至跨行业，建立标准、互联的网络体系，能够有效地提高企业的工作效率，大幅度提高企业的获利能力。在未来的物联网中，企业之间的整合是充分挖掘和发挥物联网潜力的必要条件。

面对物联网的发展，研究人员可以从技术的角度发现一些新的发展潜力。但是，从本质上讲，物联网在商业上真正的成功，最需要的还是能够充分利用这些具有发展潜力的企业家。

（7）物联网的发展需要鼓励新的市场参与者投入到物联网建设中来。

在物联网中，很多信息的收集、加工和销售都是独立于实际物品的。第三方服务和信息服务提供商可以帮助收集、加工和发布相关的信息。为了物联网的发展，应该采取一些相应的措施，允许信息服务提供商访问不同的信息源，鼓励他们向物联网提供各种各样的信息服务。当然，在提供信息时，也需要得到回报。

（8）物联网的发展需要制定公开的方案，便于分享物联网的成本和收益。

在物联网中，信息交易的商业活动能够自由进行，不受实际物品的任何约束。目前，在物联网的实际应用中，经常会遇到各种问题。造成这些问题的原因有很多，但是其中大多数都是因为在应用过程中对成本分摊和利益分配考虑不足。无论是从组织的角度，还是从技术的角度看，成本分摊和利益分配都存在很多问题。为了保证物联网的持续发展，需要制定一些公开的制度和技术方案，以便于不同的参与者能够共同承担物联网建设和运行的成本，共同分享物联网带来的利益。

（9）在公众关心的问题中率先使用物联网技术是推动物联网发展的重要推动因素。

法律法规是新技术应用的主要推动机制。目前社会中，有很多民众关心的热点问题，比如碳排放量、绿色物流和动物福利政策等。由于数据难以获取，这些问题无法找到合适的解决方案和合适的立法依据。显然，物联网能够为这些热点问题提供相关的数据作为立法依据。从这个意义上说，物联网对社会发展具有很强的实用性。

（10）物联网的发展需要提供便利的物体识别方法，帮助人们方便地使用和发布信息。

在现实世界中，人们不会整天拿着自动识别器去识别物品，并向物联网输入相应的信息。如果能够提供便利的方法，使得普通民众可以方便地识别物体，并能够容易地使用和发布信息，那么物联网的发展就有了民众基础。

事实上，目前大多数手机已经拥有摄像功能，利用它就可以拍摄条形码和二维矩形识别码。而且，近距通信技术也有望成为用户与物联网交互的重要手段。尽管如此，有多少手机用户会去使用这些技术？这个问题不得而知。除手机外，现实中还存在很多专用设备，这些设备价格低廉。如 Nabaztag 公司[①]可以提供价值为40 欧元的设备，该设备集成了识别、标签以及基于互联网的应用系统。移动条形码扫描仪器和 RFID 读取器可以拴到钥匙链上，操作起来非常容易，就像使用 USB 那么简单。这为大量的事物能够接入到物联网中提供了新的机会。

以上针对物联网的发展，我们提出了十个关键思路。当然，我们无法列出所有的问题。这里，我们只是重点关注在物联网发展中特别重要的需求，目的是抛砖引玉，以期引起大家重视，重新思考物联网未来发展的进程。

---

① www.nabaztag.com。译者注：Nabaztag 是一家英国公司，其中最著名的便是该公司推出的无线多色兔子。该兔子可以报时、报天气预报，可以叫用户起床，可以读新闻或者电子邮件，甚至还可以告诉用户股市动态。而且，Nabaztag 还可以和其他的 Nabaztag 进行交流。

1.6　未来物联网的体系架构

对于物联网而言，目前已经有许多不同的基础技术。未来，新技术会层出不穷，富有创意的实际应用也会如雨后春笋般地涌现出来。其中，EPCglobal 是一个开放的标准化的体系结构，目前已经在业界得到广泛接受和应用。很多 IT 公司将其标准化接口纳入自己的应用系统中，许多产品也已经得到认证（EPCglobal，2010）。从这个角度说，尽管 EPCglobal 网络本身仍处于发展中，但是事实上，它已经为物联网的发展奠定了坚实的基础。

虽然如此，如前所述，物联网还是需要一个更全面的体系结构。这种体系结构可以借鉴 EPCglobal 体系结构框架的设计原理（EPCglobal，2007）。这里的设计原理包括对标准的分层、数据模型和接口的分离、扩展机制的制定、数据模型和接口的规范、抽象建模方式（如 UML），还有特定的传输绑定（如 Web 服务）和模式绑定（如 XML）。

兼容已有的技术是物联网发展的一个基本要求。因此，我们考虑使用对 EPCglobal 进行扩展的方法来研究未来物联网的体系架构。

物联网应该综合考虑相关各方的利益，如民众、中小型企业、政府机构和政策制定者等，以满足社会和经济的关键需求。人们需要的是能够提高生活质量、提高商业与社会的运作效率以及提高环境保护力度的应用。

对于新型的智能网络应用而言，物联网需要提供开放的体系结构以及相应的协议与技术。以分享经验与个性化见解为目的的社会平台将集成到以商业为中心的应用中。信息发现与检索技术的发展可以为用户提供超出预期的富有价值的信息。在遵守法律法规的前提下，用户可以利用这些技术以快速便捷的方式访问物联网中的物品的详细信息（如产地、之前的用户、之前的用途等）。人们可以借用物联网上已有的数据、页面表现形式及功能服务接口，采取混搭模式和终端用户编程的方式创建新的业务流程和服务。

在物联网中，通过自动识别技术、传感器、执行器或网状网络获取物理世界信息，并将其与虚拟世界（如企业数据库和社交平台）的信息和事件结合起来，基于新的商业智能思想进行处理。由此产生的结果可以在以用户为中心的设计中展示出来，这种设计中包含直观的界面和 Web 2.0 功能。此外，在物联网中，如果要对物理世界进行直接操作，可以通过机器接口和其他灵活策略来实现。对相关信息的访问，可以帮助人们做出购买决策。这里的灵活策略是指在考虑冲突优化的基础上，对物品进行的实时管理和执行能力。

信息共享是需要回报的，这种回报可以通过相应的回报机制来实施。回报机制的实现需要在众多的利益相关者之间建立透明、开放的计费方案。由此，物联网可以从先期以投资为主的运营方式逐步转变为能获得收益，进而加快商业革新。在产品的生命周期中，各个阶段的相关数据所获得的回报可以通过综合计费的方式分配给相应的受益人。信息交易如同产品和服务一样方便。通过开放的接口、协议和查询服务以及移动设备的信息服务的整合，分布式智能系统（如自主物流）和物联网可以逐步融合，物联网可以充当分散的信息系统之间进行信息交换的桥梁。开放性、可扩展性和安全性是物联网架构的核心内容。物联网的开放性包括三个不同的层面，即社会层面（需要考虑治理与隐私的问题）、组织层面（如不同行业之间的接口开放）和技术层面（需要考虑基础设施与标识等相关技术）。物联网与主流的商业软件平台的整合及其之间的互操作性将得到进一步加强，在实时分析和商业智能的支持下，其功能也会得到进一步扩展。

图 1.4 展示了一个物联网场景，其中信息内容提供商（生产商）和信息内容使用者（消费者）充分利用物联网以获得利益共享。公司数据包括产品及其使用数据，以及可能影响销售的公司经营道德规范。

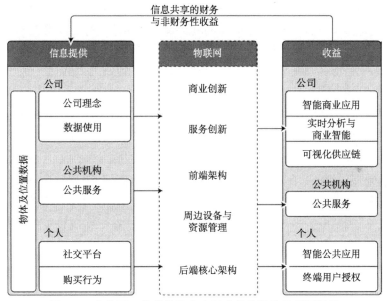

图 1.4　由公司、公共机构和人组成的整体的物联网场景

通过加强物联网基础设施建设，如采用先进的设备、优质的服务以及友好的用户界面等，可以实现服务创新和商业创新。未来，物联网能够为公司、公共机构和个人提供他们需要的数据；同时任何机构与个人也都可以为物联网提供数据和信息，并因此而获得利益回报。这种回报可以是财务的，也可以是非财务的。这样，利益相关各方都能从中受益，物联网才会有美好的发展前景。

未来物联网的体系结构要实现的关键目标包括：

（1）为物人联网①提供开放的、可扩展的、灵活的、安全的基础设施。

（2）对用户而言，提供以用户为中心的可定制的"物联网"，即允许用户根据自身需要定制相应的服务内容，实现造福社会各方的交互功能。

（3）为物联网提供新的商业理念，实现灵活的计费和激励机制，以促进信息共享。

目前，从一定意义上说，EPCglobal 的网络体系结构能够反映物联网体系结构的一些方面。在能够确保开放性、可扩展性和安全性的情况下，EPCglobal 网络有可能是实现物联网的最佳方案。作为一个综合体系结构，EPCglobal 网络体系结构主要有三个特点：①具有开放的标准；②开源；③允许免费使用。结合这些特点，在领域相关的技术与标准的支持下，EPCglobal 应该会在物联网的发展中发挥重要的作用，譬如开放地理空间联盟的传感器网络就是一个典型的例子。在其他功能方面的扩展，比如对不同标识模式的支持、联合服务发现、执行器集成，以及用于分散数据处理和协助决策的软件代理等，可能会进一步扩展 EPCglobal 网络的功能。

未来物联网的构想所提及的信息服务是在 EPC 信息服务的基础上扩展的。这些扩展服务还应该支持：①除 EPC 以外的其他标识体系；②海量的静态和动态数据；③集成执行器；④集成软件代理；⑤整合非 IP 设备和离线设备。因此，对于物联网来说，这些扩展服务是有必要的。详细地说，未来物联网需要提供以下支持。

1）对扩展的静态数据提供支持

目前的 EPCglobal 网络是基于 EPC 建立起来的。EPC 不是单纯的标识模式，而是一个支持多种的标识模式的框架，其中包括各种 GS1 标识系统，如全球贸易识别码（Serialised Global Trade Identification Number，SGTIN）、系列货运包装箱代码（Serial Shipping Container Code，SSCC）和全球可回收资产识别码（Global Returnable Asset Identifier，GRAI）等。当然，这个框架不局限于 GS1 标识体系。EPC 格式是由美国国防部指定的，支持对物体的唯一标识。原则上说，一些其他的标识方法，如统一资源命名方案（Uniform Resource Name，URN），可以支持基于 ISO 15962 的标识和基于统一资源定位（Uniform Resource Locator，URL）的标识，这些标识都隶属于统一资源标识符（Uniform Resource Identifier，URI）。

改变产业中已有的标识模式的思路是不可取的，其成本是无法估量的。在这

---

① 译者注：物人联网（Internet of Things and People）。欧盟物联网研究组（IERC）认为，在物联网中除了物以外，还需要强调人的参与，因此有人提出物联网应该叫做"Internet of People"，或者"Internet of Everyone"。这里，作者用"Internet of Things and People"强调未来网络中物与人两种不同元素，译作"物人联网"。

方面，20 世纪末的千年虫问题可以作为前车之鉴：人们为了预防千年虫①可能造成的危害，在修改数据库系统上花费的成本是难以计算的。因此，从这个角度看，未来的物联网体系架构需要支持目前所有唯一标识的方法。

目前，人们已经开发了一些方法，可以将某些标识方法转换为与 EPCglobal 网络兼容的格式。这就如同 EPCglobal 标准 TDS 和 TDT② 能够在 EPC 表示和其他的合法表示之间相互转换一样。同时，物联网还需要支持条形码中附加的结构化数据（如保质期等），从而充分整合现有的识别技术，并进一步开发用户的 RFID 标签的存储能力。这样，在商业领域就可以方便地实现存货周转、产品召回等服务。标识转换平台应该是一个开放的、通用的系统，在这样的平台支持下，所有携带唯一 ID 的物体都可以纳入物联网中。在理想的状况下，每个物体所携带的标识都是唯一的，但这是很难实现的。如果不同物体具有相同的标识，物联网可以通过对这些物体的类别标识或者其他属性来区分这些物体。当然，两个不同的物体使用完全相同的标识，即完全相同的类别标识和本身标识，可能会对物联网的管理造成混乱。

同时，也有一些方法能够把已制定的标识模式转换成与 EPCglobal 网络相匹配的格式。如 EPCglobal 标准中的标签数据标准（TDS）和标签数据转化标准（TDT）使得能够在 EPC 表示和现有的传统表示之间进行双向转化。未来，也一定还会有类似的方法出现。条形码中附加的结构数据（如保质期）需要一个开放的、通用的标识符转化框架，将带有唯一标识的所有物品都纳入到物联网中来。然而，如上所述，要实现所有物品都带有唯一的标识，物联网还要支持由类别标识和属性标识的对象。

2）支持动态数据的集成

为了把现实世界和虚拟世界紧密地联系起来，我们需要动态地、实时地感知周围环境的情况与各种设备的状态。采用标准化的感知设备接口，有助于降低物联网的成本，也能保证各种类型的感知设备的数据集成，从而有利于促进物联网的实现。感知设备是下一代因特网服务的关键组成部分，利用感知设备可以从现实世界里收集物品的状态或环境状况的信息，从而实现物联网自底向上地与物品的互动。利用感知设备，物品的状态可动态地提供给物联网的相关服务。因此，日常生活中的各种物品都可以纳入到物联网中来，成为推动物联网的发展的动力。

---

① 译者注：千年虫问题即计算机 2000 年问题，缩写为 "Y2K"，是指在 20 世纪 60 年代，由于硬件设备的成本高昂，在计算机系统中普遍采用两位十进制数来表示年份，因此当系统涉及跨世纪的日期处理运算时，会出现错误的结果，进而引发各种各样的系统功能紊乱甚至崩溃。在 2000 年前夕，为了保证已有的系统正常运行，各国信息部门花费了巨大的财力物力对系统进行修复。

② 译者注：标签数据标准（Tag Data Standard, TDS）和标签数据转化（Tag Data Translation, TDT）。

3）支持非 IP 设备

非 IP 设备是指不采用 IP 协议作为数据传输协议的设备。这种设备的功能有一定的限制，可以通过网关集成到物联网中。在因特网上，共享物理设备必需的计算负荷由这些网关负责。同时，有很多功能是设备本身无法提供的，网关还需要协调处理对这些功能的需求。

4）支持执行器的集成

把执行器整合到物联网中，物联网就可以与机器进行标准化的通信。用户从自己的利益出发，做出相应的决定，机器负责执行这些决定，并反馈执行的结果。执行器的功能是改变物体的状态，以协助物联网完成物与物之间的双向互动。在物联网的核心基础架构中，感知设备与执行设备及其整合是物联网不可或缺的组成部分，也是物联网的各个层面都需要考虑的问题。

5）集成软件代理

物联网的全球性和复杂性需要分布式、自动化的决策制定。目前，能够用于决策制定的软件代理已得到一些研究者的广泛关注。未来物联网需要集成各种各样的软件代理，以完成相应的自动化决策。但是，由于缺乏相应的标准，已有的软件代理的研究成果尚未得到业界的普遍接受。

物联网中的标准化接口有助于促进软件代理的使用。智能物体可以利用软件代理中的智能算法来摒除不相关的数据，保证与其他物体交互通信的有效性。软件代理通过对智能物体的状态或环境管理，代表用户进行决策和行动，协助用户对物体的控制和管理。此外，软件代理还有助于增强物联网的可扩展性和稳健性（Uckelmann，2010）。从整体上看，我们希望智能物品能够自动控制物联网的一部分基础设施。由于智能物品不一定总是连接到网上，因此，物品所具有的智能特性和自治权是有一定局限的。

6）扩展的联合发现服务

同样，由于全球性和复杂性，物联网需要为用户提供标准的联合发现服务，以便于用户在物联网查询需要的服务内容。目前，虽然已经有一些开发中的发现服务技术标准，但 EPCglobal 网络尚未提供基于联合发现服务的正式标准。截至目前，由 EPCglobal 提供的仅有的查询服务是 ONS，它只提供一些指向权威信息的类别信息。这项服务目前由 VeriSign 公司提供，虽然 ONS 服务分布在全球多台服务器上，却只在 onsepc. com 域中运作。

其中涉及一些政治问题。众所周知，ONS 是定义在 .com 的顶级域名之下的。这个域名在美国商务部的控制中，而且 ONS 服务是由一家美国公司运作的。目前，这一现状已经引发关于物联网管理的政治讨论，因此，中国和欧洲开始研究相应的应对策略（Muguet，2009）。为了实现物联网的开放式管理，实现物联网的可扩展性以及对查询服务的可选择性，开发相应的联合发现服务是非常有必要的。

7）支持离线的数据同步

在线连接是 EPCglobal 网络提供服务的必要条件，只有在线才能保证访问产品的相关数据。但是，在很多情况下，在线连接是无法得到保证的。因此，物联网需要利用数据同步机制来完成对移动设备和离线设备的支持。

8）集成综合计费服务接口

为促进计费服务提供商之间的竞争，物联网需要为综合计费服务提供标准化的接口。这种计费接口能平衡利益相关各方分担物联网业务的成本，并有机会分享物联网带来的收益，为企业和公民创造基于信息交易的新商业模式和获利机会。

如图 1.5 所示，物联网信息服务可以集成传感器、执行器和软件代理。其中，有一部分移动设备没有接入网络，因此，需要采用合理的同步机制保证这些设备与物联网的交互。

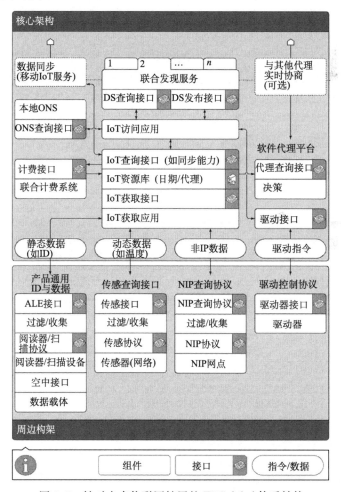

图 1.5　针对未来物联网扩展的 EPCglobal 体系结构

通过联合发现服务，对信息的访问将会更加便利。这种发现服务支持物联网中对信息访问的开放式管理和对信息搜索服务方式的选择。在庞杂的物联网中，为了找到分布在各个角落的可用资源（如信息库、传感器、执行器等），用户在资源搜索和信息发现技术方面有着强烈的需求。物联网需要提供针对这些搜索和发现服务的管理机制，实现对网络中资源的验证和访问控制。在这种机制的控制下，资源的所有者可以精确地控制其资源被发现与使用的情况。

1.7　结论和展望

在未来的物联网中，不同设施和网络之间的相互竞争和交互将进一步加剧。本章提出的体系结构只是一种可能的架构方案。目前，EPCglobal 网络已经在商业领域得到广泛的应用。本章提出的架构方案正是以 EPCglobal 网络为基础，因此我们相信这种架构方案具有可行性。

未来，物联网的发展将会进一步优化工业生产和社会生活中的信息流，并彻底改变商业沟通和个人交流的方式。在人类发展的历史上，有许多具有里程碑意义的技术革新，物联网也是其中之一，其影响之大将是难以估量的。对于企业来说，物联网能够为其产业管理和业务流程的管理提供极其丰富的信息，进而实现更大的利润，促进社会经济的繁荣和发展。对于民众来说，无论从消费者角度，还是从对社会公共利益的角度看，物联网的影响和意义都是深远的。

参 考 文 献

Aberer K，Hauswirth M，Salehi A（2006）Global Sensor Networks，Technical report LSIRREPORT-2006-001. http://lsirpeople. epfl. ch/salehi/papers/LSIR-REPORT-2006-001. pdf. Accessed 1 May 2010

Basagni S（1999）Distributed Clustering for Ad Hoc Networks. Proc. ISPAN'99 Botts M，Percivall G，Reed C，Davidson J（2006）OGC Sensor Web Enablement：Overview and High Level Architecture. Open Geospatial Consortium Whitepaper. http://portal. opengeospatial. org/files/? artifact_id＝25562. Accessed 1 May 2010

Bullinger H-J，ten Hompel M（2007）Internet der Dinge. Springer，Berlin BRIDGE（2009）Sensor-based Condition Monitoring. http://www. bridge-project. eu/data/File/BRIDGE_WP03_sensor_based_condition_monitoring. pdf. Accessed 5 July 2010

Brock L（2001）The Electronic Product Code（EPC）-A naming Scheme for Physical Objects. http://autoid. mit. edu/whitepapers/MIT-AUTOID-WH-002. PDF. Accessed 5 July 2010

CERP-IoT（2009）Internet of Things Strategic Research Roadmap，http://www. grifs-project. eu/data/File/CERP-IoT%20SRA_IoT_v11. pdf. Accessed 1 May 2010

Clendenin M，（2006）China aims for homegrown RFID spec by'07. http://www. embedded. com/news/embeddedindustry/191600488? _ requestid＝355245. Accessed 1 May 2010

Dimokas N，Katsaros D，Manolopoulos，Y（2007）Node Clustering in Wireless Sensor Networks by Considering Structural Characteristics of the Network Graph. Proc. ITNG'07，IEEE Computer Society，USA

EPCglobal (2007) The EPCglobal Architecture Framework，Standard Specification. www. epcglobalinc. org/ standards/architecture/architecture_1_2-framework-20070910. pdf. Accessed 1 May 2010

EPCglobal (2010) EPCglobal Certification Program. http://www. epcglobalinc. org/certification/. Accessed 7 July 2010

EPC Symposium (2003) Inaugural EPC Executive Symposium. http://xml. coverpages. org/EPCSymposium 200309. html. Accessed 5 July 2010

EPoSS (2008) Internet of Things in 2020-A roadmap for the future. http://old. smart-systems-integration. org/internet-of-things/Internet-of-Things_in_2020_EC-EPoS S_Workshop_Report_2008_v3. pdf. Accessed 1 May 2010

Fleisch E，Mattern F (2005) Das Internet der Dinge：Ubiquitous Computing und RFID in der Praxis：Visionen，Technologien，Anwendungen，Handlungsanleitungen. Springer，Berlin Floerkemeier C，Fleisch E，Langheinrich M，Mattern，F (2008). The Internet of Things：First International Conference，IOT 2008. Springer，Berlin

Gille D，Strücker J (2008) Into the Unknown-Measuring the Business Performance of RFID Applications. 16th European Conference on Information Systems (ECIS 2008). http://is2. lse. ac. uk/asp/aspecis/ 20080218. pdf. Accessed 1 May 2010

Hackathorn R (2004) The BI Watch：Real-Time to Real-Value. http://www. bolder. com/pubs/DMR200401-Real-Time%20to%20Real-Value. pdf. Accessed 1 May 2010

Heise online (2008) Frankreich schlägt europäische Root für das "Internet der Dinge" vor. http://www. heise. de/ newsticker/meldung/Frankreich-schlaegt-europaeische-Root-fuer-das-Internet-der-Dinge-vor-209807. html. Accessed 1 Mai 2010

Laubacher R，Kothari S，Malone TW，Subirana B (2006). What is RFID worth to your company? Measuring performance at the activity level. ebusiness. mit. edu/research/papers/223% 20Laubacher _ % 20APBM. pdf. Accessed 1 Mai 2010

Muguet F (2009) A written statements on the subject of the Hearing on future Internet Governance arrangements-Competitive Governance Arrangements for Namespace Services. http://ec. europa. eu/informatio n_society/policy/internet_gov/docs/muguet_eu _internet_ hearing. pdf. Accessed 27 October 2010

Sánchez López T (2010) What the Internet of Things is NOT. http://technicaltoplus. blogspot. com/2010/ 03/what-internet-of-things-is-not. html. Accessed 1 May 2010

Sánchez López T，Kim D，Canepa GH，Koumadi K (2009) Integrating Wireless Sensors and RFID Tags into Energy-Efficient and Dynamic Context Networks. Comput J 52：240-267. doi：10. 1093/comjnl/bxn036

Santucci Gérald (2010) The Internet of Things：Between the Revolution of the Internet and the Metamorphosis of Objects. http://ec. europa. eu/information_society/policy/rfid/ documents/iotrevolution. pdf. Accessed 18 October 2010

Shim Y，Kwon T，Choi Y (2007) SARIF：A novel framework for integrating wireless sensors and RFID networks，IEEE Wirel Commun14：50-56. doi：10. 1109/MWC. 2007. 4407227 Sung J，Sánchez López T，Kim D (2007) The EPC Sensor Network for RFID and WSN Integration Infrastructure. Pervasive Computing and Communications Workshops，Fifth IEEE International Conference on Pervasive Computing and Communications Workshops (PerComW'07)

Uckelmann D，Isenberg MA，Teucke M，Halfar H，Scholz-Reiter B (2010) An integrative approach on Autonomous Control and the Internet of Things. In: Ranasinghe DC, Sheng QZ, Zeadally S (eds) Unique Radio Innovation for the 21st Century: Building Scalable and Global RFID Networks. Springer, Berlin

Wang Y, Zhao Q, Zheng D (2004) Energy-Driven Adaptive Clustering Data Collection Protocol in Wireless Sensor Networks. Proc. ICMA'04. http://ieeexplore.ieee.org/stamp/stamp.jsp?arnumber=01384266. Accessed 1 May 2010

Ye M, Li C, Chen G, Wu J (2005) An Energy Efficient Clustering Scheme in Wireless Sensor Networks. Proc. IPCCC'05, Phoenix, USA

Younis O, Fahmy S (2004) HEED: A Hybrid, Energy-Efficient, Distributed Clustering Approach for Ad Hoc Sensor Networks. IEEE Trans Mob Comput 3: 366-378. doi: 10.1109/TMC.2004.41

第2章　人性化的物联网："人学思想"的影响与挑战

Sarah Spiekermann

奥地利，维也纳经贸大学，管理信息系统研究所

　　几十年来，信息技术的发展日新月异。目前，互联网已经对人类社会生活产生了巨大的影响，并且在众多新兴技术的推动下，正逐步向物联网演变。在这一演变过程中，将"人学思想"①融入到相应的系统设计中也许是大有裨益的。其中，"人学思想"是哲学中的一个概念，它关注人是什么，人应该成为什么样子，以及在社会中人如何同他人相处。首先，本章从总体上论述了"人学思想"与系统设计的关系，认为"人学思想"能够影响人和计算机系统之间的权力分配关系，同时也能够影响这些系统中所融入的价值观。此外，开发人员在系统设计中的特殊身份使得其本身的"人学思想"也会对融入在系统中的价值观产生影响。最后，本章提出将"人学思想"融入系统时会面临的挑战。本章采用逻辑演绎分析的方法，论证在大量与计算机伦理相关的问题中"人学思想"的基础性和重要性。当今西方社会所奉行的"人学思想"把人看做尽职尽责、成熟理性的，并能用自主和自由的精神进行自我定位。如果在物联网的设计中采纳这种思想，那么我们就能高屋建瓴地确定如何构建物联网，以及物联网能做什么、不应该做什么。

2.1　引　　言

　　在20世纪90年代初，有一个展望对计算机学科产生了深刻影响——施乐帕克研究中心②的研究员宣称：在21世纪，计算将成为无处不在的服务资源，并将融入我们的日常生活（Weiser，1991）。20年后，我们看到，得益于科学技术在数据处理、存储和传输能力、设备微型化、材料科学以及能源获取等领域中的巨大飞跃，这一愿景正逐步成为现实。传感器、识别技术、视频系统、在线跟踪与定位系

---

　　① 译者注："人学思想"（Idea of Man）是哲学领域中的一个重要概念，主要关注人的本质、价值观、交往方式，以及人在社会中不断发展的规律。

　　② 译者注：施乐帕克研究中心（Xerox Palo Alto Research Center，Xerox PARC）是施乐公司的研究机构。该研究中心成立于1970年，位于加利福尼亚州的帕洛阿尔托市，是许多现代计算机技术的诞生地。台式计算机、鼠标、图形用户界面、以太局域网系统等都是该研究中心的研发成果。

统能够持续不断地监控环境，检测处于其范围内的人，并且帮助人们完成各种工作。这些系统能够帮助我们完成相应的预订工作、协调日程安排、提醒重要事件、自动控制门的开关、确保我们"正确"驾驶，以及提醒车内人员扣上安全带等；还能够帮助人们完成一些私人事务，而这些事务在过去只能是由人们自己完成或者请求他人帮助完成。在日常生活中，机器突然之间便成为了我们的"代理"。这些机器在我们的生活中以各种不同的身份出现，如私人教师、幼儿监护员、家政人员、儿童玩伴及私人秘书等。在这种情况下，他们俨然已经成为网络环境中的"社会角色"。一些学者将这样的网络环境称为物联网（Fleisch et al.，2005）。

目前，物联网正在从单一的行业应用向大规模的全面应用发展，涉及个人日常生活的计算服务在这一发展进程中占有举足轻重的地位，道德问题也因此日趋凸显。何种程度的监控是可接受的？应该授予机器多大的控制权？机器操作需要多大的透明度？系统应该如何共享信息与数据？设计者们正面临着一系列的问题，诸如系统应该如何作为、如何使用以及如何开发部署等。如何将相关的道德标准系统地融入到IT解决方案中？面对这样的问题，许多IT公司很难搞清楚应该怎么做。在系统设计中，在考虑"什么是可行可接受的、什么是不可行且不能接受的"这一道德问题时，这些公司往往会陷入一个不断"尝试与犯错"的怪圈而无法自拔，并常常因此而失去消费者的信任，使自己的品牌权益受损。因而，在系统设计中，很多IT公司不愿意考虑道德因素的融入。即便公司愿意建立能够满足道德标准的系统，他们也将面临极大的挑战：在系统设计中究竟应该纳入什么样的道德标准；对隐私的敏感能否提升道德的可接受性、安全性、通用性、可控制性；究竟需要达到什么样的标准；在系统设计中，争论道德标准时，我们究竟想要做些什么。

本章讨论的主要问题是：在系统设计中，"人学思想"能够在多大程度上提升道德体系设计。迄今为止，从总体上说，哲学对物联网乃至计算机科学几乎没有起到启发作用。因而，我相信有必要进行一些反思。当今西方社会所奉行的"人学思想"把人看做尽职尽责、成熟理性的（德语为"mündig"），并能用自主和自由的精神进行自我定位（Kant，1784，1983）。如果在物联网的设计中采纳这种思想，我们就能高屋建瓴地确定如何构建物联网。事实上，在当前的系统设计中，人们所采纳的基本的"人学思想"仅仅关注用户误操作的问题，而没有考虑道德因素的影响。在本章中，我们颠覆了这种在现今计算机科学中唯一被认可的"假想用户"[①]的"人学思想"。

---

① 译者注：假想用户（dumbest assumable user）。在系统设计时，程序员需要考虑：用户在与机器的交互中，由于理解错误等原因而可能对机器进行误操作的情况。这里的"假想用户"就是指程序员在设计中设想的这类用户。

本章并不奢望"人学思想"能够在系统设计或者物联网设计中得以实现，其在系统设计中的实现可能需要各行业长期的努力。事实上，本章旨在将"人学思想"的概念引入到技术领域中，介绍"人学思想"的概念、"人学思想"与技术的关系、程序员的"人学思想"对系统设计的重要性，以及技术设计者将"人学思想"融入到工作中时需克服的挑战。

2.2 "人学思想"：概念及其同系统设计的关系

"人学思想"是一个模糊的概念，在哲学领域中已争论了数十年（如果不是数百年的话）（Fahrenberg，2007）。作为从德语"Menschenbild"翻译而来的术语，它可以用于指代"人类的形象"或者"人性观念"。但从德语蕴涵的本意来说，最好的翻译可能是"人学思想"。据 Diemer（1978）所说，"Menschenbild"包含了双重含义：一个是"Bild"（即图像，人的图像），其含义为人的肖像，即人的模样；另一方面，从整体上理解，这个术语意指与人生目的相对应的目标、意识形态或者教学理念，即考虑人究竟是什么的问题。

该术语所蕴含的两种不同含义对系统设计都有重大的影响。对于"人学思想"的第一种含义，在机器人和软件代理领域，许多科学家做了各种实验，用以模拟人的形象。他们试图在技术领域创造出人类的形象，日本的 Geminoid[①] 机器人和虚拟游戏人物[②]都是人类形象在技术实现中的实例。

然而，根据普适计算的愿景，大多数与人类进行交互的系统都无法以模拟人的形象的方式实现。而最大的可能是，将它们集成到物体对象和基础设施中，比如，集成到与我们日常生活紧密相关的物联网中。因此，"人学思想"的第二种含义对系统设计而言显得更有意义。在此，本章将更多地关注"人学思想"中的道德观念在物联网中所起的作用，而基本不关注系统中所涉及的人的肖像问题。

Fahrenberg 认为，从"行为榜样"的意义上说，"人学思想"是关于如下三个方面的假设与观念的总和，即人类本性、人类在社会和物质环境中的生存方式、人类应该信奉的价值观和目标（Fahrenberg，2007）。这个定义包含"人学思想"的两个主要方面。第一，"人学思想"涉及关于人类本性、个体存在以及个体能力的假设。这些能力以特定的方式和计算机系统的本质及能力联系在一起。第二，总体上说，"人学思想"包括了关于社会交往及社会本身的一些假设

---

① http://www.irc.atr.jp/Geminoid。Geminoid 是一个人形机器人，由日本科学家 Hiroshi Ishiguro 仿照自己的肖像创造。

② 译者注：虚拟游戏人物，即虚拟环境中的游戏人物。游戏者通过接口，比如键盘、鼠标等，从而将自己的表情、动作、意图传递到虚拟环境中，使虚拟游戏人物能够进行相应的模拟。

和观点。人们如何同他人相处？当计算机系统（如智能物体）参与这些社会交往时，它们是否会同样服从人类社会交往与社会本身的假设和观点？这两个方面对于技术设计而言意义深远。

在接下来的两节，将从这两个方面详细讨论"人学思想"及其对计算系统设计的重要意义。

2.3　与计算机系统对立的"人学思想"

"人学思想"因文化环境的不同而有所差异，并且也会随着时间而改变。本章后面的内容中所涉及的"人学思想"都是指同一个特定理念，即为西方社会所认同的"人学思想"。这种观念摈除了中世纪的"人学思想"（这种思想带有宿命论和人与人之间天生不平等的烙印），而采纳了当前文明人类的人本主义观点。这种观点认为，人们可以去通过自主和自由的精神进行自我定位，并能够做出理性行为（Kant，1784，1983）。此外，后现代主义时代则认为人是"自我的构建者"（Eickelpasch et al.，2004）。一些现代社会学家暗喻后现代主义人类具有衰败的特性，认为个体已经被连根拔起，"在精神上无家可归"（Baumann，1995），甚至于"被流放"（Beck，1986）。然而，社会学的观念基础依然是：所有人都是自主生活的。这种人学观点是西方文明的成就，也是西方民主的基本前提。

在高度自动化和网络化的社会环境中，人们如何才能保持自主性，以及自主决定的能力？普适计算会不会颠覆人类自主决定和自由选择的权利？这些问题都值得人们深思。

确定人类和计算机系统之间的权力分配关系是回答这个问题的关键所在。不幸的是，在将人的行为权力和计算机系统进行对比时，我们发现"人学思想"总是难以确定。当把人类自己同计算机系统进行对比时，我们会不停地对人类的技能发出质疑：人和计算机之间究竟哪个能更快更好地做出决策？哪个更能保护我们的隐私、并值得我们信任？哪个演化得更迅速？很多时候，面对这些质疑，我们会下意识地认为：相对于人而言，机器的力量更值得信赖。然而，这种观点意味着什么呢？我们是不是认为人类逊色于计算机，并对人的权利和决策能力产生质疑？如果采用这种认为人类不如计算机的观点，那么我们是不是又重新回到了康德所说的"强加给自己的不成熟"[①]阶段呢？难道我们要放弃一直引以为豪的

[①]　译者注：1784年，《柏林月刊》发表了一组讨论"启蒙运动"的文章。康德在回答门德尔松的问题时，在该刊第4卷第12期发表了著名的《答复这个问题："什么是启蒙运动？"》，认为"启蒙运动就是人类脱离自己所加之于自己的不成熟状态"，而"不成熟状态就是不经别人的引导，就对运用自己的理智无能为力"。

自主和自由的精神吗？

在许多科幻小说中，人们将计算机的智能描述成无所不能的。然而在现实中，自动化领域的学者一直认为机器的整体优势并不是特定不变的（Sheridan，2002）。技术系统是因人类需要而存在的，其存在的目的是在人类需要帮助的时候"协助"人类完成任务（Wandke，2005）。Fitts 试图将工程领域中人与机器能力的对比关系更加客观具体化（Fitts，1951）。他指出，在快速反应时间、灵活而强大的计算能力、信息的彻底删除、演绎论证等方面，机器的性能均胜过人类。然而，当涉及优化处理过程、判断或者进行归纳分析时，人比机器要优秀得多。尽管自 20 世纪 50 年代以来，机器的计算能力已取得显著进步，但是，在人机对比方面，这种基本观点始终没有发生改变。在复杂决策方面，机器也许会表现得越来越好，但是复杂性同样也提高了机器操作的成本和风险。

尽管如此，在实际的系统设计中，人和机器各自的责任是什么？如何对人机的权力关系进行分配？系统成本、承受的风险与授权效果之间的权衡，以及有关人机工作分配这个基本问题的决定依旧是模糊不清的（Sheridan，2000）。自动化领域的杰出学者 Sheridan 将人机之间的控制分配问题比作"算法、炼金术或者叛教"①（Sheridan，2000）。在这种情况下，我们不禁会问：完全自动化的飞机一定比飞行员驾驶得更安全吗？电子投票机一定比人工计票更好吗？视频监控系统能够比安保人员更有效地阻止犯罪的发生吗？

在系统设计中，人机之间的权力分配是难以确定的，但正是在这个模糊不清的地方，"人学思想"恰好可以发挥它的作用。我们究竟该选择人还是计算机？无论在什么情况下，只要无法客观确定人与机器的对比优势，"人学思想"就能帮助人们决定人类是否还应保持控制权。基于自身的直觉，系统的开发者、操作者以及制造商常做出一些"灰色决议"。② 因而，在很大程度上，通常是这些人自身的"人学思想"影响着人机之间的权力分配。

2.4　人机交互的互动与规范

Fahrenberg 认为"人学思想"不只是简单的个体身份、能力和本性的组合，还包括个体社会交往以及人们之间如何互相对待的社会观念（Fahrenberg，2007）。因此，"人学思想"体现在社会交往的行为准则和合作价值这两个方面。

---

① 译者注：Sheridan 于 2000 年发表了一篇题为" Function allocation：algorithm，alchemy or apostasy？"的文章，即《功能分配：算法、炼金术还是叛教》。Sheridan 用此题目表明了对实现功能分配的疑问：究竟能否用算法实现合理分配，还是说合理分配是不可能实现的，抑或我们必须放弃实现合理分配的愿望？

② 译者注：灰色决议，意指模糊不清的决议。

价值观和行为准则能够确定人的行为。

当前，关于"人的行为"的观念无疑是受多元化影响的：在快速变化的全球社会中，价值观垄断问题已经荡然无存。当然，我们还遵循着一些共同的道德规范；例如，在国际公约中，诸如联合国的《世界人权宣言》之类的约定就是这些道德规范的体现。

对技术设计而言，这些价值观和道德规范同样是很有意义的。当计算机系统成为社会成员，在人们的日常生活中参与互动，并和人一样把控任务时，人们希望它们能够真正做到与人一样的行为，并能遵循这些价值观和道德规范。人们可以把社会交往和社会行为的准则赋予给机器（Reeves et al.，1996）。问题是：在不断发展的物联网中，哪些准则更有助于保持"人学思想"？通过"价值敏感设计"，Friedman 和 Kahn 提出了许多想法，希望能够利用机器来构造"真正的人"。这些价值观和道德规范包括：对隐私权的尊重；在必要时保持平静的权利；能够自主决定控制周边电子环境的权利；机器代替人或者协助人开展工作时，应该承担相应的行为责任；人可以免受机器偏见以及要求机器公正对待的权利；在交往互动中享有被充分尊重的权利；信任机器的能力；机器要求我们做决定时，能做出明智决定的权利，以及在机器系统中掌控自己身份的权利（Friedman et al.，2003）。

在能够体现"人学思想"的物联网中，如果智能设备成为社会成员，作为人类对自身可以信任的扩展，那么它们的行为同样需要遵从"人学思想"的所有要求。目前关于电子隐私的相关论述表明，当机器忽略"它们作为社会角色应该遵循的相应道德规范"时，可能会发生的状况有：高级法庭会驳回政府的监督举措（Bundessverfassungsgericht，2010），公司企业需要修改刚刚推出的技术方案[①]（Claburn，2010）。超过 80% 的消费者声称，如果了解到一家公司非法使用个人数据（Ernst & Young LLP，2002），那么他们将停止与该公司的商业合作，并在公众听证会上宣布他们的期望，例如欧盟的公众咨询议程（Article 29 Working Party，2005）。

2.5 程序员的"人学思想"在系统设计中的影响

机器能做什么，不能做什么，以及它们对待人的行为态度，都取决于机器的程序是如何设定的。因此，机器的研制者对融入到机器中的"人学思想"有着巨

---

① 译者注：2010 年 2 月，在 Gmail 中加入 Google Buzz 服务后，Google 就收到了无数用户关于隐私泄露的集体诉讼。电子隐私信息中心（EPIC）为此也向联邦贸易委员会（FTC）提出投诉。Google 做出一系列的回应，并对已推出的技术做出相应的整改（Information Week，Feb 16，2010）。

大的影响。

为了确保系统的可用性，目前开发者通过将"生理和认知工程学"作为系统开发生命周期中的一个标准阶段，来使系统适应人的能力（Nielsen，1993；Norman，2007；Te'eni et al.，2007）。然而，机器如何对待人以及人如何对待机器远远超出了"可用性"的传统概念。在宏观层面上，系统的开发者能够最终决定，相对于人而言，机器在系统中所扮演的角色。系统可能在工程学的生理和认知层面上做得很好，但在后台还是可能"背叛"用户。例如，隐私政策在表面上可能非常到位，但在实际的后台实施中，既没有被监督，也不能保证会得到永久执行。

另外，开发者能够决定系统需要遵循的价值观（如上所述）。在微观层面上，这些决定转换成了具体的机器行为。在宏观层面上，Friedman总结的价值观在系统开发的关键地方能够为系统开发者提供指导（Friedman et al.，2003）。然而，这些宏观层面的原则最终还是必须转换成微观层面上具体的系统设计。为了在系统设计中落实"人学思想"，系统设计可以从三个方面进行讨论。第一，系统设计者决定人如何与机器进行交互以及如何影响机器的行为（操作）。第二，他们设计机器对待人的方式（与人联系的方式）。这两个方面都是前端的设计决策。第三，工程师决定机器在后台的行为方式、这些行为的透明度以及对用户提出的要求的服从程度。因此，在微观层面上，"人学思想"体现在程序员的前端交互设计和后台行为设计这两个方面。图2.1描述了这几个方面的内部关系。

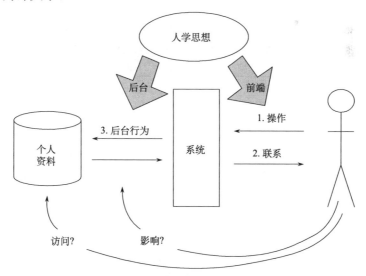

图2.1 "人学思想"如何影响系统设计

接下来，我们以智能汽车环境中的控制系统为例。在宏观层面上，我们非常重视自己对控制权的行使，对所有物而言是如此。例如，尽管人们很愿意享受"智能汽车"带来的便利，同时也希望自己能够控制汽车的各种操作。但这一点能做到吗？以安全带预警为例，法律规定所有车辆必须安装安全带预警系统。然而，在实际中，却是由制造商或者汽车设计者来最终决定安全带预警系统的具体设计，当然还包括其他的决定。比如，司机能否通过关闭预警信号来操纵系统？（操作）汽车的智能系统如何警告驾驶员：是通过尖锐刺耳的报警信号迫使驾驶员按照规定操作？抑或是谨慎地提醒他们，在启动发动机时需要扣上安全带？（联系）最后，汽车的智能系统在后台如何进行操作呢？智能系统会记录并保存驾驶员的行为数据吗？在发生意外事故时，智能系统是否会将这些数据提供给保险公司呢？同时，驾驶员有没有权力访问并删除这些信息呢？（后台行为）

这个例子仅就"人学思想"中的控制权问题说明了在技术设计中"人学思想"对具体决定的重大影响。当然，这也说明了在微观层面的设计中，设计者更喜欢广阔的自由空间。因为只有这样，他们才能够设计出丰富多样的系统。

2.6 系统设计中的"人学思想"：取得认同 所需的步骤和面临的挑战

针对技术设计中的隐私问题，人们对软件开发者进行过一系列的采访。通过采访，人们发现技术设计中的隐私问题会演变为对系统设计中的社会道德问题的挑衅。当被问及如何考虑原型开发中的数据保护问题时，几乎所有的受访者都如是作答：隐私是一个抽象的问题；在系统设计中隐私并不是迫切需要解决的问题，因为防火墙和加密技术已经对此有所考虑；隐私根本不是问题；隐私不是该他们考虑的问题，而是政治家、立法者或者社会的问题；隐私不是他们工程设计的内容（Lahlou et al. , 2005）。

软件开发者的这些答复表明，即便是隐私这种在社会中最受关注的"价值观"（同时也是"人学思想"中最基础的内容），也并未成为技术发展中需要关注的内容。产生这种滞后思想的原因，可能是工程科学更多地关注提高技术和加强软件功能，而忽略了很多社会道德因素。然而，随着社会的发展，以功能为核心的"功能计算"时代可能会逐渐被"以人类为核心的计算"时代所取代。目前，大量广泛应用的技术，如家庭 IT、移动通信、视频游戏、导航系统等，都是推动科技进步的主要动力。而且，这些技术的成功取决于产品的可用性以及对消费者的亲和性，因此工程中"人的因素"显得越来越重要。"以人类为核心的计算"主要关注用户如何操作机器，以及接口是如何设计的（Zhang, 2005）。但在系统的后台设计中，依旧很少关注对人类社会道德规范的尊重。

为了在系统中融入"道德因素"和"人学思想"，我们面临着一系列的挑战。首先，作为工程科技中最根本的内容，我们需要把"人学思想"和人类整体的价值观纳入到技术设计过程中去。在过去数十年中，一些科学家（Weizenbaum，1977）一直尝试在计算机科学中融入更多的道德因素，但是，他们的努力并没有得到应有的重视。我们并不清楚究竟哪些技术是社会所能接受的。"系统开发生命周期"（Kurbel，2008）以及"以人类为中心的系统开发生命周期"（Te'eni et al.，2007）都没有在微观层面上设计将人类价值观或者"人学思想"融入到机器中的相应环节。当然，这些环节是非常必要的。同时，作为系统设计中的参考模型也应纳入"价值管理"的机制。其次，我们需要对建模语言进行研究，考虑其如何能够系统地关注"价值观"等非物质因素。目前，有些人已经开始为道德工程开发微观层面的机制（即开始关注技术开发中的隐私保护问题）。但是，这种概念和方法很少被纳入到计算机工程科学中去。

然而，计算机工程科学从业人员的技术设计并不能做到完全符合社会的需要。归根结底，对于公司而言，开发者们只需利用技术开发出满足产品管理部门要求的系统即可。因此，只有管理部门提出可为社会接受的技术设计，才能最终实现在系统设计中融入道德规范。

但是，公司都是以追求利益为目的，因而为了尽可能地压缩系统开发的成本，并最大限度地提高系统（如数据收集）的使用效率，他们通常只会考虑必须满足的法律条例。在系统设计中融入道德因素，可能会使公司的开发成本大幅度增加，并影响公司的战略发展计划（Spiekermann et al.，2009）。因而，除非是面对市场或者监管机构的强烈要求，否则在开发过程中他们通常都会回避这个问题。

对于迅速发展的技术市场而言，立法者的反应总是太慢。尤其是在欧洲，人们普遍怀有对过度管制的担心；政客们不希望在技术系统中纳入更多的道德因素，他们担心过多地考虑道德因素会扼杀技术市场中的创新精神。一些专家则认为，市场机制应该负责奖优罚劣，制裁那些与社会道德悖逆的技术设计，并奖励那些符合社会道德的技术设计，从而可以通过市场来推动系统设计中道德因素的融入。

那么，市场激励能否推动遵循社会道德的科技投资？近年来，Facebook 等社交网络的快速发展，表明这些公司已经越来越了解客户的愿望和意图。来自客户的高压和负面影响迫使社交网络运营商开始允许客户自主调整隐私设置以保护其个人资料。

另一种可能的情况是，相对于传统设计而言，一些客户开始关注可持续的、符合伦理道德的设计方案，他们也许愿意为这样的设计投入更多的资金。在有机食物等领域，消费市场已经朝这个方向发展。然而，目前在 IT 行业中，技术日益复杂而且越来越不透明，客户能否认识到 IT 产品符合社会道德能为其带来的附加价值？这一点，我们无法明确。IT 服务业务的运作容易出现信息不对称，特别是在其运营模式和后台功能方面。许多客户通常会由于缺乏对后台操作的了解而使用一些社会风险服务，例如侵犯客户隐私的忠诚卡（Bizer et al.，2006）。只有提高信息的透明度，允许客户获取后台操作的信息，局面才有可能会得以彻底改变。

事实上，即便客户认识到某些技术可能会带来较大的风险，但是为了追求短期的便利，他们依然不愿意采取能够避免那些技术可能引发的长期损失的相应措施。例如，大多数互联网用户不会过多关注自己在网上的隐私数据。之所以会造成这样的问题，是因为人们自身难以评估忽略隐私问题所带来的风险。大多数情况下，人们会低估长期的风险，同时也会高估短期效益所带来的便利（Acquisti et al.，2005）。

2.7　结　　论

有关技术设计对于社会影响的问题，人们已经讨论了很多年。早在 1980 年，就曾有过关于人工智能可能对人类造成潜在威胁的激烈讨论。一些研究发现技术的进步会对社会产生影响，之后，各国政府纷纷推出关于信息化方面的道德问题的研究计划。随着物联网的普及及其对社会影响的逐步提高，"物"和"人"的关系需要进一步重新确定。

为了使我们未来的技术环境更加富有人性化，本章对"人学思想"进行了一系列的讨论，包括"人学思想"的具体概念及其对诸如物联网系统的技术设计和网络环境的潜在价值。本章认为"人学思想"可以作用于三个层次：第一，它能使我们在更高的层面上反思人类和机器之间的权力分配关系；第二，对"人学思想"的分析有助于我们在宏观层面上确定影响技术设计的具体价值观；第三，有意识地分享"人学思想"能够促使系统开发者在微观层面上对价值观的尊重，从而可以更好地决定如何建立人与机器之间的交互。

参 考 文 献

Article 29 Working Party (2005) Results of the Public Consultation on Article 29 Working Document 105 on Data Protection Issues Related to RFID Technology. http://ec. europa. eu/justice/policies/privacy/docs/wpdocs/2005/wp111_en. pdf. Accessed 7 December 2010

Acquisti A，Grossklags J (2005) Privacy and Rationality in Individual Decision Making. IEEE Secur Priv 3：26-33

Baumann Z (1995) Ansichten der Postmoderne. Argument Verlag，Hamburg

Beck U (1986) Risikogesellschaft. Auf dem Weg in eine andere Moderne. Suhrkamp，Frankfurt am Main

Bizer J, Günther O, Spiekermann S (2006) TAUCIS-Technikfolgenabschä tzungsstudie Ubiquitäres Compu-
ting und Informationelle Selbstbestimmung. Humboldt University Berlin, Unabhängiges Landeszentrum
für Datenschutz Schleswig-Holstein (ULD), Berlin, Germany

Bundessverfassungsgericht （ 2010 ） Konkrete Ausgestaltung der Vorratsdatenspeicherung nicht
verfassungsgemäß. 1 BvR 256/08, 1 BvR 263/08, 1 BvR 586/08, Karlsruhe

Claburn T （2010） Google Sorry About Buzz Privacy. InformationWeek. http://www. informationweek. com/
news/windows/security/showArticle. jhtml? articleID=222900563. Accessed 7 December 2010

Diemer A (1978) Elementarkurs Philosophie-Philosophische Antropologie. Econ Verlag, Düsseldorf

Eickelpasch R, Rademacher C (2004) Identität. transcript Verlag, Bielefeld

Ernst & Young LLP (2002) Privacy: What Consumers Want

Fahrenberg J （2007） Menschenbilder-Psychologische, biologische, interkulturelle und religiöse Ansichten.
Institut für Psychologie, Universität Freiburg, Freiburg

Fleisch E, Mattern F (2005) Das Internet der Dinge-Ubiquitous Computing und RFID in der Praxis, Springer
Verlag, Berlin, Heidelberg, New York

Fitts PM (1951) Human Engineering for an Effective Air-Navigation and Traffic-Control System. Colum-
bus, Ohio, USA

Friedman B, Kahn P (2003) Human values, ethics, and design. In: Jacko J, Sears A (eds) The Human-
Computer Interaction Handbook. Lawrence Erlbaum Associates, Mahwah, NY, USA

Kant I (1784/1983) Was ist Aufklärung?. Wissenschaftliche Buchgesellschaft, Darmstadt

Kurbel K (2008) System Analysis and Design. Springer Verlag, Heidelberg

Lahlou S, Langheinrich M, Röcker C (2005) Privacy and Trust Issues with Invisible Computers. Commun
ACM 48: 59-60

Nielsen J (1993) Usability Engineering. Morgan Kaufman, Mountain View, CA, USA

Norman D (2007) The Design of Future Things. Basic Books, New York, USA

Reeves B, Nass C (1996) The Media Equation: How People Treat Computers, Television, and New Media
Like Real People and Places. Cambridge University Press, New York, USA

Sheridan TB （2000） Function allocation: algorithm, alchemy or apostasy?. Int J Hum-Comput Stud 52:
203-216

Sheridan TB (2002) Humans and Automation: System Design and Research Issues. John Wiley & Sons,
Santa Monica, USA

Spiekermann S, Cranor LF (2009) Engineering Privacy. IEEE Trans Softw Eng 35: 67-82

Te'eni D, Carey J, Zhang P (2007) Human Computer Interaction-Developing Effective Organizational Infor-
mation Systems. John Wiley & Sons, Inc, New York, USA

Wandke H (2005) Assistance in human-machine interaction: a conceptual framework and a proposal for a
taxonomy. Theor Issues Ergon Sci 6: 129-155

Weiser M (1991) The Computer of the 21st Century. Sci Am 265: 94-104

Weizenbaum J (1977) Die Macht der Computer und die Ohnmacht der Vernunft. Suhrkamp Verlag, Frankfur

Zhang P (2005) The importance of affective quality. Commun ACM 48: 105-108

第 3 章　智能空间中的民众创造力

Marc Roelands，Laurence Claeys，Marc Godon，Marjan Geerts，

Mohamed Ali Feki，Lieven Trappeniers

比利时，安特卫普，阿尔卡特-朗讯贝尔实验室

本章主要分析在物联网环境中如何发挥民众创造力。在物联网中，广大民众的参与可能会促进大量交互式应用的蓬勃发展，而这些新的应用将会为物维网（Web of Things，WoT）的发展奠定基础。本章首先介绍当前社会中普遍存在的 DiY（Do it Yourself）现象，并讨论其对物联网的重要意义。然后，讨论在物联网环境中民众利用 DiY 思想进行创造的各种可能的情形。基于此，我们详细论述呼出物联网、智能组合物联网以及现象物联网三个不同的物联网概念。这些概念为智能空间中的创新模式奠定了基础，并有可能会促成物联网环境中新的 DiY 思路和方法。在分析了这些概念的可行性之后，本章最后介绍目前正在进行的一些实验工作。

3.1　网络环境中的 DiY

从当前社会的 DiY 现象中，我们可以发现许多不同的 DiY 模式，这些模式同样也适用于物联网环境。从宽泛的意义上讲，DiY 可以看做是一种社会文化。本节在讨论其本质特征之后，又从应用创造和感知环境的角度探讨 DiY 的意义。应用创造和感知环境是民众在智能空间中发挥创造力的必备条件。

3.1.1　社会实践中的 DiY 文化

在提及 DiY 时，人们常常将其与青年亚文化①联系在一起。究其根源，DiY 最早出现在家庭装修和装饰领域。在 20 世纪 70 年代之前，DiY 专业店尚未出现，因而那些想要装饰、修缮房屋的人们不得不寻求传统专业建筑商的帮助（Roush，1999）。那时，有一些公司专门为业余装修爱好者制造和出售工具及材料，毫无疑问，这些公司恰是 DiY 理念的倡导者。之后，DiY 商铺和相关杂志

---

① 译者注：青年亚文化是各个时期处于边缘地位的青年群体文化，它由青年亲身创造，往往会被媒体宣传、放大，对传统文化具有一定的颠覆性和批判性。

如雨后春笋般地涌现出来，并出乎意料地取得了巨大成功。在社会实践中，有很多因素推动了 DiY 文化不断发展壮大。以往，只有有钱人才有能力进行家居设计和装修，而经济的发展打破了这种局面，越来越多的普通人也有能力进行家居设计和装修。其次，随着社会的发展，家装工人的劳动力成本越来越高，于是，人们越来越倾向于自己动手进行装修，这也进一步促进了 DiY 商店的发展。当然，DiY 文化如此盛行，并非只是由经济因素造成的。在社会活动中，人们通常会有"自己动手"的想法，而这种想法也是 DiY 不断发展的动力之一。从心理学的角度分析，DiY 文化是对人们创造力的一种肯定，给予人们"自己做主"的特殊体验（Hoftijzer，2009）。在 DiY 的过程中，人们可以按照自己的意愿创造具有特色的手工制品或者改装已有的工具。在这样的制作过程中，人们可以体验到其中的乐趣，这是 DiY 得以盛行的主要原因之一。Leadbeater 和 Miller 认为在当代社会中，参与园艺、运动以及家装等各种活动，可以加强人们在社会生活中的交流，拉近人与人之间日渐疏远的社会关系（Leadbeater et al.，2004）。事实上，过度消费、全球化以及经济不平等是当代社会的显著特点，这些因素导致我们的社会关系日渐疏远。DiY 活动或许是解决这个问题的一剂良方。

传统的 DiY 者有两种不同的类型：个体 DiY 者和群体 DiY 者。个体 DiY 者通常是指那些独立工作的人，他们通常工作在个人车库或者阁楼等独立的环境中。而群体 DiY 者通常则是指那些乐意与趣味相投者合作的人。他们往往聚集在一起，相互合作，共同进行发明创造；在工作完成之前，他们也乐于公开自己的工作，并与同伴一起讨论。

通过研究，我们认识到民间交流、家族成员、朋友和邻里对于 DiY 个人体验而言都是至关重要的（Shove et al.，2008）。在 DiY 活动中，人们往往需要依赖那些"local warm experts"（Bakardjieva，2005；Steward，2007）或者"lead users"的帮助（von Hippel，2005）。在某种程度上，DiY 总是有一点"大家一起做"（Do it Together，DiT）的味道。对这些热衷于 DiY 活动的人，不同的研究者使用不同的称谓。

（1）Pro-Am：指单纯出于对某种活动的热衷而参与其中的业余爱好者，他们通常也为活动设定相应的专业标准（Leadbeater et al.，2004）。

（2）Lead-user：在市场的新潮流中，Lead-user 总是处于领先地位。与普通用户相比，他们有机会率先体验某些新的产品和服务。他们期望从这些体验中受益，由此而推动创新活动的发展（von Hippel，2005）。

（3）Bricoleur：通常利用日常生活中的现成材料，并根据已有的经验，为自己遇到的问题寻找解决方案（Levi-Strauss，1968）。

（4）local warm expert：指专业的互联网或计算机技术专家，以及在不太懂技术的人群中，水平相对高一点的人（Bakardjieva，2005；Steward，2007）。

如上所述，我们分析了 DiY 活动参与者的不同类型及其相关的活动类型。可以看出，实践活动和社会关系网络是 DiY 文化的基础。DiY 活动的类型千差万别，如织套头衫、为宠物制作板凳、设计操作系统、制作 YouTube 视频，等等。即便如此，DiY 活动还是具有一些共同的特性，如联系性、控制性及多元性。

3.1.1.1　DiY 与联系性

"创造"是 DiY 活动的核心。创造活动能够对社会产生深远的影响，在这方面，Gauntlett（2010）有其独到的见解。他从三个方面分析了 DiY 创造活动的联系性。

（1）从制作活动的角度来看，创造的联系性是指在创造的过程中，我们需要将各种事物（包括材料和想法等）联系在一起。

（2）从社会关系的角度来看，创造的联系性是指从某种意义上创造活动会涉及社会的各个层面，并将不同的社会成员联系在一起。

（3）从人类社会与环境的角度来看，创造的联系性是指创作新产品，并将其推广，能够增强我们同社会环境及物理环境的接合与联系。

当前信息通信技术（Information Communication Technology，ICT）在一定程度上改变了 DiY 的"创造即联系"思想。我们发现，信息通信技术对 DiY 具有潜在的巨大影响。代码复用是推动计算机软件业发展的重要因素。软件模块的重组和混搭系统是代码复用的典型例子。利用 Web 2.0 技术，普通用户可以创建自己的博客、个人主页或者 Facebook。网络社区对现实社会中的 DiY 社区能够产生重要影响。除了能利用局域网的支持之外，DiY 人士还可以通过网络社区与兴趣相投者进行更广泛的交流和合作。与此同时，网络社区能够扩大现实社区的声誉和影响，一些优秀的社区因此而扬名。

3.1.1.2　DiY 与控制性

为了成功达到目标，DiY 人士需要具备把握作品的能力和实施所需措施的能力，DiY 活动的成功与否与这些能力的大小息息相关。除了能力以外，DiY 人士还需要掌握一些特定的手段和措施，开放性就是这些制作手段需要满足的重要性质之一。正如《制造商权利法案》（Jalopy，2005）中所说，制造商所生产出的产品对使用者而言必须是可访问、可扩展、可修复的。这个法案也提及了制作手段的一些其他重要属性，描述向创造者转交控制权的问题。这些属性包括以下几个方面。

（1）公开性：案例应该是易于公开的。

（2）特殊性：非关键时刻不采用特殊手段。

（3）通用性：应当采用通用电源，而尽量避免采用特制电源。

（4）易修复性：设计时就要考虑到维修的问题，避免补牢于亡羊之后。

（5）可逆性：可关即可开。

将控制权移交给创造者或终端用户这一目标，可以置于有关创新和技术的讨论中进行探讨。Paul Dourish（2006）在他的设计视图里强调这样的事实：用户并不是预定义技术的被动接受者，而是由使用技术的环境、条件和预期结果所决定的行动者（Dourish，2006）。认同"掌握控制"观点的还有开放式创新进程（Chesbrough，2003）、技术的相互塑造（Williams et al.，1996）以及共同创造（Hoftijzer，2009）。

3.1.1.3 DiY 与多元性

如前所述，在日常生活中，DiY 能够拉近人们在社会中日益疏远的社会关系。当前社会中过度消费、全球化以及经济不平等等现象日益严重，由此导致人与环境、人与人之间的关系日益疏远。DiY 活动能够减缓这一现象发展的势头。在全球化的今天，世界各地商业街的模式逐渐趋于雷同。然而，标新立异是人类的天性，人们总是希望拥有与众不同的物品，而不愿意追求平凡与雷同。通常，满足这种特色需求的物品是无法在商店中买到的。因此，在满足人们标新立异的潮流中，DiY 活动至关重要，并逐步发展为一种多元文化。

3.1.2 软件系统中的 DiY 创新

DiY 是人们在物联网中自创应用的动力之一，但是 DiY 的理念、实践与文化到底能在多大程度上为人们提供利用 DiY 进行创造的机遇？目前，只有少数人能够创建自己的应用系统。iPhone 应用程序主要还是由一些小公司编写。类似 Zoho Creator ①和 LongJump② 这样的平台，其目标并不是为普通的终端用户提供创建应用程序的工具，而是针对相对比较专业的使用者。在当前 iPhone、Blackberry、Facebook、Twitter 等特定的信息通信技术环境中，开放的 API 是备受关注的主题。同样，在未来物联网的环境中，其对应用创新的作用依然不容小觑。

3.1.3 智能空间中的 DiY

对情境感知系统以及智能空间而言，DiY 是非常重要的。Claeys 和 Criel（2009）对环境智能和"智能"应用的未来前景进行分析，并针对智能行为的个

---

① 译者注：Zoho Creator 是一款允许用户在线轻松创建数据库的应用程序。在新版本 Creator2.0 中，Zoho 重新设计和完善了 Creator 的用户界面以及用户体验，让用户可以直接通过鼠标拖拽实现各种复杂的操作；另外，新版 Creator 已经可以使用户能够将制作成功的小型数据库应用程序放置到自己的博客中去。

② 译者注：LongJump 可帮助用户创建在线应用，集中了创建和重组两个特性，即可以直接录入相关数据创建应用和管理，也可以直接获取现有的数据进行编辑和重组。

人创造重要性，确定两个非常重要的问题（Claeys et al.，2009）。

首先，情境感知的发展很大程度上是由技术驱动的，它往往不考虑情境对特定环境中行为者的意义。情境并不是环境的固定设置，Heidegger 认为"情境是人们创设的一种氛围，在其中人们可以感知周围的世界"（Heidegger，1927），因而，即时地为每个情形或者不同人设定合适的"情境"是不切实际的。这也是目前已有的典型的情境感知应用不受欢迎的根本原因。由于其内在特性无法以固定的模式进行计算和设定情境，从某种意义上说，情境的确是很有趣而又难以捕捉。

其次，对于应用者而言，情境感知意味着失去控制权。与大多数其他应用不同的是，对于情境感知而言，往往并没有"选择"这回事。虽然隐私、自主权和控制权等问题仍处在萌芽阶段，但这些问题看上去都是难以解决的。因此，用户往往无法对反馈循环产生影响（Crutzen，2005）。

因为 DiY 在智能空间中具有重要地位，所以这两个问题都是无法忽略的。探讨这两个问题的目的是使人们能够把控自己的个人信息，并让他们能够随时自主地决定在情境感知中如何使用这些个人信息。

3.2　智能空间中有形创作的研究方向

如前所述，从当前网络社会的 DiY 现象及其发展的趋势和动力可以看出，DiY 在物联网中的应用仍旧是一个具有广阔前景的研究领域。此外，在多学科研究方法论中，实体模型的确认和概念的验证以及创作过程本身都需要用户的参与，比如，用户在协同设计和 DiY "工具包"中的积极参与。因此，有必要为智能空间制定更精确的创作模式，以促进用户交互。

因此，我们提出三个能够推动民众创造力的建设性概念，以作为此领域中的"地标"。

价值评估最终需要根据当前工作中的用户反馈进行。尽管如此，这些概念仍可以帮助我们确定问题的范围。反过来，这也使得我们能够更好地分析这些概念的潜在优点和技术可行性。因此，有关这些概念的具体实验并不仅限于小范围的测试，而是可以尝试在多个具体的领域中应用这个概念，并使之得以完善和丰富。这些实验可以在广阔的 DiY 领域里不断地进行下去。

在接下来的章节中，我们讨论呼出物联网、智能组合物联网、现象物联网这三个候选概念，为之后的初步实验奠定基础。

在详细讨论这三个概念之前，我们对智能空间中 DiY 创作的不同类型做一个简单介绍。如前所述，DiY 在物联网中具有巨大的发展潜力，我们首先要做的是确定在物联网中 DiY 究竟可以在哪些方面发挥作用。如图 3.1 所示，我们为此提出三个紧密相关又各不相同的领域，并将它们作为物联网中 DiY 创作的分类依据。

图 3.1　物联网中 DiY 创作分类

首先，由传感器（和执行器）构成的大型互联网络能够提供丰富的数据流，而这些数据流可以为需要使用物体数据的相关应用提供支持。现在，网络中已经存在一些这方面的例子，对此我们将进行进一步的讨论。

其次，在将新的传感器（和执行器）接入物联网时，人们就在进行 DiY 装配，这也正是 DiY 行为的一种形式。在这方面已有一些例子，例如基于传感网的智能住宅。当然，在智能住宅的例子中，所使用的技术方案通常都是封闭的。

最后，在当前 DiY 电子行业中，通过加强功能和组装这两种方式来构建智能物体的 DiY 行为在技术上已经是完全可行的。而人们最终的有形创作体验正是来源于此。因此，在为物联网构建具有交互性的前端设备时，DiY 行为使得人们可以更具创造性。

在接下来的章节中，我们将详细讨论有关物联网创造性的三个概念。

3.3　概念1：呼出物联网

我们用呼出物联网这个术语表示：在物联网的用户环境中，网络技术（或云技术）具有为人们实现"呼叫"及交换"呼叫"的功能，并以此作为一种通信手段，支持个人用户及群体与环境中的物体进行区域分布式通信，进而实现与对等用户及群体之间的通信。

"呼出"具有方位、物体以及环境等各方面传统意义上的信息属性。同时，作为一种描述行为的方式，"呼出"既可以描述本地的交互模式和交互请求，也可以为开放式终端机器或开放式进程加入新成员提供机会。此外，呼出物联网可以为上述特性在不同的地点、不同的时间、不同的具体场景中的交换和重用提供支持。

目前已经有一些符合"呼出"理念的例子。"呼出"可以看做环境体验的一种新方法，通过这些例子，我们可以加深这方面的理解。因此，在本节中我们讨论这一概念在当前的应用情况，并探讨在物联网中发挥民众创造性可能会遇到的挑战。

实际上，"呼出"在我们的社会生活中是极为常见的，并广泛应用于各种通信系统中。无论是在个人社交空间中，还是在宽泛的公众社会生活中，作为一种通信手段，人们都经常会使用到"呼出"功能。"呼出"可以用于传达惊讶或惊喜的情感和感受，或者用于向他人宣布引发他人讨论的话题以及具有挑战性的问题等。例如，购物街上的电子商务广告牌向人们传达信息。以对话形式以及支持叙述结构的"呼出"漫画气球就是另一个能够引起公众注意的有效通信的实例。早在中世纪，列奥纳多·达·芬奇巧妙地创造出一种能够把文字说明添加到复杂绘画和素描中的技术，从而将创新之处明确地表述出来。在这个例子中，我们可以将"呼出"看做一种表现系统内涵的方式。即使在今天，达·芬奇的风格依然能够触发人们的想象，在网上随处可见的大量的分解图图纸和剖视图图纸便是最好的例证。艺术家 Kevin Tong 从 Wells 的想象力及 Jonathan Ive[①] 的智慧中获得灵感，进而设计出一件 T 恤：iSteamPhone，在该 T 恤上展示了达·芬奇风格的电话分解图。

在现今的网络社会中，至少有三种类型的"呼出"模式已经付诸实施。下面，我们大体上将使用能够促进基于事物/地点识别的技术方式分为三种类型：基于地点的"呼出"、基于标签的"呼出"、基于图像的"呼出"。

3.3.1　基于地点的"呼出"

随着地理测绘技术的发展，许多用户可以充分利用这些技术，在地图上附加相应的注释，其中典型的是"大头针式"的注释。这些由个人、文化以及社会提供的反馈和注释增强了地图上具体位置的意义，并促进用户交互。事实上，地球表面正逐渐成为一个巨大的分布式画布。在这个基于方位的思维导图上，人们可以尽情涂鸦。

Google 地图和 Google 地球是两个针对基于地图的应用开发平台。这些基于

---

① http://www.isteamphone.com。

地图的应用中往往都有用于描述方位互动的虚拟层，而"呼出"信息就在这个虚拟层进行标示。增强现实（Augmented Reality，AR）浏览器 Layar① 是这方面的典型例子，人们可以访问建立在基于位置的摄像视图之上的知识层。通过这种方式，处于真实环境中的人可以利用他人或者商业机构添加的知识，而这些知识可以赋予当前环境新的集体意义，例如触发他人的回忆。通过 Layar 浏览器，用户也能通过"雷达"这一新的搜寻方式找到某个感兴趣的位置。Tweeps Around② 是与 Layar 浏览器层相关的有趣应用，利用它可以查询 Twitter 上标有位置信息的公告。通过这个例子，我们可以看到地图信息与社会网络的联系越来越紧密，各种流行的通信手段也越来越趋于包含更加丰富的位置感知功能。Foursquare 浏览器③是能够体现这种趋势的另一个例子。利用 Foursquare 人们在相应的群体中可以获得一定的认同感，有时，还能因经常登入某一个地点而获得相应的折扣或者代金券。尤其是在某些特定的场所，如公共场所、餐馆和其他商业场所等，在这些场所中"呼出"往往就是群体评论。

另一款增强现实浏览器 Wikitude World Browser④ 促成了基于位置的维基百科⑤。通过在维基百科式的风格中融入基于位置的方位体验因素，大量的民众创新开发活动得以开展并得到支持，并由此培育了一些开放式的合作开发项目。作为第一个移动 AR 卫星导航系统，Wikitude Drive⑥ 目前正在试用中。

通过在地图上标记丰富的"呼出"信息，可以将众包数据附加到特定的位置上，从而使得空间更加智能化，并更加便于交流。近年来，这种数据附加的形式越来越体现出其重要性。毫无疑问，目前大量涌现的开放创造平台和商业化平台为大量用户的参与提供了便利，从而可以大大丰富电子地图的信息内容。Google

---

① http://www.layar.com。译者注：Layar 是全球第一款增强现实感的手机浏览器，能向人们展示周边环境的真实图像。只需将手机的摄像头对准建筑物，就能在手机的屏幕下方看到与这栋建筑物相关的、精确的现实数据等。Layar 并不直接通过"图像识别技术"来工作，而是靠 GPS 探测到目前所在的位置，并利用罗盘判断摄像头所面对的方向。

② http://squio.nl/projects/tweeps-around。

③ http://foursquare.com/learn_more。译者注：Foursquare 是一个近似于真实版大富翁的社群游戏。参与者要打开自己手机的网路连线功能，通过 3G 或是 GPS 侦测自己所处的位置。当人处在某一个地点（如百货公司、餐厅、咖啡厅）连上 Foursquare，就可以登入（check in）该地点一次。登入一个地点的次数越多（换句话说，实际访问该地点的次数越多），就越能在 Foursquare 升级，获得一些地位、头衔。

④ 译者注：Wikitude World Browser 是一款先进的导航软件，需要网络和 GPS 服务同时启用。当人处于某个景点时，只需打开这个软件，对感兴趣的地方用手机摄像头照一下，屏幕上马上会显示出相应的信息。

⑤ http://www.wikitude.org。

⑥ 译者注：Wikitude Drive 在增强现实导航应用本质上是一个 GPS 导航应用软件，但它最卓越的特质是用户看到的不是地图，而是前方接收到的实时视图，以及叠加在视频上方的导航数据。

的 AR Wave① 即是这方面的一个例子。

3.3.2 基于标签的"呼出"

实现"呼出"的另一项技术就是通过物理标记技术勘探增强空间，该方式由人体触摸模式这种与用户情感体验相关的行为启发而来。从历史的角度看，这是物联网出现时，相应出现的首批相关表述之一。

现实物品短距离可访问是基于标签的"呼出"的前提，这种访问可以通过读取附加在物品上的标识属性来实现。读取可以通过两种不同的方式完成：一是对物品标签的光学扫描，常用的标签有一维条形码和各种各样的 QR 编码；二是通过短距离无线通信技术完成，最常用的是基于 RFID 的近场通信。当前，许多在线门户服务可以为用户提供标签标识的支持，以便于在线管理物品的标识和相关的物品信息。ThingLink②、Tales of Things③、ThingD④和 Touchatag⑤等平台率先利用 RFID 标签技术为 B2C 和 B2B 商业模式提供支持，例如对支付系统的支持。

3.3.3 基于图像的"呼出"

更进一步，人们甚至可以不采用标签技术，而是采用图像识别的方式来识别环境中的物品和人。下面是一些这方面的例子。

（1）Google 的 Goggles⑥ 可以采用光学识别技术对物体⑦及文本进行识别。

---

① http://arwave.org。译者注：AR Wave 是一个开源的项目，它能够创建对 Wave 服务器上的数据进行地理定位的标准方法。

② http://www.thinglink.com/。译者注：Thing Link、使用户可以在线图片添加丰富的媒体标签。这些标签在图片上以圆点的形式显示，当鼠标悬停在圆点上时，可以链接到很多的外部服务：iTunes、You-Tube、Facebook、Twitter 等。此外，也可以选择只标记纯文字，或标准的 URL 链接。如果标记的是文字和链接，那么鼠标悬停时就会显示一个可点击的链接和文字描述。

③ http://www.talesofthings.com/。译者注：Tales of Things 允许人们为物体添加描述其历史及背景的文字说明等。最后还需将 QR 码附加到该物体上。以图片为例，通过对 QR 码进行扫描，该图片及其相应的说明性文字便会出现在移动设备上。

④ http://www.thingd.com/。译者注：ThingD 正在为世界上的每种物品建立结构化的数据库，然后绘制出这些物品（和相关元数据）的地图提供给人们。ThingD 还推出了名为 productids.org 的平台，它将 1 亿多个 UPC 条形码和 ThingD 的数据库联系起来，所以，假设你到一个商店购买自行车，则可以扫描自行车上的条码，然后了解自己所关心的价格、特定属性等。Thingd.com 上的用户体验还称不上完美，但 ThingD 公司新推出的 Fancy 网站（thefancy.com）的用户界面比 Thingd.com 友好得多。Fancy 网站可以让用户给图像加标签并发现新的东西，因此能更容易地收集更多物品的数据。

⑤ http://www.touchatag.com/。译者注：Touchatag 是阿尔卡特-朗讯为消费者、应用开发商和运营商/企业创建的 RFID 服务。消费者可以使用 RFID 标签来触发应用，例如打开网页、发送文字信息等。

⑥ http://www.google.com/mobile/goggles/。译者注：Goggles 是 Google 推出的应用程序，具体功能是可以利用手机拍照的方式，搜寻拍摄物体的资讯，而不需输入关键字。

⑦ 为了避免隐私问题，Google 在 Goggles 发行之后立即决定移除脸部特征识别功能。

（2）识别应用 TAT① 通过增强识别技术进行人脸识别，利用相关资料进行匹配，从而确定人的身份，并将其同相关的社交网络和其他信息进行关联。

3.3.4 "呼出"技术的未来发展

从上面的例子我们可以看到，"呼出"逐渐成为一种新的全球范围方位交互手段。可以预期不同的应用和技术在概念上将进一步融合，逐步达成一致，从而丰富环境中的智能元素。通过前面的例子，我们有理由相信在社会网络影响的作用下，民众的 DiY 创造活动能够进一步实现智能方位空间的塑造。因此，我们是否可以认为"空间和地点创新将由民众推动"或者"von Hippel"式的地点和空间② 即将兴起？

即便将呼出物联网的研究限定在确定的领域中，针对其概念的含义和未来演变，仍有大量的基础研究问题需要进一步的探究。

（1）除去利用传统多媒体方式进行增强之外，"呼叫"技术是否能够赋予人们创建任何类型的信息知识通信的能力？例如，通过基于位置的 Twitter 等控制融合在空间体验中的触觉反馈。

（2）人们是否能够超越单点的方位增强，以实现多点空间的复合利用或者点对点思维导图？

（3）有形物体的生命周期和其虚拟参数之间的关系是什么？

（4）对物体的自身经历而言，"呼出"究竟扮演着什么样的角色？（这方面请查看"mixed digital and physical environments"③）

最后，"呼出"是否可以为行为或者计算提供定位信息？这个问题引起了关于智能组合物联网概念的探讨，在下一节我们将对此展开讨论。

3.4 概念2：智能组合物联网

我们用智能组合物联网这个术语来表示呼出物联网的一个具体实例。智能组合物联网强调对现实物品进行 DiY 和工业组装（拆卸）、生产与回收的知识支持。通过参考人工生产或者工业生产说明，并关注物体的生产和组装方式、及其部件在其他组合或者与其他物品的组合中的重用方式，人们能够对日常物品进行

---

① http://www.tat.se/。

② http://web.mit.edu/evhippel/www/。译者注：von Hippel 著作 "Democratizing Innovation"，即《创新的民主化》。在其中，他提倡建立以用户为中心的、民主化的创新系统。

③ http://www.slideshare.net/nicolasnova/designing-a-new-ecology-of-mixed-digital-and-physical-environments。

功能增强。

查询可以通过与现象相关的情境和周围环境中物体的情境来实现（现象的概念参见下一节）。例如，可以通过某些频繁使用的组合现象引发的"呼出"，或者通过某些已知组合中与其他物体的贴近度来查询。智能物体根据感知、表示、交互的分类方法参见（Kortuem et al.，2010）。

3.4.1　基于制作者和目的的物体分类

根据智能物体的制作者和制作目的，我们提出一个智能物体的分类模型，如图 3.2 所示。在有些情况下，制作者是指为满足自身需要而制作物品的个人，但在更多的情况下，制作者是指为满足大众消费需求而制作物品的行业制造者。在图 3.2 中，我们将这两类由不同的制作者制作而成的物品分别标记为自制智能物体和现成智能物体。

制作智能物体有两个目的。一是，为了在任何应用中使用，或者至少是在比较广泛的范围内都能够使用。二是，充当特定应用的组件。我们分别将其称为开放式的智能物体和特定的智能物体。

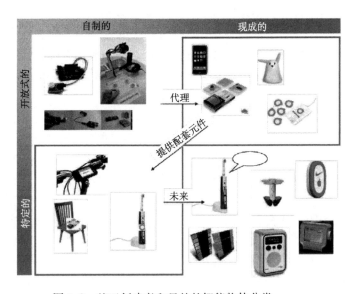

图 3.2　基于创建者和目的的智能物体分类

图 3.2 中使用的都是当前已有的智能物体。左上象限中的 Littlebits① 是一个可以由个人制作而成的智能物体。这类智能物体可以由不同的电子组件组合而成，其目的是能够适用于人们可想见的应用中。在右下象限中，我们看到的是由工业制作的且使用于特定领域的智能物体。Chumby② 是一个连接到互联网的智能物体的早期例子，能够充当起床铃，也能作为连接到用户喜爱的社交网络的窗口。

然而，对智能组合物联网而言，右上象限和左下象限③ 才是两个最重要的类别。BUG④ 是一个现成的开放式智能物体。这类智能物体是由模块化的硬件套件组成。通过将类似 BUG 的装置组合起来，人们可以创造出独立的智能对象。然而，在特定领域中，BUG 可以用于增强日常物体功能，因而可以看做特定领域的自制的智能物体。装配有 BUG 组件的椅子就是一个为特定目的做成的智能物体，它可以自动检测是否有人坐在上面。同时，BUG 组件也可以用于其他用途。例如，在敲门时，可以给人提供一个听觉反馈，即敲门的人会得到房屋主人的反馈，从而便可知道房屋主人是否听到了敲门声。

图 3.2 中，右上象限里的智能物体可称为组合智能物体（composables）。这种智能物体的优势在于它们能够赋予人们创造力，利用这种创造力，人们能够自行组装和拆卸相关的智能物体，并可以决定打开或者切断同材料、人或者社会的连接。组合智能物体是开放式的，作为组件，它们也能用于制作特定领域内的智能物体。

根据智能组合物联网的概念，如果由组合智能物体构成的网络可以通过传感器和执行器交换数据，那么为了让人们理解物体之间数据交互的意义，就必须明确它们的使用环境。"呼出"共享能够确定智能物体的使用环境，这样，在智能物体"安装"后，或者在其组装（或拆卸）期间，就可以为智能物体及其数据交换赋予意义。

在用户层面，标识的物体及其部件之间的有意义的数据交换，需要底层实际数据交换技术的支持。在数据交换层面，这种物理混搭通常可以通过 Web 界面

---

① http://littlebits.cc/websiteV1/。译者注：Littlebits 是预装在微小电路板上的分立电子元件开源库。人们可以对上面不同的电子元件进行组装，从而实现自己所设想的应用。

② http://www. Chumby.com/。译者注：Chumby 是为基于 Flash 的应用提供服务支持的平台。

③ 请注意在这种分类中，我们将能够提供 Web 访问 API 的物体对象分成开放的和特定的两种。区分二者的依据是它们在现实智能物体设计中的集成开放程度。与 Chumby 物体类似，即便是被划分为特定的物体对象，也有可能存在被其他应用程序的编程接口使用或"误使用"的情况。在这种情况下，物体的使用超出了制造者最初的规划，因而该物体也可能会具有另一种开放程度。

④ http://www. buglabs.net/。译者注：BUG 实验室为开发物联网的下一代应用程序和服务的人员提供了 BUGswarm 系统以及基于云的服务。

来实现。目前，在这方面 REST 机制[①]（Richardson et al.，2007）是一个发展趋势。基于此，人们初步将物维网（WoT）定义为智能物体之间进行双向 REST-ful 数据交换的网络（Guinard et al.，2010；Guinard et al.，2009）。

3.4.2　实验基础

为了亲身体验智能组合物联网，我们组建了一个由五个研究员组成的实验小组。我们选取四个简单的实验背景进行实验，这些实验背景都是从日常生活中选取的。实验目的是通过组合的方式建立相对"简易"的智能物体，通过一些知识规则的设置，使之能够完成一些简单而智能的操作。在实验中，我们采用相同的视觉传感器和可调的执行器。我们选取的四个实验背景如下。

（1）智能除尘器：利用传感器和执行器构造一个除尘器，其功能是检测地板上的污点，并自动将其清除。

（2）香水门：制作一个能够喷洒香水的门，当门被打开时，能够自动喷洒舒适的香水。

（3）智能花盆：为花盆设计一个能够根据实际情况自动喷洒适量水分的装置。

（4）油渍清洁器：设计一个能够清除车库内油斑的智能清洁器。

这几个实验都是通过在原有的物体上附加具有自动检测与反应的装置来加强物体的功能，并使之成为智能物体。

如图 3.3（a）所示，实验者将视觉传感器安装在除尘器的底部，并标注"污点探测器"；并在除尘器杆上安装清洁装置，同样标注"污点清洁器"。这样的智能除尘器不需要专门的技术，只是通过简易的 DiY 方式将已有的装置组合在现成的除尘器上，从而实现所需的功能。

如图 3.3（b）所示，实验者将视觉传感器安装到门边上，以检测门的开关状态。图中放置在里面的物品是喷洒器中的香水袋。

图 3.4（a）是一个智能花盆的模型。实验者为花盆制作了一个盆垫，盆垫中放置了具有湿度检测等功能的传感器，并将喷洒装置放在植物上；同时，实验者还利用网络将传感器检测到的数据传输到后台，并对数据进行分析处理，进而根据处理结果控制喷洒装置。最后，用标签"呼出"简单地标识出其功能。

最后，图 3.4（b）是智能油渍清洁器模型。在这个实验中，实验者制作了一个自主驱动工具，其中安装了可插拔的油渍检测器和清洁器。该实验同样利用网络将数据传输到后台进行处理。

---

① 译者注：表述性状态转移（REpresentational State Transfer，REST）是指一组架构约束条件和原则，可降低开发的复杂性，提高系统的可伸缩性。满足这些约束条件和原则的应用程序或设计，我们称为满足 RESTful 条件。

(a) 智能除尘器模型

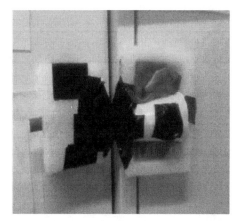

(b) 香水门模型

图 3.3　智能除尘器模型和香水门模型

(a) 智能花盆模型

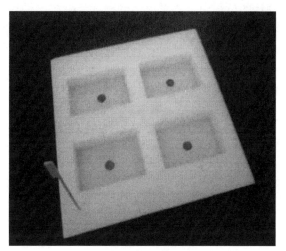

(b) 智能油渍清洁器

图 3.4　智能花盆模型和智能油渍清洁器

　　在这几个实验中，实验者为了达到预期的目标，在制作过程中做出了一些合理的选择。通过这些实验，我们发现为了实现智能物体的特定功能，仅仅利用组装已有的装置是远远不够的。在实验中，实验者利用标签的方法标注为物体附加的新功能，以说明在实际的智能物体制作过程中，"呼出"技术和软件技术的使用方式。这些实验都不需要高深的专业技术，只需利用已有的装置进行 DiY 组装。在智能花盆和智能油渍清洁器的实验中，所使用的可插拔的方式为实现特定的组合呼出提供了新的思路。

3.5　概念3：现象物联网

现象物联网是指在未来物联网中，利用各种感知技术、网络通信技术和数据分析技术可以获取到大量的用户信息，并从中发现用户日常生活和社会活动的"现象"。从这个角度讲，对用户而言，从大量重复出现的现象中挖掘出有价值的模式才是至关重要的。为了找到最适合用户的模式，在挖掘过程中或者在对这些现象的迭代识别过程中，用户的密切参与必不可少。在现象物联网中，在不同地理位置、不同用户群、不同的应用领域中，通过"众包"①的方式，我们可以获取到大量信息，通过对这些信息的分析，能够抽象出有用的个人生活模式和社会活动模式。

为了能够提炼有用的模式，首先我们需要弄清楚，哪些模式对用户而言是真正有价值的。也就是说，若要确定这些常用的模式，则需要用户密切参与到模式确认的过程中，并对可能的模式反馈自己的评价。由此，随着"众包"形式的日益流行（Howe，2006），通过长时间对不同地理位置、不同应用领域的信息收集，并对这些相关模式进行分析挖掘，在用户的密切参与下，可以找出现象。在物联网环境中，利用各种智能物体和通信网络，我们可以获取与用户有关的各方面的数据。数据越丰富，挖掘出的模式也就更符合用户的实际情况。

3.5.1　现象物联网中的组成

从上述分析可以看出，现象物联网有四种构成要素，这四种要素对于提取有价值的现象是必不可少的。

（1）海量数据收集。

（2）用户对数据的控制与反馈。

（3）根据反馈，反复迭代。

（4）现象在用户自创活动中的应用。

在接下来的小节中，我们将分别讨论这四种不同的活动。

3.5.1.1　要素1：海量数据收集

在物联网中，大量密集的感知设备可以向网络提供实时的海量信息。用户可以方便地将这些信息应用到自创应用中。结合 Web 2.0 的应用模式，普通用户可以利用应用程序开发工具，轻松配置应用程序界面和存储方式，从而将收集到

---

① 译者注：众包（crowd sourcing）是指一个公司或机构把过去由员工执行的工作任务，以自由自愿的形式外包给非特定的（而且通常是大型的）大众网络的做法。

的信息提供给其他用户使用。Pachube① 和 Noisetube② 便是与网络互连，能够共享实时数据的平台。

在海量数据的收集方面，Noisetube 是一个典型的例子。在此应用中，数以万计的用户利用手机测量并上传所在地的噪声值，完成海量数据的收集工作，为噪声数据地图的绘制奠定基础。

在众多高水平的创造过程中，已有的成功模式可以提供有价值的借鉴作用。针对成功模式的模仿，能够引发大量的新应用。因此，利用已有的海量数据，挖掘有价值的成功模式是至关重要的。在新兴的物维网中，对这种模式的抽象与挖掘尚待开发。

在海量数据的收集方面，另一个典型的例子是智能家居的数据收集。在该应用中，可以长期对用户活动进行周期性的信息收集，收集的周期可以是小时、天或者周。利用这些信息，我们可以挖掘出用户的生活模式，从而在保证用户隐私的前提下，为用户提供个性化的服务。

3.5.1.2 要素2：用户对数据的控制与反馈

在物联网中，用户提供数据的方式有两种。一种是用户主动地提供数据。例如，用户可以使用感知设备来检测特定环境中的状态信息，并将这些信息自动地传输到物联网中；或者，用户手动地将环境中的状态信息提供给物联网。另一种是用户被动地提供数据。例如，用户允许监测器对其进行地理位置跟踪，并将相应的数据上传至物联网。无论是采用上述哪种方式，用户都应该可以随时检查和控制这些信息的使用，以保证自己的个人隐私不受侵犯。用户对个人信息的使用范围的限定是必要的（Greenfield，2006）。在许多特定的应用中，总有一些使用较少的用户。对这些用户而言，为了便于他们控制数据的使用，我们应该尽量提供一些简单的数据控制方法（Dey et al.，2006；Claeys et al.，2008）。

因此，在应用系统中应该明确规定所有的数据都属于个人，并仅限个人指定使用。用户只能针对特定的应用模式修改个人数据的使用方式，而不能轻易修改所有应用模式的数据控制规则。

为了激励用户参与，可以采取如下措施。

（1）为了提高用户参与的积极性，需要采用友好的可视化界面，并对数据变化趋势进行合理分析。同时，利用跨时间、跨地域的海量信息可以挖掘用户的行

---

① http://www.pachube.com/。译者注：Pachube 是一种网络服务，它能帮助人们在世界范围内连接和共享来自物体、设备、建筑和环境的感应装置实时数据，并且创建标签。

② http://www.noisetube.net/。译者注：人们可以将手机作为噪声传感器，从而对自身所处的日常环境中的噪声进行测量；并可通过将基于位置的测量数据与 Noisetube 社区进行共享，创建出噪声污染地图。

为模式，并将其用于为用户提供更好的服务。

（2）在各种应用程序中，重用各种数据。这些数据可以是原始获得的，也可以是通过海量的数据分析得到的结果。

因此，在应用程序中，用户可以对其进行反馈，进而可以通过如下方式自主地控制程序的执行方式。

（1）在应用程序中，用户可以自由选择自己喜欢的数据展示方式，也可选择数据分析的模式。

（2）用户可以指定特定的阈值或者数据限制，作为某些特定应用程序行为的触发条件。

（3）在应用程序中，用户可以方便地表达对应用程序行为的支持或反对。

（4）其他形式。

3.5.1.3　要素3：根据反馈，反复迭代

现象物联网中的模式挖掘是一个迭代的过程，在这一点上，不同于传统的数据挖掘。这种迭代挖掘的方法通过反复地确认和验证，对预期的模式进行不断地修正。在反复迭代中，根据用户的意见对原始数据进行筛选后，有一些模式可能会大量重复出现，这些模式的重复出现就是一种现象。在这一过程中，可以将最相关的模式作为候选现象进行进一步的提炼和优化，并将其提供给潜在的使用者进行验证，最终形成有价值的新的现象模式。这种新的现象模式能够为企业提供新的商业机会。

前面我们已经列出一些用户评价反馈的方法。对用户选定的应用而言，某些不断变化的数据流，可能不会产生任何影响。得到用户支持的应用程序的行为模式会不断成熟；反之，没有得到支持的应用程序的行为模式就会被淘汰。

3.5.1.4　要素4：现象在用户自创活动中的应用

目前，在使用标签技术的应用中，从标签中读取的数据及其与网络中的关联的数据对应关系是相关应用的关键所在。如前所述，在呼出物联网中，许多采用标签技术的网络服务都是如此。在新现象出现时，可以将其保留在现象网络中继续反复迭代，也可以将其应用在商业服务中。当然，将新的现象应用在商业服务中是对用户参与的激励：通过在应用程序中使用现象，便可以挖掘出进一步的现象感知；同时，用户也可以自创出更多的应用。这样，随着现象的确认，用户价值也会凸显出来。

目前，许多环境感知的应用都可以看做现象物联网的局部应用。

3.5.2　研究状况

在 WiFi 网络的事件跟踪研究中，曾经使用"现象网络"这个词（Bose et al.，2008）。但是，在本章中这一概念不再局限于特定领域中的应用。在简单的混搭模式[①]中，"现象网络"是指网页浏览器以 cookies 和偏好方式存储的用户配置文件。在健康医疗领域中，为了长期跟踪用户的活动，监测其健康状况，往往采用假设给定的情景的方法，或者采用特定的时间序列分析的方法。在利于计算机视觉进行行为识别的大量研究中（Moeslund et al.，2001），运动模式包括神经网络模型和隐马尔可夫模型的变种。这方面的研究主要集中在是智能家居方面[②~⑤]。在智能家居领域中，通过在建筑物中安装多种类型的传感器，可以收集到大量的环境信息，对这些信息可以使用分层的隐马尔可夫模型、贝叶斯网络模式或者决策树模型进行分析处理（Desai et al.，2002；Isbell et al.，2004）。在可穿戴计算和移动计算领域内，利用主成分分析、Kohonen 自组织映射、k-means 聚类或者一阶马尔可夫模型，通过可穿戴式传感器来检测用户状态（Oliver et al.，2002；Krause et al.，2003）。最后，考虑到有些模型的不完备性，也有一些研究采用本体的方法，如精简的 WordNet（Korpip et al.，2003），或者使用"众包"技术确认无监督的活动（Munguia-Tapia et al.，2006；Perkowitz et al.，2004）。

在普适计算领域中，许多应用已经考虑到反复迭代识别的重要性。在反复迭代识别的过程中，用户针对模式的确认进行评价和反馈。在这方面，针对用户对数据控制与反馈的相关研究正处于起步阶段。

事实上，在个人信息学这一新的领域中，这一概念已经用于个人数据分析（Oberkirch，2008；Jones et al.，2008）。Dopplr[⑥]、Fire Eagle[⑦]与 Daytum[⑧]等都是这方面的应用。然而，这些应用本身并不能为用户分析挖掘相关的模式，只是将各种数据提供给用户，让用户自行解读其含义。同时，这些应用不提供实时的

---

①　更多混聚模式的例子参见 http://www. programmableweb. com/mashups。

②　智能住宅。http://www. cs. colorado. edu/7Emozer/house/。

③　感知家居。http://awarehome. imtc. gatech. edu/。译者注：佐治亚理工学院的感知家居研究是个跨学科研究，其目的在于解决家居设置中的技术、设计问题等。

④　安居。http://research. microsoft. com/easyliving/。

⑤　MavHome，智能家居管理。http://mavhome. uta. edu/。

⑥　http://www. dopplr. com/。译者注：Dopplr 是于 2007 年推出的一个免费的社交网络服务。它允许用户同信任的人分享自己的旅行计划，并可以从其他旅行者那儿获得旅行建议等。

⑦　http://fireeagle. yahoo. net/。译者注：Fire Eagle 是由 Yahoo 推出的地理位置共享平台。Fire Eagle 服务使得用户可以将自己的位置发布到网上，同时可以控制自己位置信息的共享方式和共享地点。

⑧　http://daytum. com/。译者注：Daytum 能够收集用户日常数据，并进行分类等。

数据分析，只是分析长期的数据变化趋势。

3.5.3　潜在的应用领域

在接下来的小节中，我们利用两个简单的例子进一步说明现象物联网的概念及其作用。

3.5.3.1　家居应用

在智能家居的应用中，系统能够自动感知我们的家居环境，并可以根据个人喜好，选择最适宜的音乐和灯光来调控家中的氛围。在这样的环境中，用户会很自然地希望系统能够"了解"不同人的喜好，并区分每个人的不同喜好（"个人氛围"）。进而，针对不同的人自动选择相应的音乐和灯光。为了让系统能够识别用户的喜好，传统的做法是让用户自行设置个人喜好，甚至让用户自己设定一套复杂的规则。这样，只有在满足条件的情况下，系统才会做出一系列反应，为用户提供喜爱的氛围。因此，对现象物联网而言，最重要的是应用程序能够为用户提供方便的接口，便于用户进行评价和反馈，并根据这些反馈确定一系列的行为规则，避免复杂的用户配置。

首先，在日常生活中，用户应该与家中的智能物体进行广泛的交互活动，并允许系统将这些交互的数据记录下来。这样，智能家居环境就可以快速地收集用户的个人偏好等相关的信息，为个人行为模式的分析挖掘奠定基础。

在智能家居应用中，用户根据自己的偏好，手动设定灯光和音乐。同时，也可以选择相关设备的监测模式，使得系统能够在用户的日常活动中收集相应的数据，并将这些数据同用户的初始设定放在一起进行关联分析，以获取新的用户行为模式。

在系统分析过程中，一旦监测到可能的现象，就会将其与特定的音乐和灯光等一起设定为与之相关的"个人氛围"，并将这种"个人氛围"推荐给用户试用。

在迭代过程中，关键是用户对系统推荐的"个人氛围"的认可。在这个过程中，用户可以将其真正喜欢的氛围设定为自己的"个人氛围"，也可以摒除那些不喜欢的推荐氛围。这样，用户能够清楚地了解系统获取"个人氛围"的方式，也能够更加主动地选取适合自己的个人氛围。

经过这样的反复迭代，在个人家居中，用户理想的个人氛围以及确定个人氛围的条件都会逐渐明确下来。

任何时候系统都不能剥夺用户的控制权。用户总是可以根据自己的需要，选择所需要的个人氛围。在这个前提下，根据监测到的用户氛围系统能够提取出用户的个人行为模式，并将其应用到系统中。与此同时，随着个人行为模式的日益丰富，系统也会日趋成熟。

此外，对于这样的成熟系统，用户可自行支配。该系统能够监测用户的日常活动，也可以预测个人喜好的氛围。一个成熟的智能氛围系统也可以应用在其他的智能家居应用中，比如可以应用于家居环境中的通信应用或者能源管理应用。能够优化个人氛围模型的用户反馈的新方法，可以遵循和借鉴一些原有应用的数据使用方式，系统也会因此更加精确。

3.5.3.2 城市交通优化

现象物联网概念的运用也可以适用于交通优化领域，即在城市中利用物联网获取的海量数据流进行多模式（公共交通、汽车、步行、自动车等）的交通优化。

在物联网中，传统的人群流动分析可以用可视化的地图形式呈现给用户，这种做法是很有意义的。在这样的环境中，现象主要是指一些公共事件，如车祸、交通管制或者是天气发生变化等状况下引发的一些人群流动的特殊事件。在这样的现象发生时，应用系统应该可以为用户提供合理的路线更改建议，并允许用户给予反馈。根据用户对提出的建议的采纳情况，系统可以改进和优化分析的策略。

这样，根据城市交通条件的变化，可以建立群体和群体行为模型。通过用户的积极反馈，系统可以监测到交通的实际情况，并实时地提供路线建议；甚至还可以监测到突发的交通堵塞现象，如临时的道路维修工程、上班高峰期的交通堵塞等。

类似地，其他的智能应用也可以使用可识别的现象作为系统行为的触发条件。

3.5.4 实验基础

在城市 SensPod 传感器[①]的支持下，我们开展了一个以现象物联网为背景的实验。城市 SensPod 传感器曾经应用于 Fing 的 Villes 2.0 工程项目。在本次实验中，民众在日常生活中为物联网提供关于城市的环境数据，并允许他们改变自己的生活方式。事实上，在该实验中，民众的行为可以影响当地政府和一些其他机构的决策。在这样的现象物联网中，民众的环境意识得到增强（Endsley，1995）。城市 SensPod 配有一套传感器，如图 3.5 所示，包括噪声传感器、金属氧化物传感器、碳氧化物传感器、氮氧化物传感器和 GPS 定位传感器等，所获取的数据可以通过蓝牙技术进行传输。

我们在城市里进行大规模实验主要有两个目的。

一是获得用户的反馈，观察他们行为的变化，以及通过获取到的数据感知整

---

① Sensaris，http://www.sensaris.com/。译者注：Sensaris 为用户提供了多种传感器，用户可以利用这些传感器来解决遇到的关键问题，并可以改善日常流程。为了实现设想的目的，用户可以选择相应的传感器进行组合，继而能够得到想要的结果。

个城市的基本情况，进而改善民生。

二是评估数据收集平台，并从中分析可能成为现象的模式，或者是在用户自创应用中使用的模式，例如"绿色路线"导航。

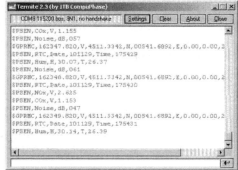

图 3.5　城市 SensPod 及数据收集

依据上述目标，我们开发了一个原型系统，对用户社区中的现象物联网进行评估。

如图 3.6 所示，我们利用蓝牙将城市 SensPod 连接到一台计算机上。在这个实验中，我们利用传感器采集相关的数据，将数据传输到计算机上对数据进行解析，并按照〈测量时间戳、测量类型、测量值〉的格式对数据流进行重新组织，从而能够快速分析传感器感知到的事件信息。数据流最终保存在远程的 MySQL 数据库中。用户可以利用 Google 提供的可视化应用程序编程接口，以 MySQL 数据库为外部数据源，混搭实现各种需要的应用程序。

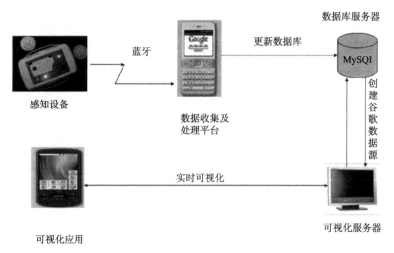

图 3.6　原型系统结构

　　目前，开发者可以根据实际情况设计应用程序的可视化界面。如图 3.7 所示，我们为实时的噪声数据提供了可视化的在线展示界面。右图是一个复杂工具的可视化界面，该界面允许用户根据自己的喜好调整参数。

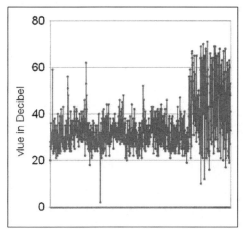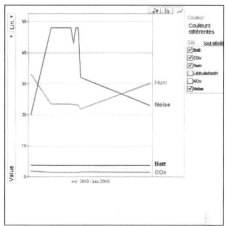

图 3.7　噪声数据在线展示的可视化界面

　　有意义的模式识别的关键是用户的参与。为了评估现象物联网，我们首先要考虑的因素包括用户的参与方式、用户的反馈意见以及用户在自创应用中的使用方式等。为此，我们同贝尔实验室数据挖掘研究组合作，计划建立一个数据分析平台。在 Dinoff 等（2007）和 Kim 等（2009）的研究基础上，我们希望建立一个面向主体（包括人、软件代理、智能物体等）的行为习惯和意图的模型，用于初步识别可能的现象。麻省理工学院现实挖掘工程①的研究发现人具有可预测的固有行为模式，因此，我们希望通过数据分析得到每个主体的稳定行为模式。

　　为了便于用户对数据进行控制和反馈，数据可视化展示的通用性和直观性需要进一步提高。这样，用户可以控制针对其个人感知设备的监测行为，从而更加方便地控制对个人和环境数据的获取。这种用户的参与可以为用户的评价和反馈给予适当的激励。以这种方式，现象物联网的相关研究可以陆续展开。

---

　　①　http://reality. media. mit. edu。译者注：利用手机广泛使用的优势，从中挖掘并分析出个人行为和群体行为的动态变化。据此，研究还在创建生成模型以预测单个用户下一步将会做什么，同时也为大型机构的行为创建模型。

3.6 结　　论

从社会实践中的 DiY 现象出发，我们在本章中首次分析如何在物联网环境中发挥民众创造力。在物维网的推动下，物联网环境下的 DiY 现象将焕发出勃勃生机。

在物联网环境下，人们可以创建和定制所需要的应用、服务以及智能物体。在本章中，我们分析了不同的创作类型，并阐述智能空间中的三个概念：即呼出物联网、智能组合物联网及现象物联网，这些概念是物联网环境下的创作模式的基础。同时，这三个概念的提出也能够进一步推动物联网环境中的 DiY 创新活动。

我们已经开始考虑采用相关的技术来实现以这些概念为背景的应用案例，并将其作为这些概念的实验环境和进一步研究的基础。目前，围绕这些概念的探索和研究工作已经引起人们的注意。当然，也存在一些挑战和困难。在这些研究中，用户的参与是物联网的实施与部署的关键所在。隐私问题将是物联网中环境感知和控制的最大问题，用户的参与也是解决这一问题的关键因素。

在技术层面上，考虑到用户对计算性能和普适性的期望，物联网需要处理大量的个人数据和公共数据。未来，在本章研究的基础上，会有更多的概念和技术逐渐涌现出来，这些新的概念和技术将为物联网的发展奠定更广泛的基础，同时也将带来更多的挑战。

致　　谢

阿尔卡特-朗讯贝尔实验室的工作由 ITEA2 Eureka cluster 大力支持，Flemish authority IWT 对此也给予了经济支持。作为欧洲 ITEA2 工程 08005、DiY 智能体验项目（DiYSE）的一部分，来自欧洲 7 个国家的 40 个合作伙伴共同完成此项研究工作。更多有关工程的信息可以参见工程专用书的相应章节，或者是工程的公共网站 http://www.dyse.org。

参 考 文 献

Bakardjieva M（2005）Internet Society：The Internet in Everyday Life. London，Thousand Oaks，New Delhi，Sage

Bose R，Helal A（2008）Distributed Localized Detection and Tracking of Phenomena Clouds using Wireless Sensor Networks. Proceeding of the 6th ACM Conference on Embedded Networked Sensor Systems

Chesbrough H（2003）Open Innovation：The New Imperative for Creating and Profiting from Technology. Boston，Harvard Business School Press

Claeys L, Criel J (2008) Context aware computing: Future living as a social application. In: Withworth B, Demoor A (eds) Handbook of research on socio-technical design

Claeys L, Criel J (2009) Future Living in a Participatory Way. In: Withworth B, De Moor, A (eds) Handbook of Research on Socio-Technical Design and Social Networking Systems. Information Science Reference, Hershey, New York

Crutzen C (2005) Intelligente Ambiance, tussen hemel en hel: een verlossing? Paper presented at Ambient Intelligence: een ego-harnas?, Open University Nederland, Faculty Informatics

Desai N Kaowthumrong K, Lebsack. J, Shah N Han R (2002) Automated Selection of Remote Control User Interfaces in Pervasive Smart Spaces. Proceedings of HCIC Workshop on Pervasive Smart Spaces, 2002

Dey AK, Sohn T, Streng S, Kodama J (2006) iCAP: interactive prototyping of context-aware applications. Proc. of Pervasive 2006

Dinoff R, Ho TK, Hull R, Kumar B, Lieuwen D, Santos P (2007) Intuitive network applications: Learning for personalized converged services involving social networks. J Comput 2: 72-84

Dourish P (2006) Implications for Design. Paper presented at the CHI 2006, Montreal, Quebec, Canada

Endsley MR (1995) Toward a theory of situation awareness in dynamic systems. Hum Factors 37: 32-64. doi: 10. 1518/001872095779049543

Gauntlett D, (2010) Making is Connecting [to be published]. Abstract from http://www. makingisconnecting. org/gauntlett2010-extract2. pdf. Accessed 1 June 2010

Greenfield A (2006) Everyware: The Dawning Age of Ubiquitous Computing. New Riders Publishing, Berkeley

Guinard D, Trifa V, Pham T, Liechti O (2009) Towards Physical Mashups in the Web of Things. Proceedings of INSS 2009 (IEEE Sixth International Conference on Networked Sensing Systems). Pittsburgh, USA, June 2009 http://www. vs. inf. ethz. ch/publ/papers/guinardSensorMashups09. pdf. Accessed 20 September 2010

Guinard D, Trifa V, Wilde E (2010) Architecting a Mashable Open World Wide Web of Things. Technical Report No. 663. Department of Computer Science, ETH Zurich, February 2010. http://www. vs. inf. ethz. ch/publ/papers/WoT. pdf. Accessed 20 September 2010

Heidegger M (1927) Sein und Zeit, Tübingen

Hoftijzer JW (2009) The Implications of doing it yourself. A changing structure in business and consumption. Proceedings of the First International conference on Integration of Design, Engineering and management for Innovation IDEMI09. Porto, Portugal

Howe J (2006) The Rise of Crowdsourcing, Wired, Issue 14. 06, June 2006, http://www. wired. com/wired/archive/14. 06/crowds. html. Accessed 20 September 2010

Isbell CL Jr, Omojukon O, Pierce JS (2004) From Devices to Tasks: Automatic Task Prediction for Personalized Appliance Control. Pers Ubiquitous Comput 8: 146-153

Jalopy M (2005) Owner's manifesto: the maker's Bill of Rights. http://makezine. com/04/ownyourown/. Accessed 20 September 2010

Jones M , Coates T (2008) Polite, Pertinent, and... Pretty: Designing for the New-wave of Personal Informatics, http://www. slideshare. net/blackbeltjones/polite-pertinent-and-prettydesigning-for-the-newwave-of-personal-informatics-493301. Accessed 20 September 2010

Kim E, Helal A, Cook D (2009) Human Activity Recognition and Pattern Discovery. IEEE Pervasive Comput Mag. doi: 10. 1109/MPRV. 2010. 7

Korpip P, Koskinen M, Peltola J, Mäkelä SM, Seppänen T (2003) Bayesian approach to sensorbased context awareness. Pers Ubiquitous Comput 7: 113-124

Kortuem G, Kawsar F, Sundramoorthy V, Fitton D (2010) Smart Objects as Building Blocks for the Internet of Things. IEEE Internet Comput 14: 44-51. doi: 10. 1109/MIC. 2009. 143

Krause A, Siewiorek DP, Smailgaic A, Farringdon J (2003) Unsupervised Dynamic Identification of Physiological and Activity Context in Wearable Computing. Proceedings of the Seventh IEEE International Symposium on Wearable Computers (ISWC' 03), Oct 2003

Leadbeater C, Miller P (2004) The Pro-Am Revolution. How enthusiasts are changing the way our economy and society work. Demos. http://www. demos. co. uk/files/proamrevolutionfinal. pdf. Accessed 20 September 2010

Levi-Strauss C (1968) Het wilde denken. Amsterdam: Meulenhoff

Moeslund TB, Granum E (2001) A Survey of Computer Vision Based Human Motion Capture. Comput Vis Image Underst 81: 231-268

Munguia-Tapia E, Choudhury T, Philipose M (2006) Building Reliable Activity Models using Hierarchical Shrinkage and Mined Ontology. Proceedings of Pervasive. May 2006, Dublin, Ireland

Oberkirch B (2008) Under Sousveillance: Personal Informatics & Techniques of the Self. Defrag 2008. http://www. slideshare. net/brianoberkirch/under-sousveillance-personal-informatics-techniques-of-the-self-presentation. Accessed 20 September 2010

Oliver N, Garg A, Horvitz E (2002) Layered Representations for Recognizing Office activity. Proceedings of the Fourth IEEE International Conference on Multimodal Interaction (ICMI), October 2002

Perkowitz M, Philipose M, Patterson DJ, Fishkin KP (2004) Mining Models of Human Activities from the Web. Proc. of the Thirteenth International World Wide Web Conference (WWW 2004), May 2004.

Richardson L, Ruby S (2007) RESTful Web Services. O'Reilly

Roush C (1999) Inside Home depot: How One Company Revolutionized an Industry through the Relentless Pursuit of Growth. New York: McGraw Hill

Shove E, Watson M, Hand M, Ingram J (2008) The design of everyday life. Oxford: Berg

Steward J (2007) Local Experts in the Domestication of Information and Communication Technologies. Inf Commun Soc 10: 547-569

von Hippel E (2005) Democratizing Innovation. Massachusetts: MIT Press

Williams R, Edge D (1996) The social shaping of technology. Res Policy 25: 865-899. http://www. rcss. ed. ac. uk/technology/SSTRPfull. doc. Accessed 20 September 2010

第 4 章　终端用户参享物联网的工具包方案

Irena Pletikosa Cvijikj，Florian Michahelles

瑞士，苏黎世联邦理工学院，管理、技术与经济系，信息管理专业

当今，面向终端用户的设计工具层出不穷，但适用于物联网领域的却相对较少。现有的应用实例有 d. tool 和 Pachube 等工具以及 Web2.0、Mashups、Twitter 和 Facebook 等应用平台，与之相配套的产品支持还包括各种硬件设计思路和解决方案，例如射频识别 RFID、Arduino① 开源电子原型制作平台、Violet 硬件平台、近距通信和条形码等。有效的用户设计将凸显设计人员和用户所扮演的角色，从而为系统带来性能上的改善。与互联网早期发展中的用户构建问题相类似，本章将讨论如何利用新模块和新工具实现物联网中的终端用户构建，并引入网络加速器、网络架构及工具包等概念，使任意用户参享物联网的方式与其通过维基百科或网络日志参享互联网的方式相类似。

4.1　从互联网到物联网

20 世纪 60 年代，有眼光的人们已经预见到了借助计算机实现信息共享的巨大潜力，这极大促进了当今互联网的诞生。最初出现的网络被称为 ARPANET，它的开发源自于连接美国西南部大学的四台主机（Salus，1995）这一特殊需求。早期的互联网由政府构建并仅供计算机专家、科学家和图书管理员在科研、教育、军事和政府行为中使用，使用者也需经过学习才能操作这一复杂系统，而个人电脑在当时还未出现。除了服务于科研和教育，最初的网络禁止一切商业应用，直到 20 世纪 80 年代后期 Berner-Lee 推出万维网后才有所改变。万维网所采用的新协议通过在互联网中引入超文本使公众实现了便捷的信息访问。在随后数年中，技术门槛的降低使得万维网不仅在使用上更加轻松便捷，而且具有更强的可塑性。第二代互联网被称为 Web 2.0 或社交网络，正是依赖其重要的支撑技术 Ajax、Wiki、Blog、RRS 和 Atom 才变得更具普适性、更快速、更便于非专业人群的使用，这也使得信息生成和发布过程更加快捷，极大提升了当代互联网

---

①　译者注：Arduino 是一块基于开放源代码的 I/O 接口板，并且具有使用类似 Java、C 语言的集成开发环境。

中信息的多样性。

互联网从诞生起就一直处于飞速发展中，至今仍不断演进。除了连接电脑和便携式设备，现今的网络形式正从数字信息互联网络转向数字信息和现实世界物理实体互联的网络。这一新型网络被称为物联网，它将物理实体嵌入互联网，同时将信息嵌入物理实体中。

1999 年，麻省理工学院 Auto-ID 中心设计出了 RFID 技术，物联网的概念由此开始流行。作为麻省理工学院的共创者和校董事，Kevin Ashton 于 2002 年在《福布斯》杂志上发表过一篇文章，其中写到"……我们需要构建一种基于物体互联的网络，这也是用电脑感知现实世界的一种标准化方法"。

这篇文章的题目中使用了"物联网（IoT）"这一术语，这也是现有可查阅到的文献中首次使用这一名称。在随后数年中，物联网这一思想越来越流行（Friedemann et al.，2009），并于 2009 年被欧洲委员会认定为互联网在未来的演化趋势。

在物联网思想中，智能物体充当着网络中的重要角色。通过给日常生活中的物体加载微型电脑功能并利用信息通信技术，使之体现新特质。这些智能物体可存储其环境信息并相互连接，同时能够接入互联网设备以实现彼此以及与人的交互。为了将日常物体和设备接入大型数据库及网络，还需构建一种简单普通而又成本低廉的物体识别系统，RFID 恰好能满足这一需求。

很多传统行业如物流业、制造业和零售业都通过使用基于 RFID 和条码技术的智能设备而提升生产环节效益。初级 RFID 标签在未来几年会降至 0.05 美元/单位（Sarma，2001），而小至 0.4 mm×0.4 mm 且可嵌入纸内的超薄标签也已投入商用（Takaragi et al.，2001）。价格和尺寸上的诸多优势必将引发网络的第二波应用高潮，包括垂直市场应用、普适定位和物理世界网络（例如真正实现的物联网）。然而，商业应用仍是现今物联网的主要应用模式。

另一方面，新一代的智能手机、传感网、开源的 API 和工具包变得越来越流行。尽管这些设备大多并非依照用户特别需求而定制，但作为新趋势的用户编程技术（Scaffidi et al.，2005）将为非专业终端用户带来新机遇，使其可以按照需求对产品进行扩展。然而，要使得个体成为物联网的主角，还有很多问题亟待解决。

4.2　问题与挑战

工具及技术发展成为参与式设计（Participatory Design，PD）概念的核心。面向终端用户的工具及技术应具备如下特点：专业研发设计人员可了解到用户需求，而用户亦能动态参与技术设计。为了实现这一特点，这些工具应抛弃带有抽象表示的传统设计方法，取而代之的是为用户创造更多的设计尝试并兼顾成本效益（Kensing et al.，1998）。

Gronbaek 等（1997）建议采用一种协作原型，即由用户和设计者共同探究功能和应用形式，并在此过程中深化其协作关系。这种形式的协作要求配以充足的原型工具，以便更好地实现工作内容和技术手段的有机结合（Mogensen，1992；Trigg et al.，1991）。参与式设计项目中所采用的工具和技术还要能为设计者和用户提供帮助，使其顺利地将实际工作与预想的新技术紧密结合起来。

尽管仍然面临诸多挑战，但新工具和新技术的开发需求依然旺盛。由于物联网系统的设计、管理和使用由多方投资者共同负责，在商业模式差异性和使用偏好多样性的共同驱使下，物联网系统需满足如下特征。

（1）允许新的应用建立在现有系统之上。

（2）允许新系统与现有系统共存。

（3）保证充分的兼容性，使得兼具创新性和竞争性的跨域系统及相关应用得以长足发展。

这一领域的先导项目已经取得极大进展，这在本章后面还将提及。但由于真实的用户案例尚不存在，从而导致新的技术创新步伐缓慢。为改善这一现状，需要为终端用户构建类似于互联网中的新技术模块与工具。

4.3　面向参与的方法

对于技术人员和厂商来说，任何新产品的设计和研发过程都伴随着诸多挑战。在设计新产品时，解决方案通常基于观察过程和可用性结论。然而，一旦产品离开实验室，情况将完全不同。设计者往往会陷入一种误区，即只关注于发掘产品用途和为产品添加新特性，却忽略了其首要关注焦点应放在为终端用户提供该产品的使用价值。然而，往往是终端用户及其使用环境的多样性才最终导致其在产品的实际使用过程中出现困惑和不满。

引入个性化这一理念有助于解决上述问题。可是即便设计者在现有产品应用中注重了用户个性化，甚至开发了富有个性化的新产品，但往往仍会犯将技术置于用户需求之上的典型错误（Kramer et al.，2000）。鉴于这一考虑，将用户置于开发过程之内便可作为解决该问题的一种新思路。

4.3.1　以用户为中心的设计

以用户为中心的设计（UserCentered Design，UCD）是一个宽泛的术语，用于描述一种设计思想和一类设计方法，即在设计过程的每个环节均以用户需求和用户限制为核心。UCD与其他设计方法的不同之处在于：它基于用户需求而改善设计方案，而不是强迫用户改变使用习惯以适应已有的设计方案。用户直接参与 UCD 设计过程的各个环节，包括功能需求、使用性测试以及产品开发本身。

"UCD"这一术语最早由加利福尼亚大学圣迭戈分校的 Donald Norman 在 20 世纪 80 年代提出，在他与他人合作的著作《以用户为中心的系统设计：人机交互的新视角》(Norman et al.，1986) 出版后，这一术语在业内开始被广泛采用。Norman 指出将实际用户置于研发过程中，尤其是置于产品的使用环境中，这将引发 UCD 领域的自然革新。基于这些观念，用户成为了产品研发过程中的核心角色，从而生产出更高效、更安全的产品（Abras et al.，2004 ）。

4.3.1.1 以用户为中心的原则和实践

当今的 ISO 13407 国际标准被命名为"以人为中心的设计过程"(ISO 13407，1999)，它定义了一种通用的过程，这一过程贯穿整个开发周期且涵盖以人为中心的各种实践活动。该标准描述了 UCD 的四大原则。①用户的积极参与。②系统和用户功能的合理分配。③设计方案的迭代。④多学科设计。

另有四类实践活动。①需求采集：对使用环境的认知和说明；② 需求说明：对用户和组织性需求的说明；③设计：提供设计方案与技术原型；④评估：开展用户现场评估。

设计过程需迭代执行上述实践活动直至目标达成。

作为 UCD 的一种形式，参与式设计重点关注用户在研发过程中的参与性，这一理念已获得业内充分认可，尤其是在北欧地区的国家。

4.3.1.2 参与式设计

基于参与式设计的各种应用因其视角、背景和关注领域的多样化，导致其无法形成统一的定义。但就其本质而言，参与式设计表示一种面向各类系统评估、设计和改进的方法，而实际使用这些系统的用户，在设计和决策过程中更是发挥着至关重要的作用。换句话说，用户是系统的合作开发者。

参与式设计方法诞生于 20 世纪 70 年代中期的北欧地区的国家，它属于合作性设计方法论的一种形式，诞生于工会为工人争取工作环境中更多的民主控制权这一历史背景之下（Ehn, 1989）。然而，当它传入美国社会后，由于其管理者和工人之间存在明显的界限分隔，彼此间无法做到协同工作，各方更倾向于相对独立地解决相同问题，因此"参与性"这一概念才逐渐受到重视，而深化"参与性"也变得愈发重要。已有的"参与性"工程项目包括以下几项。

（1）挪威钢铁工人联合会工程项目。首次实现了从传统研发转向合作研发（Ehn et al.，1987）。

（2）乌托邦工程项目（Bodker et al.，1987；Ehn，1988）。开创了体验式设计方法，并在交互式体验的过程中实现了方案的改进，同时强调了技术性需求和组织性需求的交互。

（3）佛罗伦萨工程项目（Bjerknes et al.，1995）。开启了斯堪的纳维亚人健康问题的长期研究项目，通过信息化为医护人员提供工作便捷。

此后，参与式设计项目基于用户参与的方式和目的而变得多样化，从最初的用户参与受限到后来主动为设计者提供用户技能和体验，从最初的用户不干预设计过程和产品到后来的全程参与。任何情况下，用户参与都被看做项目价值和项目成功的核心因素（Kensing et al.，1998）。

由于用户和设计者彼此间存在诸多差异，用户有时无法与设计者达成互通。因此，创新性工具和技术的发展被看做参与性设计项目的重中之重。就项目内容和环境的特殊性而开发创新性工具和技术，亦成为参与性设计人员的工作重点。参与性设计涉及技术开发和管理流程间彼此关系的通俗表述，具体包括可视化（Brun-Cottan et al.，1995）、工具包、技术原型和实物模型等，它们有助于提升技术和管理的双重主导地位，并提升用户参与设计的积极性。

步入 21 世纪初期后，科技已与人们的日常生活密不可分，在工作、家庭和学校环境中，科技无处不在。由此，一个新的挑战出现了——科技发展不再面向单一的环境和孤立的系统（Beck，2002），取而代之的是合作开发这一新趋势，由此也产生了研发过程领域内的新技术，例如开源研发、终端设计和众包技术等，这在下文中会具体展开讨论。

4.3.2 开源研发

开源技术是一种软件开发方法，其优点在于所开发的软件品质更优、可靠性更强、灵活度更大、成本更低，同时终结了原有的垄断式开发模式。

免费软件这一理念由来已久，最早可追溯到 20 世纪中叶。第一代计算机只用做大学里的科研设备，而软件在当时都是免费的，用户只需支付开发过程中的人工费用。当计算机步入商业时代，软件亦实现商业化，至此软件开发商开始向用户收取软件费用。麻省理工学院的研究人员 Richard Stallman 于 1984 年建立了免费软件基金（FSF）和 GNU 计划，从而为今天的开源化运动提供了基金支持。尽管软件开发商注重保护其经济利益，但 Stallman 却认为科学技术应该被广泛共享（Dibona et al.，1999）。近些年来，软件开源化趋势愈加受到业内重视。它对现有软件业带来了根本性颠覆（Raymond，1999），对当今的商业软件市场（Mockus et al.，2002）提出了严峻挑战（Dibona et al.，1999）。据 SourceForge. net 统计，2010 年 8 月，260 多万注册用户享受超过 24 万个授权软件服务。

开源软件从根本上不同于传统的软件开发模式。首先，开源项目的一般目标是开发用户所需或所感兴趣的系统（Godfrey，2000）。很多成功的开源软件产品已经或正在被互联网上的诸多编程爱好者（例如用户自身）不断改进、传播和支持（Lakhani，2003）。这些软件开发爱好者们源于兴趣自愿对软件进行改进，且通常不会从软件开发商那里得到经济补偿（Hars，2002）。现在的问题在于：是什么推动了软件开源化的发展？Eric Raymond 在报告中提到了至少三种动机推动了软件开源化：用户对软件本身和软件改进的直接需求、工作乐趣以及从中日益提升的声誉。

开源化运动至今所取得的最闪耀的成就并不是 Red Hat 或 Sendmail 这些公司的巨大成功，而是引导诸如 IBM 和 Oracle 等著名公司将其商业关注点转移到了开源思路上面。用一个词来形容，即理念革新（Dibona et al.，1999）。由此引发一种新的理念——开放式革新，而开源恰恰成为了引燃这种革新的自然导火索（von Hippel，2002）。

4.3.3　终端用户编程

团体开发的更高级形式就是终端用户编程。一种对其的定义可表述为：把一个人脑想象的行为需求转化为计算机可识别的表现形式（Hoc et al.，1990）。早在 20 世纪 40 年代，计算机刚刚兴起，编程只能由少数科学家来完成，例如专业软件开发人员。从那时起，软件业便开始了突飞猛进的发展，而计算机编程便成为了数百万人们的一种专业技能。与此同时，另一种强大的趋势逐渐成形，这就是所谓的终端用户编程（Myers et al.，2009）。

要了解终端用户编程的概念，就要先搞清楚专业程序员和终端编程用户之间的差异。专业程序员将软件开发作为其工作的一部分，终端编程用户同样也编写程序，但这并不是其主要工作职能。他们虽未经过正规的编程培训，但仍需编程以完成日常工作任务。电子表格就是终端用户编程的一大成功案例（Erwig，2009）。然而，仍有很多终端用户采用特殊的编程语言，或面临着学习专业编程语言的挑战。尽管专业程序员和终端编程用户彼此间有巨大差异，但他们需面对软件工程领域中同样的挑战。

终端用户编程已得到广泛应用，终端编程用户的数量在今天已远超专业程序员。据专家预计（Scaffidi et al.，2005），在 2012 年，约有 9000 万美国人在工作场所使用电脑，大大超出预期的 300 万专业程序员。超过 1300 万的用户将根据自我需要而进行编程活动；另有超过 5500 万用户将使用电子表格和数据库软件。

终端编程用户类型和背景的多样性使得其编程方法并不唯一。现今得到广泛应用的方法有示范性编程、可视化和自然编程以及基于特定领域语言和形式的编程等。

这种方法的优势在哪里？最明显且最重要的一点就是用户对其问题了如指掌。这样一来便可简化软件产品并提升其可靠性。软件发行公司只考虑软件的通用性，而终端用户可改进其细节特性，这将极大丰富软件产品的功能。允许用户在软件中添加其所需功能，这一过程也同时赋予了他们灵活的自由度和责任感。因此，终端用户编程可使用户按其需求重塑产品特性，这对于用户和产品开发人员都是有利的。

4.3.4 众包

"这将是一个令人难以置信的故事，它反映出人类具有多么伟大的聪明才智！其第一步是要摒弃原有的"客户/设计师"这种二元理念…… 靠一个人就能实现完美梦想的旧有理念正在被分布式问题求解模式和基于团队的多学科实践所取代。当今的先进设计理念源自三种设计思想：分布式、多元化和协作…… 问题随时都会出现，解决方案也在不断地改进和测试中得以完善，可以想象未来的设计将更具包容性和竞争力。"（Mau，2004）

众包这一术语最初由 Jeff Howe 和 Mark Robinson 于 2006 年首次使用，用于描述一种近年来新出现的基于网络的分布式问题解决和生产模式。Howe 给出了如下定义。

"众包是这样的一种行为：首先从传统的指定代理商（通常为雇员）处承接一项工作任务，进而以公开征集的形式将其外包给未定义的普罗大众。"

换句话说，众包是这样的一种过程，主要包含三个步骤。①公司在网上公示问题；②大量人群提供解决方案；③采纳最优方案并给予奖励。众包和普通的外包之间的区别是任务或问题是外包给未定义的普罗大众，而不是特定人群。另一方面，众包也不同于参与式设计。被解决的问题和生产的产品最终转化为公司财产，这一过程实际上是从人力资源中攫取了巨大利润。技术革新正在打破曾经横跨在业余和专业人员之间的壁垒。新的市场面向非专业人员开放，一些明智的公司也开始发掘有潜能的人群。虽然劳动并不总是免费的，但众包的成本已远低于传统的雇佣成本。

众包为年轻的专业或非专业人员提供了一个很好的平台。即便是很少有机会获得经济回报，但学习、资源交流、相互对比、被同行或公司赏识，以及提案和成就的价值仍成为刺激参与者实现创新的重要因素（Trompette et al.，2008）。由于众包采用了面向人群的开放式设计/研发过程，并由公司或团体发起，因此，它将吸纳外在知识以实现创新，这很好地遵循了开放式创新理念。

4.3.5　生活实验室

尽管大多数人认为生活实验室这一理念由麻省理工学院的 William Mitchell 教授提出，但生活实验室这一术语首次使用于美国佐治亚理工学院的 Abowd 及其同事所撰写的有关现实世界的论文中，其中展现了欧洲的最先进技术（Abowd，1999）。这一概念基于智能/未来家园思想，人们在该思想所设定的"真实世界"中采用了一系列新技术。Markopoulos 和 Rauterberg 针对生活实验室给出了更宽泛的定义，即"……一个规划好的科研基础设施，在未来十年都将成为用户和系统间彼此交互的关键"（Markopoulos et al.，2000）。

他们将生活实验室描述为一种合作研究的平台，用于新技术的研发和测试。

现有文献诠释了"生活实验室"理念的两种不同含义（Folstad，2008）。

（1）融入性合作创新：支持背景研究和用户合作创新的生活实验室。

（2）测试平台：生活实验室可进一步作为测试平台，其中包含用户所熟知的相关应用。

将生活实验室看做在用户驱动下实现创新的环境，这是一种很有趣的观点，因为它既满足了行业需求，即在早期信息通信技术革新时代的背景下，终端用户需凸显其参与性；同时又满足了用户需求，即终端用户依照其兴趣来制定个性化方案。

依据 Folstad（2008）所言，文献中所阐述的生活实验室的主要目标包括以下几个方面。

（1）评估或验证基于用户的 ICT 新方案。

（2）开发新的 ICT 应用和相关服务机会。

（3）在用户所熟悉的环境中体验和测试 ICT 新方案。

（4）基于用户的中长期研究。

有趣的是，上述这些目标均为本章所述的终端用户参与物联网这一思想提供支持。

据 Eriksson 等所述，生活实验室不同于现有的其他用户参与方式。先前所描述的方案几乎都将用户置于终端产品的开发中，而生活实验室是指一种研发方法论，其中的技术创新在协作性、多语境的真实环境下产生并得以验证。

生活实验室理念极具活力，这从现有生活实验室数量呈现持续上升的趋势中可见一斑。现有很多组织致力于传播该理念并与已有的诸多生活实验室实现合作，例如全球生活实验室[①]、欧洲生活实验室网络（EnoLL）[②] 以及欧洲中小企

---

① http://www.livinglabs-europe.com。

② http://www.openlivinglabs.eu。

业生活实验室社区（CO-LLABS）[①]，而欧盟委员会对于此类实践活动亦有涉及[②]。

迄今为止，生活实验室已应用于研发环境并面向多种用途，例如普适计算、移动 ICT、零售创新、网上社区以及协同工作支持系统。另一方面，我们也看到生活实验室同样可以很好地满足物联网中的用户参与性需求。

4.4　基于工具包的用户革新

异构消费需求使得产品开发日益困难（von Hippel，2001）。产品开发人员面临一个困难：用户持有一种必要的、但却具有黏性的信息成分。von Hippel（1994）给出了黏性信息的如下定义。

"……在异地获取、转移和使用时都要付出较昂贵成本的信息"。

信息的黏稠度被定义为传递特定数量的信息至特定地点并使信息获取者能够正常使用的条件下所付出的增量开支。当这一成本较低时，信息黏稠度较低；而当这一成本较高时，信息黏稠度亦较高。传统的开发方法要求公司在市场调研中投入更多成本，这是由于他们假定一个市场子区域内的需求是同构的，因而这些成本可以被分摊在消费者身上。这直接导致了每个市场子区域对应不同的产品，以便迎合该区域内的普遍消费需求（Jeppesen，2005）。然而，有研究表明消费需求总变化量的相当大的份额（约 50%）在子区域内将无法承载。

在制造业领域的产品开发过程中，旨在实现创新的用户工具包用于消除用户与制造商之间（昂贵的）需求信息交互成本。为什么用于创新性设计的工具包具有潜在优势呢？这里给出两点论证：①消费者偏好的异构性；②消费者偏好信息传递至制造商过程中所产生的相关问题（Franke，2004）。这一方法允许制造商为"一个市场"服务，以相同方式处理大小型客户并同时为他们做出承诺。

20 世纪 80 年代，由于集成电路产品在当时较为复杂且价格也较为昂贵，所以用户创新工具箱以高技术领域的定制化集成电路（Integrated Circuit，IC）形式出现。如今，从食品行业到软件工具包，IC 产品无处不在，而消费者也可根据其需求自行设计相关功能。根据工具包的类型，最终所得到的可能是一个产品实物（Park et al.，2000），也可能是一项创新模式（Thomke et al.，2002）。然而，无论是否针对基础研究领域，支持用户工具包的理由是相同的：它可以实现客户在产品开发过程中的积极参与。

---

① http://www.ami-communities.eu/wiki/CO-LLABS。

② http://ec.europa.eu/information_society/activities/livinglabs/index_en.htm。

　　用户工具包方案建立在将问题解决型任务及黏性的相关需求信息置于消费者层面这一思路上。其目的是消除外包开发过程中的信息转移需求及迭代。工具包应划分任务，以便使消费者更关注那些与其相关的且包含其黏性信息的任务开发。基于尝试法的消费者设计方案有助于避免高成本的迭代，还可以使设计过程变得更快捷。

　　von Hippel（2001）认为，用于用户创新的有效工具包应具备五种目标。第一，工具包应使用户实现完整周期的尝试性学习过程；第二，能提供一个明确定义的、包含具体设计的"方案空间"；第三，设计良好的工具包应具有"用户友好性"，即用户不必经过太多的额外培训就能对其实现操作；第四，应包含常用的模块库，从而使用户能够专注于设计真正独特的部件；第五，妥善设计的工具包能确保用户所开发的产品和服务可以直接投入生产商设备实现生产，而无需对设备再进行修改。

　　虽然增加消费者参与的机会可能会导致消费者需求的提升，但对此仍存在理想的解决方案，即建立消费者间的交互平台（Jeppesen，2005）。Westwood 工作室研究了有关支持消费者的案例，进而指出使用工具包的消费者可能愿意互相支持——这符合 OS 开发领域中的经验。

　　新一波的普适计算使日常物品因具备计算能力而具有更强大的功能，这也对交互技术的设计带来了新的挑战。在物联网中，各种形式的协作编程正在成为新的研究领域，它们以用户参与为目标，这些用户包括已获得相关需求信息的个人；同时，协作编程鼓励用户积极参与到下一代物联网的开发中来。当前面临的挑战则是如何构建工具包和体系框架，并在其基础上设计可重复利用的工具模块以解决用户问题。为了使用户参与程度更高、产品性能更优，在现阶段还需构建一种门槛较低的良性开发环境。

4.5　现有工具包

　　本章主要讨论网络加速器、网络架构及工具包等概念，它们使得任意用户加入物联网的方式与其通过维基百科或网络日志加入互联网的方式相类似。带有终端用户编程功能的一个完整的软件产品应至少具备编辑器、编译器、查错和调试工具以及文档管理工具。如今，终端用户编程工具层出不穷，但这一概念在物联网领域却相对较新。这方面的应用先例包括 d. tool 和 Pachube 等工具以及 Web2.0、Mashups、Twitter 和 Facebook 等应用平台。另一方面，无线设备及传感技术亦得到广泛应用，例如随处可见的便携式设备及智能手机。这一切都推动了硬件技术的繁荣发展，如 Arduino 开源电子原型制作平台、Violet 硬件平台、近距通信、条形码、射频识别及其他硬件技术等。

4.5.1 I/O 板及硬件系统

4.5.1.1 Wiring

Wiring 拥有开源编程的开发环境，本质是一种电子 I/O 板，用于探索电子艺术和有形媒质，指导计算机编程及进行电子原型设计。它阐述了电子学编程及硬件控制理念，对开发物理交互设计方案和有形媒质具有重要意义。

意大利艾维里互动设计学院的 Hernando Barragán 曾于 2004 年将 Wiring 设计作为其硕士论文研究内容的一部分（Barragán，2004）。Wiring 基于操作系统规则而设计，它的微型 I/O 电路板好比具备大量连接功能的廉价且独立的计算机，用于控制各类传感器和驱动设备。其中传感器可从电路板的周围环境中获取信息，而驱动设备则用于控制电路板对现实世界中作出反应（如光照、发动电机、加热装置等）。Wiring 亦可与其他设备如 PC/Mac、全球卫星定位系统、条码阅读器等实现交互，还可利用 Processing 语言和大量可用库来编程实现。

Processing 是一种面向操作系统的编程开发环境，可用于编制图像、动画及声音。作为学习、原型设计和生产工具，它得到了学生、艺术家、设计人员、建筑师、研究人员及业余爱好者等各行业人群的广泛使用。它还实现了基于可视化环境的计算机编程基础教学，可用做绘图软件和专业生产工具。基于这些优势，Processing 成为了同领域商业软件工具的良好替代品。

Wiring 已被应用于各行业众多的方案设计。同时，它又是另一种原型平台 Arduino 的实现基础。

4.5.1.2 Arduino 平台

Arduino 是一种使计算机在感知性和控制性方面超越日常计算机的应用工具，是一个基于微控制器的开源物理计算平台，亦是一种可为电路板编写软件的开发环境。它面向艺术家、设计人员、业余爱好者以及所有对交互式环境感兴趣的人群。

Arduino 微控制器的开发源于 2005 年意大利艾维里互动设计学院的一个用于验证艺术及设计思路的班级项目，在其初期被用作一种教育平台。在原有的布线电路微控制器基础上，Arduino 微控制器更注重简单性，这也是面向非专业人群的设计思路（Gibb，2010），如图 4.1 所示。

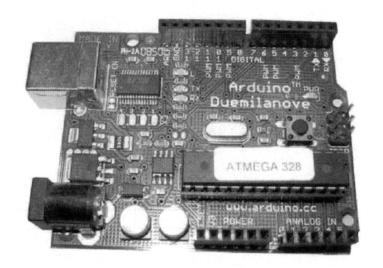

图 4.1　基于 ATmega168/ATmega328 微控制器的 Arduino Duemilanove 电路板

Arduino 是一种软硬件组合平台，它可以接收来自各种传感器的输入信号，并通过控制光照、马达及其他驱动器实现对其周边环境的调控。利用 Arduino 编程语言和 Arduino 集成开发环境（Integrated Development Environment，IDE）可对硬件电路板上的微控制器进行编程（采用 Java 语言并基于 Processing）。Arduino 支持两种工作模式：独立式工作以及通过 USB 数据线连至电脑进行工作。

Arduino 可满足任意用户的普适计算需求——这也是它的应用范围之所以不再局限于艺术和设计领域内的原因。现今有一种基于 Arduino 的流行工具包，被称为 LilyPad，下一节将会对其作详细介绍。

4.5.1.3　LilyPad

"LilyPad Arduino 本质是一种基于嵌入式计算的实验系统，它利用导线将微控制器、传感器和驱动模块连接起来并缝入人们的衣物纺织品……工具包可使计算技术和电子技术更贴近儿童和成人的生活，进而教会他们有关这些专业领域的基本技能，并鼓励他们用其含有电子元件的纺织品创造性地进行实验，这与头脑风暴为人们提供机器人试验的道理是相同的。"（Buechley et al.，2008）

LilyPad 最初由 Leah Buechley 和 SparkFun 电子公司于 2003 年设计并开发，它提供了大量的连接垫用于构建小型电子元器件和纺织品之间的接口，进而被缝入衣物。现今，各种类型的输入、输出、电源及传感器 LilyPad 都得到了广泛应用。

LilyPad 板基于 ATmega168V/Atmega328V 构建。利用 Arduino 的集成开发环境可对 LilyPad 进行编程，用户可利用多个程序库以实现对传感器和输出设备的集成控制。当需要对 LilyPad 进行编程时，用户需要将其连至 USB 设备，以便实现与电脑的连接。用 LilyPad 开发可佩戴的电子时尚产品，至少需要主板、电源以及用于从电脑下载软件至 LilyPad 主板的 USB 连接设备。

LilyPad 还被用做多项用户研究（Buechley et al.，2008）以及大量互联网上有备可查的终端项目。比如为视障人士在建筑环境中提供导航辅助的声纳服装、闪烁的自行车安全标识、传递温情的传感围巾等。

4.5.1.4　MAKE Controller 套件

MAKE Controller 套件作为新一代的 OS 硬件平台，是 Teleo（Making Things-Teleo）模块化套件的升级品。该系统由 MAKE 杂志合作开发并奉行 DiY 理念，如图 4.2 所示。

图 4.2　带有控制器和应用板的 MAKE Controller 套件 v2.0[①]

MAKE Controller 套件针对电路业余爱好者开发。它内置两块板，即通用控制板和应用板。通用控制板插在应用板之内，用于提供广泛的功能和接口，并处理来自于芯片的所有可用信号；应用板则由特殊用途的硬件构成，包括电机控制、网络（以太网/ USB/ CAN/串行/SPI），同时设置有保护电路。

该工具包可用于设计特殊用途或功能的应用板，而应用板提供了可与外界设备（传感器、电机的高电流输出等）直接相连的接口，用户因此可以无需担心外界设备破坏精致的控制板。

MAKE Controller 套件包括软件开发环境，它可作为 PC 机接口并通过以太网或 USB 实现连接，亦能通过编程来运行独立程序。它具有简化的 API，可通过 C 语言实现编程（freeRTOS 操作系统（FreeRTOS-A FreeRTOS）），这就避免了直接对微控制器的复杂编程，更适于非专业用户的使用。否则，只有专业程序员才能够使用它。

与 Wiring/Arduino 类似，MAKE Controller 套件在未来将更关注编程环境的简化。

4.5.1.5　Phidget

物理部件，又称 Phidget 产品，包括类似于图形用户界面的设备和软件。正如抽象设备一样，Phidget 将输入和输出设备抽象化并打包，隐藏了执行过程及结构细节，却因定义良好的 API 而暴露其功能（Greenberg et al.，2001）。

换句话说，Phidget 是一组插件，它利用低成本 USB 感知技术和 PC 机的控制功能实现电路模块与真实/虚拟世界的交互。该系统诞生源于加拿大卡尔加里大学的一个研究项目，并于随后实现商业化。

如图 4.3 所示的 Phidget 包括两部分：基于 USB 的硬件电路板，用于输入（如温度、运动、光照、RFID 标签、交换机，等等）；输出驱动器（如伺服电机、LED 指示灯、LCD 文本显示器）。其结构及 API 可使编程人员发现、观测和控制所有 Phidget 接入计算机。

Phidget 可通过 USB 接口连接到计算机，计算机则将其识别为一个 USB 设备。每个设备都可识别并传送其 Phidget 类型和用于唯一标识该类型的标识码。在软件方面，所需的所有元件均被打包为 ActiveX COM 元件。

图 4.3　带有集成 Phidget 接口套件 8/8/8、全速 USB 接口及网络连接功能的
Phidget 单板计算机（Single Board Computer，SBC）①

---

① http://www.phidgets.com/products.php?category＝0&product_id＝1070。

不同于虚拟部件，Phidget 部件均为可视化部件，用于为交互式终端用户控制提供可视化屏幕接口。此外，连接管理器会跟踪设备的上线过程，并且可以实现 Phidget 软件及其副本的连通。最后，为了使用户在没有物理设备的情况下依然能够开发和调试物理接口，还需在在仿真模式下运行 Phidget 软件以便进行验证（Fitchett et al.，2001）。

该系统具有大量 API 库，可与大量应用相兼容，甚至在某些情况下可以与其他工具包同时使用（Marquardt et al.，2007）。使用 Phidget 可使编程人员无需具备更专业的电子设计技能就能快速开发物理接口。

4.5.1.6　I-CubeX

I-CubeX 专用系统基于 MIDI 通信协议而构建，并提供涵盖诸多应用领域的模块化元件。由于在实时传感器数据收集方面的应用已逾 10 年，I-CubeX 以其易用性、传感器的多样性及其鲁棒性而声名鹊起，如今已被广泛应用于原型设计、实验、研究和教学，如图 4.4 所示。

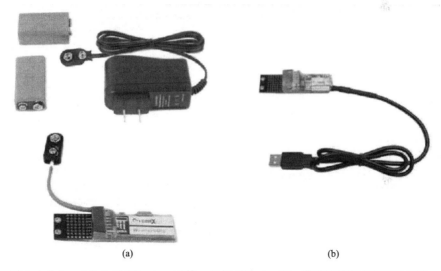

(a)　　　　　　　　　　　　　　(b)

图 4.4 （a）　I-CubeX Wi-micro 系统，包括 Wi-microDig 模拟转数字编码器及无线蓝牙发射器、电缆、9V 电池和电池包-800；（b）：微型 USB 系统，包括 USB-microDig 模拟传感器接口①

I-CubeX 源自于西蒙·弗雷泽大学人体运动学系的 Axel Mulder 在 1995 年所指导的一个科研项目（Mulder，1995），该项目用于满足艺术家交互式艺术创

① http://www.partly-cloudy.com/misc。

新及满足音乐家在乐器改造期间对工具的需求。I-CubeX 有助于为关注传感技术的艺术家打开技术渠道，这从根源上刺激了他人开创新技术。

I-CubeX 包括传感器系统、驱动器及可通过个人电脑实现配置的接口。在使用 MIDI、蓝牙或 USB 作为其通信方式的基础上，系统复杂性可通过各类软件简化，具体包括终端用户配置编辑器、Max（软件）插件程序，以及 C++ API，这使得应用程序可在 Mac OS X、Linux 和 Windows 操作系统上实现开发。

当今，这一系统被用于生产和集成，为应用带来无限可能。它可被用于如下领域：科研领域，如获取人类性能数据，以及通过传感器观测到的数据研究动物与人对环境的反应；工程领域，如开发交互式产品原型和为多媒体互动设计新的控制方法；艺术领域，如构建敏感环境、创造可供替换的音乐控制器以及拓展新的互动媒体领域。

4.5.1.7　对比

上述硬件工具包的性能对比如表 4.1 所示。

表 4.1　上述硬件工具包的性能对比

名称	Wiring	Arduino	LilyPad	MAKE Controller[①]	Phidget[②]	I-CubeX
元件组成	IO 板，软件平台	IO 板，软件平台	IO 板，软件平台	两个 IO 板，软件平台	IO 板，传感器，电机，软件平台	数字转换器，传感器，软件平台
是否开源	是	是	是	是	否	否
微控制器	ATmega128 ATmega1281 ATmega2561	ATmega8 ATmga168 ATmga328 ATmega1280	ATmega168V ATmega328	Atmel SAM7X 处理器，ARM7	PhidgetSBC	N/A
内存	128KB	16/32 KB（ATmega168/ ATmega328）	16/32 KB（ATmega168/ ATmega328）	256KB	SDRAM 64MB	N/A
编程语言	Wiring	Arduino	Arduino	C/C++	C/C++，Java	N/A
操作系统	—	—	—	FreeRTOS	Linux	N/A

续表

名称	Wiring	Arduino	LilyPad	MAKE Controller①	Phidget②	I-CubeX
支持工具	Wiring IDE	Arduino IDE	Arduino IDE	mcbuilder	Phidget IDE	Mac OS/ Windows 编辑器
PWM 脉宽 调制输出 （模拟）	6	6	6	4	N/A	N/A
模拟输入	8	6	6	8	8	N/A
数字 I/ O 插脚	54	14	14	35 / 8	8I ＋ 8O	N/A
MIDI 端口	—	—	—	—	—	IN/OUT
USB 端口	1	1	1	1	4	MIDI-USB 适配器
电源	7～12V/USB	7～12V/USB	2.7～5.5V /USB	6～12V	6～15V	7.5V
外部中断	8	2	2	N/A	N/A	N/A
硬件串口	2	1	1	2.5～2/1	串列适配器	N/A

①数据对应的接口/应用板。

②数据对应的 Phidget 单板计算机（带有集成接口套件 8/8/8）。

Phidget 和 I-CubeX 不同于其他工具包，它们是带有"即用型"传感器和驱动器/电机元件的完整系统，是一种面向低端的应用方案。因此，即使不懂复杂电路图和电工问题细节的非技术人员亦能很好地使用这两种系统。此外，I-CubeX 还在以下两方面不同于其他系统。第一，它只有 MIDI 接口，要采用其他的通信方式（USB 和蓝牙）还需引入合适的适配器；第二，I-CubeX 只支持 Windows 和 Mac OS X 操作系统，而其他系统亦支持 Linux。

Phidget 和 I-CubeX 是面向低端的解决方案，而高端解决方案，如 Wiring、Arduino、LilyPad 和 MAKE Controller 套件在开发定制型方案方面均可为用户提供更多的自由度。

4.5.2 软件解决方案

4.5.2.1 d. tools

d. tools 是一种软硬件结合系统，可被描述为"……一种基于迭代设计的物理 UI 原型设计工具"（Hartmann et al.，2006）。可显示 iPod Shuffle 状态图的 d. tools 可视化创作环境如图 4.5 所示。

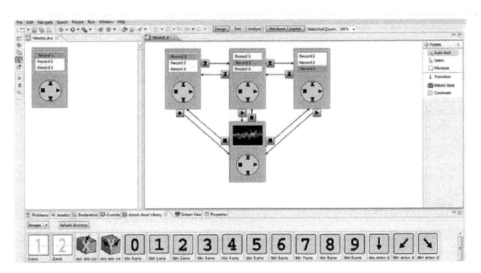

图 4.5　可显示 iPod Shuffle 状态图的 d. tools 可视化创作环境①

　　d. tools 所支持的是设计思想而非执行思路。利用 d. tools 设计人员可将物理控制器（如按键、滑动触点）、传感器（如加速器）及输出设备（如 LED、LCD 显示屏）直接置于原型机中，并在所提供的软件平台上实现可视化编程。在图形化框架基础上，d. tools 可视化创作环境中可使用 Java J2SE 5.0 作为集成开发环境插件。d. tools 接口包含设备设计、状态图设计以及面向指定属性的相关视图。

　　d. tools 采用一台 PC 机作为嵌入式处理器的代理，这样一来设计人员就可关注基于用户体验的任务开发，而无需关注相关执行细节。d. tools 库包括一套可扩展的智能元件，涵盖了广泛的输入输出技术。通过为每个元件添加微控制器并用公共总线将其连接，d. tools 实现了硬件元件的即插即用。

　　如今，d. tools 可与其他商业硬件平台互连，如 Wiring 板、Arduino 板和 Phidget 接口套件。

4.5.2.2　iStuff

　　iStuff 是一种面向物理设备的工具包，它支持无线设备，为输入和应用逻辑之间提供松散耦合，并提升了在普适计算环境下开发物理交互性的能力（Ballagas et al.，2003），如图 4.6 所示。

---

　　①　http://hci. stanford. edu/research/dtools/gallery. html。

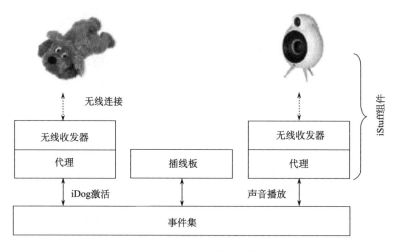

图 4.6　iStuff 组件结构①

iStuff 工具包的开发源于 2003 年斯坦福大学计算机科学系的一个科研项目。其设计基础为 iROS，这是一个 TCP 和 Java 的中间件，允许多个机器及应用程序交互信息。近期，iStuff 的功能已扩展为实现手机互动的工具包。

iStuff 充分利用现有的交互式工作空间基础设施，使其更轻便、平台更独立。其所支持的软件框架包括一个动态配置工具，用以简化输入输出设备间的映射关系，如按键、滑动触点、识别笔、扬声器、蜂鸣器以及微型手机等，它们可根据其各自的软件代理以构造 iStuff 组件。与插线板相连的 iStuff（Ballagas et al.，2004）可使新的输入对标准用户界面实现控制。

4.5.2.3　Lego 头脑风暴

Lego 头脑风暴实质为一组由乐高集团生产的可编程机器人，其软硬件基础为麻省理工学院媒体实验室所开发的可编程模块，基于移动机器人形态的 Lego 头脑风暴套件如图 4.7 所示。

第一款 Lego 可视化编程环境被称为 LEGOsheets，由科罗拉多大学在 1994 年研发成功（Gindling et al.，1995）。最早的头脑风暴机器人系统由两个电机、两个触碰传感器及光传感器组成。而最新的 NXT 机器人系统包括三个伺服电机和一个传感器，分别用于感应触碰、光线、声音以及距离。

可编程的 LEGO 模块被称为 RCX，用于将模型转化为机器人实物并控制其行动。LEGO 提供了两种 RCX 编程工具。第一种工具实质是一种基于接口的开

---

① http://hci.rwth-aachen.de/istuff/tutorial.php。

图 4.7　基于移动机器人形态的
Lego 头脑风暴套件（Lego
MINDSTORMS NXT）

发环境，可将编程建模为拼图过程以形成程序链。这种图形用户界面环境可支持基本的程序结构，如循环、子程序（即便不是真正的过程调用）和并行程序。第二种工具实质是一种程序库，用于生成 Visual Basic 程序来控制 RCX。

Lego 头脑风暴可用于构建基于计算机的嵌入式系统模型，现实生活中的嵌入式系统种类很多，从电梯控制器到工业机器人，均可用头脑风暴来模拟。

4.5.2.4　Pachube

Pachube 是一种网络服务，可用于存储、共享和发现来源于目标、设备及世界范围内建筑物的实时传感器数据、能量数据及环境数据。它代表了一种便捷、安全且可扩展的物联网搭建平台。世界范围内的 Pachube 传感器位置如图 4.8 所示。

图 4.8　世界范围内的 Pachube 传感器位置

这一概念背后的关键思想在于促进物理或虚拟的远程环境之间的交互。Pachube 不仅可实现两种环境之间的直接联系，而且可促进多极互联，这就可使得参与性项目之间可实现实时互通并交互数据。

除了可用于物理环境外，人们还可用 Pachube 将数据上传至网页并以博客方式推广信息。

Pachube 可使用扩展环境标记语言（Extended Environments Markup Language，EEML），该语言是由建筑业协议 IFC 扩展而成。其全面的 RESTful 应用程序接口使其具备处理任何格式数据的能力，与其他工具如 Arduino 也可实现良好集成。

4.5.2.5　对比

比较各软件原型平台优劣的关键在于它们是否能为硬件平台提供支持。表 4.2 从不同方面对上述各软件方案进行了对比。

表 4.2　各类软件原型平台的对比

名称	d. tools	iStuff	Lego Mindstorms	Pachube
组件	Eclipse 集成开发环境插件	iStuff 集成开发环境	LabVIEW 图形化编程 Microsoft 机器人组 IAR 嵌入式平台	物联网平台基于 RESTful 的应用程序接口
软件平台	Java	Java	NBC ①	Java，Ruby，PHP，.NET，Processing，Xquery，…
硬件平台	Wiring，Arduino，Phidgets	Phidgets，MAKE Controller 套件，Smart-its，Powerbook Tilt 传感器，…	N/A	ZigBee，Phidgets，Arduino（+ WiShield/Danger shield），Sun SPOT，家庭自动化集线器，…
是否开源	是	是	否	否
是否是专用硬件	是	否	是	否
可否网络共享	否	否	否	是

基于以上对比，我们可以得出如下结论：软件工具包比硬件工具包的种类要多得多。Lego 头脑风暴是一个封闭式平台，只为那些拥有 LEGO 硬件组件的用

① 一个字节代码（Next Byte Codes，NBC）。

户提供应用。

从另一方面来说，Pachube 平台并不适于开发定制型方案，而更适于物联网的数据共享。然而，它却能集成基于上述硬件工具包的定制型方案。

d. tools 和 iStuff 在有关工具包原型的设计思路上最为相似，均可为系统创建和编程提供直接支持，这些系统均以前述硬件工具包为基础而创建。

4.6 讨 论

物联网的潜在利益虽然为上述技术带来了连带利好，但对它们来说仍存在诸多挑战。这不仅有技术本身的原因，还与其覆盖面过广有关。虽然技术的大规模部署和推广是十分必要的，但其标准化进程尚在起步，甚至仍处于碎片化阶段。由 Auto-ID 中心发起的 RFID 标准化工作已取得成功并由全球电子产品码组织管理。除此之外，ZigBee 联盟亦对无线传感器网络的标准化进程做出了贡献，但在纳米技术和机器人领域，情况尚不乐观。

另一方面，面向用户设计和创新的工具包研究至今已持续 30 年之久。对新工具可能性、限制性及潜在理论模式的研究只是在该领域所迈出的第一步。尽管现今有很多论文仅从技术层面对工具包和生产环境进行了研究，但与个性化、创新化相关的设计难题至今尚未得到解决。

在讨论面向用户的工具包使用问题时，现今我们所面临的挑战及实现目标如下。

（1）实现工具包多样化及数量增长。随着现有工具包的样式和数量增多，用户的类型和数量也将随之增加，最终可实现工具包的大规模普及。工具包的应用模式直接依赖于其对用户的开放程度，即允许用户用它来做什么。从上述对现有工具包的对比中，我们发现现有工具包之间还存在巨大差异性。它们不仅在软硬件方案上存在不同，在用户参与创新和原型设计过程的程度和形式方面也存在差异。研究（Prügl et al.，2006）表明"单一工具包已无法有效满足所有用户"。终端用户往往通过采用相关领域的工具以及拓展现有工具的应用范围，甚至是自行创造新工具等手段，来突破成熟工具包的设计限制。因此，不同类型的用户采用不同类型的工具，最终将刺激不同类型的创新行为，这恰为我们之前的讨论内容提供了有力支持。

（2）关注低端工具包。真正的专业技术人员只占所有用户的一小部分，因此，低端工具包的出现将显著提升用户数量。高级工具包提供制造商生产能力范围内的理论设计方案，由此可激发功能创新乃至产品创新，而这种创新可以被市场成功推广至更广泛的受众群体。然而，并不是所有用户都具备足够的技能来使用这些高级工具包。因此，低端工具包可能在推出个性化新方案方面更具价值。

此外，并不是所有用户都迫切需要新方案。在前面我们对物联网领域应用最广泛的几种工具包做了概述，但它们大部分属于高级工具包，用户需要经过学习才能够对其进行使用和配置，进而设计出所需方案。低端工具包的进一步发展，对于工具包的大规模普及具有深远意义。

（3）现有市场的个性化开发。在物联网领域开发工具包的另一种可能途径是鼓励不断地创新、产品改良和个性化。在应用便捷性方面，个性化平台贡献突出。个性化方法已被成功应用于某些行业，如个性化手表、运动鞋等设计，并广受好评。因此，为了吸纳更多的工具包用户，应该注重现有市场的个性化开发。

（4）将生活实验室作为创新平台。生活实验室可为物联网的现实生活应用提供思路。由于物联网仍是一个相对较新的领域，这就使得思路创新显得尤为重要，这些新思路对新工具包的开发具有积极作用。现在流行一种产生新思路的方法，就是基于开放式创新过程的生活实验室，这在前面已做描述。在日常观察和用户需求基础上，生活实验室可为思路创新和方案测试提供有利条件。

（5）公开源代码。在向用户提供多样化工具包的同时，公开工具包本身的源代码将消除用户对工具包的开发限制。在支持开放式创新理念方面，操作系统的发展已被证明是一种成功的方法。将相同的思路应用到物联网领域，必将快速推进物联网应用于实际生活的进程。

用户在参与技术方案设计时所遇到的挑战并非是物联网在当今面临的唯一挑战。物联网本身的复杂性为从业者带来了很大挑战，它不应该被看做当今互联网的延伸，而是具有自身基础设施的诸多独立新系统（部分依赖于现有的互联网基础设施）。物联网在很多方面都不同于传统的互联网，包括硬件的特性和尺寸、智能物体网络节点的大小和多样性、物件识别的标准化问题以及所涵盖的服务项目，这对于工具原型的开发具有重大影响，而原型设计方法至少能为这些问题提供一些思路。即插即用型软件和高度抽象化硬件原型平台的发展将解决异构、节点复杂度以及通信模式方面的挑战。

从商业观点来看，应用这些方法将降低产品开发成本并提升客户满意度。良好的编程能力可改善系统并提升程序员和用户的影响力，而且终端用户自愿参与操作系统理念已被成功使用多年。以上均表明，终端用户参与工具包开发将是未来物联网的正确发展方向。

4.7　结　　论

在本章中我们首先回答了如下问题：为了达到物联网愿景，并将工具包作为实现该愿景的一个重要因素，我们应当作何努力？互联网如何走到今天，未来将如何演变至物联网，以及它在未来将要面临何种问题与挑战。接着，我们概述了终端用户编程和参与式设计方法论的理论背景。在 4.5 节我们介绍了此类方法的早期应用实例，并在最后讨论了将参与式设计应用于物联网时需要注意的具体问题。

综上所述，我们可得出如下结论：为了促进物联网的发展及相关应用，原型工具及技术的创新将成为一种有效手段。在实现参与式设计技术时，个性化思路、工具包多样化以及开放式软硬件理念都应该被纳入考虑范畴。但要达成这一趋势，需将物联网的标准化及其多样化和尺寸作为首要因素。

参 考 文 献

Abowd GD (1999) Classroom 2000：An experiment with the instrumentation of a living educational environment. IBM Sys J 38：508-530

Abras C, Maloney-Krichmar D, Preece J (2004 (in press)) User-Centered Design. In：Bainbridge W (ed) Encyclopedia of Human-Computer Interaction. Thousand Oaks：Sage Publications

Arduino. http://www. arduino. cc/. Accessed 14 June 2010

Ballagas R, Ringel M, Stone M, Borchers J (2003) iStuff：a physical user interface toolkit for ubiquitous computing environments. CHI：ACM Conference on Human Factors in Computing Systems, CHI Letters 5

Ballagas R, Szybalski A, Fox A (2004) Patch Panel：Enabling control-flow interoperability in ubicomp environments. Proceedings of PerCom Second IEEE International Conference on Pervasive Computing and Communications

Ballagas R, Memon F, Reiners R, Borchers J (2007) iStuff Mobile：Rapidly prototyping new mobile phone interfaces for ubiquitous computing. SIGCHI Conference on Human Factors in Computing Systems

Barragán H (2004) Wiring：Prototyping physical interaction design. Thesis, Interaction Design Institute, Ivrea, Italy

Beck E (2002) P for Political-Participation is not enough. SJIS 14

Bjerknes G, Bratteteig T (1995) User participation and democracy：A discussion of Scandinavian research on system development. Scand J Inf Syst 7：73-98

Bodker S, Ehn P, Kammersgaard J, Kyng M, Sundblad Y (1987) A Utopian experience. In：Bjerknes G, Ehn P, Kyng M (eds) Computers and democracy：A Scandinavian challenge. Aldershot, UK：Avebury

Brun-Cottan F, Wall P (1995) Using video to re-present the user. Commun ACM 38：61-71

Buechley L, Eisenberg M (2008) The LilyPad Arduino：Toward wearable engineering for everyone. IEEE Pervasive Comput 7：12-15

Buechley L, Eisenberg M, Catchen J, Crockett A (2008) The LilyPad Arduino：Using computational textiles to investigate engagement, aesthetics, and diversity in computer science education. Proceedings of the SIGCHI conference on Human factors in computing systems

Crowdsourcing. http://crowdsourcing. typepad. com/. Accessed 14 June 2010

Dibona C, Ockman S, Stone M (1999) Open Sources：Voices from the open source revolution. O'Reilly, Sebastopol, California

d. tools：Enabling rapid prototyping for physical interaction design. http://hci. stanford. edu/research/dtools/. Accessed 14 June 2010

Ehn P (1988) Work-oriented design of computer artifacts. Falköping: Arbetslivscen-trum/Almqvist & Wiksell International, Hillsdale, NJ: Lawrence Erlbaum Associates

Ehn P (1989) Work-oriented design of computer artifacts, 2nd edn. Erlbaum

Ehn P, Kyng M (1987) The collective resource approach to systems design. In: Bjerknes G, Ehn P, Kyng M (eds), Computers and Democracy-A Scandinavian Challenge. Aldershot, UK: Avebury

End-User Programming. http://www.cs.uml.edu/~hgoodell/EndUser. Accessed 14 June 2010

Eriksson M, Niitamo VP, Kulkki S (2005) State-of-the-art in utilizing Living Labs approach to user-centric ICT innovation-a European approach, Centre of Distance Spanning Technology at Luleå University of Technology, Sweden, Nokia Oy, Centre for Knowledge and Innovation Research at Helsinki School of Economics, Finland

Erwig M (2009) Software engineering for spreadsheets. IEEE Softw Arch 26: 25-30

European commission (2009) Internet of Things-An action plan for Europe. http://ec.europa.eu/information_society/policy/rfid/documents/commiot2009.pdf. Accessed 14 June 2010

Fitchett C, Greenberg S (2001) The Phidget architecture: Rapid development of physical user interfaces. UbiTools'01, Workshop on Application Models and Programming Tools for Ubiquitous Computing. UBICOMP

Folstad A (2008) Living Labs for Innovation and Development of Information and Communication Technology: A Literature Review. Electron J Virtual Organ Netw 10: 99-131

Franke N, Piller F (2004) Value creation by toolkits for user innovation and design: The case of the watch market. J Prod Innov Manag 21: 401-415

FreeRTOS-A Free RTOS for ARM7, ARM9, Cortex-M3, MSP430, MicroBlaze, AVR, x86, PIC32, PIC24, dsPIC, H8S, HCS12 and 8051. http://www.freertos.org/. Accessed 14 June 2010

Friedemann M, Flörkemeier C (2009) Vom Internet der Computer zum Internet der Dinge. Inform-Spektrum 33: 107-121

Gibb AM (2010) New media art, design, and the Arduino microcontroller: A malleable tool. Thesis, School of Art and Design, Pratt Institute

Gindling J, Ioannidou A, Loh J, Lokkebo O, Repenning A (1995) LEGOsheets: A rule-based programming, simulation and manipulation environment for the LEGO programming brick. Proceedings of IEEE Symposium on Visual Languages

GNU manifesto. http://www.gnu.org/gnu/manifesto.html. Accessed 14 June 2010

Godfrey MW, Tu Q (2000) Evolution in open source software: A case study. Proceedings of the International Conference on Software Maintenance, ICSM 2000

Greenberg S, Fitchett C (2001) Phidgets: Incorporating physical devices into the interface. Proc. UIST 2001

Gronbaek K, Kyng M, Mogensen P (1997) Toward a cooperative experimental system development approach. In: Kyng M, Mathiassen L (eds) Computers and design in context. Cambridge, MA: MIT Press

Hars A, Ou S (2002) Working for free? Motivations for participating in Open-Source projects. Int J Electron Commer 6: 25-39

Hartmann B, Klemmer SR, Bernstein M, Abdulla L, Burr B, Robinson-Mosher A, Gee J (2006) Reflective physical prototyping through integrated design, test, and analysis. Proc. UIST 2006

Hoc JM, Nguyen-Xuan A (1990) Language semantics, mental models and analogy. In: Hoc JM, Green

TRG，Samurçay R，Gilmore DJ（eds）Psychology of Programming Psychology of Programming. Academic Press，London

Howe J（2006）The Rise of Crowdsourcing，Wired，Issue 14. 06.

http://www. wired. com/wired/archive/14. 06/crowds. html. Accessed 14 June 2010

I-CubeX Online Store-Resources：About I-CubeX.

http://infusionsystems. com/catalog/info_pages. php? pages_id＝117. Accessed 14 June 2010

I-CubeX Online Store-Demos.

http://infusionsystems. com/catalog/info_pages. php/pages_id/137. Accessed 14 June 2010

International Telecommunication Union（2005）ITU Internet Reports 2005：The Internet of Things.
http://www. itu. int/osg/spu/publications/internetofthings/. Accessed 27 September 2010

ISO（1999）ISO 13407：Human centered design processes for interactive systems.
http://www. iso. org/iso/catalogue_detail. htm?csnumber＝21197. Accessed 27 September 2010

Jeppesen LB（2005）User toolkits for innovation：Consumers support each other. J Prod Innov Manag 22：
347-362

Kensing F，Blomberg J（1998）Participatory design：issues and concerns. Comp Support Coop Work 7：167-185

Kramer J，Noronha S，Vergo J（2000）A user-centered design approach to personalization. ACM Computing
Surveys，43：44-48

Lakhani K，von Hippel E（2003）How open source software works：Free user-to-user assistance. Res Policy
32：923-943

LEGO. com MINDSTORMS. http://mindstorms. lego. com/. Accessed 14 June 2010

Making Things. http://www. makingthings. com/. Accessed 14 June 2010

Making Things-Teleo. http://www. makingthings. com/teleo/. Accessed 14 June 2010

Markopoulos P，Rauterberg GWM（2000）LivingLab：A white paper，IPO Annual Progress Report 35

Marquardt N，Greenberg S（2007）Distributed physical interfaces with shared phidgets. Proc. of TEI'2007

Mau B（2004）Massive Change. Phaidon Press Ltd. ，London

Mockus A，Fielding R，Herbsleb J（2002）Two case studies of open source software development：Apache
and Mozilla. ACM Trans Softw Eng Methodol 11：1-38

Mogensen P（1992）Towards a prototyping approach in systems development. Scand J Inf Syst 4：31-53

Mulder A（1995）The I-Cube system：Moving towards sensor technology for artists. Proc，the 6th International Symposium on Electronic Art

Myers BA，Ko AJ（2009）The past，present and future of programming in HCI. Human Computer Interaction Consortium International Symposium on Electronic Art

Norman DA，Draper SW（1986）User-centered system design：New perspectives on human-computer interaction. Lawrence Earlbaum Associates，Hillsdale，NJ，Editors

Pachube：connecting environments，patching the planet. http://www. pachube. com/. Accessed 14 June 2010

Park CW，Jun SY，MacInnis DJ（2000）Choosing what I want versus rejecting what I do not want：An application of decision framing to product option choice decisions. J Mark Res 37：187-202

Phidgets，Inc. http://www. phidgets. com/. Accessed 14 June 2010

Processing. org. http://www. processing. org/. Accessed 14 June 2010

Prügl R，Schreier M（2006）Learning from leading-edge customers at The Sims：opening up the innovation
process using toolkits. R&D Manag 36：237-250

Raymond ES (1999) The cathedral and the bazaar. http://www. tuxedo. org/~esr/writings/cathedralbazaar/. Accessed 14 June 2010

Salus PH (1995) Casting the Net: from ARPANET to Internet and beyond. Addison-Wesley

Sarma SE (2001) Towards the five-cent tag. Technical Report MIT-AUTOID-WH-006, Auto-ID Labs, 2001

Scaffidi C, Shaw M, Myers B (2005) Estimating the numbers of end users and end user programmers. IEEE Symposium on Visual Languages and Human-Centric Computing

SourceForge. net. http://sourceforge. net/. Accessed 27 September 2010

Takaragi K, Usami M, Imura R, Itsuki R, Satoh T (2001) An ultra small individual recognition security chip. IEEE Micro 21: 43-49

Thomke S, von Hippel E (2002). Customers as innovators: A new way to create value. Harv Bus Rev 80: 74-81

Trigg RH, Bodker S, Gronbaek K (1991) Open-ended interaction in cooperative prototyping: A video-based analysis. Scand J Inf Syst 3: 63-86

Trompette P, Chanal V, Pelissier C (2008) Crowdsourcing as a way to access external knowledge for innovation. 24th EGOS Colloquium, Amsterdam: France

von Hippel E (1994) Sticky information and the locus of problem solving: Implications for Innovation. Manag Sci 40: 429-439

von Hippel E (2001) Perspective: User toolkits for innovation. Prod Innov Manag 18: 247-257

von Hippel E (2002) Open source projects as user innovation networks. MIT Sloan School of Management Working Paper 4366-02

von Hippel E, Katz R (2002) Shifting innovation to users via toolkits. Manag Sci 48: 821-833

Wiring. http://wiring. org. co/. Accessed 14 June 2010

Wiring-Exhibition Archives. http://wiring. org. co/exhibition/. Accessed 14 June 2010

第 5 章 从物联网到物维网：面向资源的架构及最佳实践

Dominique Guinard[1,2]，Vlad Trifa[1,2]，Friedemann Mattern[1]，Erik Wilde[3]
[1] 苏黎世理工学院，普通计算研究所①
[2] 苏黎世，SAP 研究所
[3] 加州大学伯克利分校，信息学院

近年来，利用现实世界中的"智能物体"组建网络（例如，借助 RFID、无线传感器、嵌入式设备等）已成为物联网各个领域的研究目标。在物联网环境中，我们希望将现实世界中获取的数据和服务整合为物联网的有机组成部分，而不是像传统的垂直系统设计那样散乱而随意地使用这些数据和服务，以便于更容易地组建网络。在由智能物体构成的网络中，用户可以使用常见的网络技术（如 HTML、JavaScript、Ajax、PHP、Ruby 等）针对智能物体编写应用程序，同时还可以利用常见的网络服务（例如，浏览、搜索、书签、缓冲、连接等技术）同设备进行交互并共享这些智能设备。在本章中，我们讨论基于 RESTful② 规则的物维网架构及其最佳实践。RESTful 规则为传统网络的广泛应用以及在可测量性和可发展性方面起到了重要作用。本章讨论使用这些规则建立的应用原型，这些原型中将环境监测节点、能源监控系统以及用 RFID 标记的物体连接到网络。此外，本章还讨论利用 Web 实现（以下简称为 Web 使能③）的智能物体应

---

① Dominique Guinard 的个人主页：http://www.guinard.org/。研究主页：http://www.webofthings.org/。
Vlad Trifa 的 个 人 主 页：http://people.inf.ethz.ch/trifam/。研 究 主 页：http://www.vladtrifa.com/research.php。
Friedemann Mattern 的个人主页：http://people.inf.ethz.ch/mattern/。
Erik Wilde 的个人主页：http://dret.net/netdret/。研究主页：http://isd.ischool.berkeley.edu/person/dret。
② REST 是设计风格而不是标准。REST 通常基于使用 HTTP、URI 和 XML 以及 HTML 这些现有的广泛流行的协议和标准。REST 是指一组架构约束条件和原则。满足这些约束条件和原则的应用程序或设计就是 RESTful。Web 应用程序最重要的 REST 原则是客户端和服务器之间的交互在请求之间是无状态的。另一个重要的 REST 原则是分层系统。REST 简化了客户端和服务器的实现。
③ Web 使能使用 HTML 创建的计算机应用，因此可以使用浏览器进行访问。

用于轻量级的"物理混搭①"的 Ad-Hoc② 应用中。最后，本章讨论在全球物维网的实现过程中遇到的一些挑战。

5.1 从物联网到物维网

随着越来越多的设备连接到互联网上，网络的未来发展趋势逐步变为利用万维网及其相关技术搭建智能物体（即传感器和执行器网络、嵌入式设备、电子电器嵌入数字芯片的日常物品）平台。几年前，在 Cool Town 计划中，Kindberg 等（2002）提出将物体与网页连接起来，在网页中含物体信息及相关服务。用户通过物体上的红外接口或者条形码与物体进行交互，并检索到关联网页的统一资源标识符（Uniform Resource Identifier，URI）。另一种将网络与日常物体连接的方法是将智能物体纳入标准化的 Web 服务体系结构中（如使用 SOAP、WSDL、UDDI 等标准）（Guinard et al.，2010），但这种方法在面向简单物体的应用中会显得过于繁杂。

不同于 WS-﹡技术的重量级 Web 服务（SOAP / WSDL 等），近年的"Web of Things"项目（Wilde，2007；Guinard et al.，2010；Luckenbach et al.，2005；Stirbu，2008）尝试使用简单的嵌入式超文本传输协议（HTTP）服务器和 Web 2.0 技术。近年来具有高级功能（如并发连接或服务器端推送事件通知等技术）的嵌入式 Web 服务器只需 8 KB 的内存就可以实现，不需要操作系统支持，高效的 TCP/ HTTP 跨层优化机制使得嵌入式 Web 服务器能在微小的嵌入式系统上运行，如智能卡等（Duquennoy et al.，2009）。在物联网中，由于嵌入式 Web 服务器的资源比 Web 客户端（如浏览器或移动电话等）的资源少，使用异步 JavaScript 和 XML③（Asynchronous JavaScript and XML，Ajax）技术可以将服务器端工作量转移到客户端。

迄今为止，"物联网"这一涵盖性术语下的项目和既有方案，大多集中于如何在各种挑战性和制约性的复杂环境中建立网络连接。一个比较可行的方法是在基本网络连接之上建立可扩展的交互模型，从而只专注于应用层。在物维网中，智能物体及其服务通过使用和调整传统 Web 所使用的技术和模式以完全集成于

---

① Mashup 是当今网络上新出现的一种网络现象，利用它，即使是没有任何编程技能的人也可以自己编写程序。开发者通过来自多个网站的 APIs，把它们合并在一起，成为了一个新的很酷的应用程序，就叫做 Mashup。

② Ad-Hoc：构成一种特殊的无线网络应用模式，一群计算机接上无线网络卡，即可相互连接，资源共享，无需透过 Access Point。

③ 可扩展标记语言（Extensible Markup Language，XML）：用于标记电子文件使其具有结构性的标记语言，可以用来标记数据、定义数据类型，是一种允许用户对自己的标记语言进行定义的源语言。

Web 中。更确切地说，是在智能物体中嵌入微小的 Web 服务器，并将 REST 架构风格（Richardson et al.，2007；Fielding，2000）应用到现实世界的资源中（Guinard et al.，2010；Luckenbach et al.，2005；Duquennoy et al.，2009；Hui et al.，2008）。REST[①]（Representational State Transfer，REST）将重点放在在 Web 上创建松耦合的服务，以便多次使用。REST 是 Web 架构风格（它使用 URI、HTTP 和标准化的媒体类型，如 HTML 和 XML，并使用 URI 识别网络中的资源。它将应用程序特定的语义抽象成统一接口的服务（HTTP 的方法），并提供机制为客户端交互选择最好的表现形式。这使得 REST 成为用于建立智能物体"通用"架构和 API 的一个不错选择。智能物体在网络上公开的服务通常需要结构化的 XML 文档格式或 JSON（JavaScript Object Notation，JSON）对象格式[②]，以便供机器直接读取。这些格式不仅可以被机器理解，也可以通过引入有意义的标记元素、变量名和文档以便于人们阅读。另外，还可以使用微格式（microformats）[③] 对这些格式补充语义信息，使智能物体不但可以进行网络通信，还可以提供用户友好的表示形式。于是，就可以通过 Web 浏览器与智能物体进行交互，并通过它们之间的链接访问其他智能物体。智能物体动态生成的真实数据可以通过网页展示，并使用 Web 2.0 工具处理。例如，物体可以通过它们的表现形式建立像网页那样的索引，用户使用 Google 可以进行搜索，可以通过电子邮件将这些物体的 URI 发送给朋友，或把它加入书签。物体本身也可以使用如 Twitter 之类的服务，自动发布博客或交互信息。总之，智能物体直接或间接地将网络作为分散式的信息系统，从而更容易接受新的服务和应用程序。

　　智能物体的 Web 使能为终端用户提供了灵活性和定制的可能性。例如，精通技术的终端用户可以轻松地在其电器上构建小型应用程序。借助 Web 2.0 参与服务的趋势，特别是借助 Web 混搭（Zang et al.，2008），用户可以创建现实世界中的设备（如家电等）同网络中的虚拟服务相结合的应用。这种类型的应用程序通常被称为物理混搭（Wilde，2007；Guinard et al.，2010）。例如，将音乐系统连接到 Facebook 或 Twitter 上就可以上传用户常听的曲目。在网络中，这

---

　　① 表述性状态转移（REST）是一种针对网络应用的设计和开发方式，可以降低开发的复杂性，提高系统的可伸缩性。

　　② JSON（JavaScript Object Notation）是一种轻量级的数据交换格式。它基于 JavaScript（Standard ECMA-262 3rd Edition-December 1999）的一个子集。JSON 采用完全独立于语言的文本格式，但是也使用了类似于 C 语言家族的习惯（包括 C、C++、C#、Java、JavaScript、Perl、Python 等）。这些特性使 JSON 成为理想的数据交换语言，易于人阅读和编写，同时也易于机器解析和生成。

　　③ 微格式（microformats）是结构化数据的开放标准，是包含数据的结构化的 XHTML 代码块的定义格式，由于是 XHTML 代码块，所以很适合人类阅读，由于是结构化的，又很容易被机器处理，很容易和外部进行数据通信。

类小型的 Ad-Hoc 应用程序通常是使用 Mashup 编辑器等网络平台创建的（如 Yahoo 的 Pipes），精通技术的用户在网络平台通过直观地创建简单规则，将网站和数据源组合起来。本章将描述如何使用这些规则和工具，帮助用户在自己的物体上创建物理混搭。

5.2 节和 5.3 节提供了一个"操作手册"，描述将智能物体嵌入到 Web 中的设计步骤。还讨论了一些模型，并用几个真正原型来进行论证。在 5.4 节中，我们使用了三个具体的原型，举例说明开发者、领域专家、技术用户为什么都能从物维网中受益。最后，在 5.5 节和 5.6 节讨论了在实现世界物维网的过程中存在的挑战。

5.2　设计 RESTful 智能物体

物维网可以通过应用 Web 架构规则来实现，将现实世界的物体和嵌入式设备无缝地融入到 Web 中。相比 WS- ∗ Web 服务将 Web 作为传输基础构架，我们希望通过使用 HTTP 作为应用层协议，使设备作为 Web 的基础构架与工具，成为 Web 的有机组成部分。

物维网的主要贡献在于提供了下一阶段的基础平台，该平台将超越基本的网络连接。我们希望物维网能像 Web 为信息资源服务那样为现实世界的资源服务：基本的网络连接是必要的，但它并不是推动当今互联网蓬勃发展的充分条件；正是在此基础上所形成的 Web 架构，才使得数据和服务能以一种前所未有的方式被用户共享并极大促进网络发展。

在本节中，我们将 REST 作为一种通用的交互架构（Fielding，2000），从而可以使用常用方法来实现与智能物体的交互（Pautasso et al.，2009）。

接下来，我们提出了一套用于智能物体 Web 使能的准则，并用已实现的原型作为具体实例来加以说明。我们将介绍如何 Web 使能无线传感器网络（Sun SPOT）。这些准则基于面向资源的架构（Resource Oriented Architecture，ROA），ROA 这个概念是由 Richardson 和 Ruby 提出的（Richardson et al.，2007）。我们着重介绍如何应用并改造这些技术，以适用于智能物体。

5.2.1　功能建模为链接资源

REST 围绕资源这个概念而定义，而资源则是应用程序中任何值得唯一标识和加入链接的组成部分。在网络中，资源的识别依赖于统一资源标识符

(URI)①，并通过资源之间的链接相互引用，应用程序可以通过链接实现资源的相互关联。RESTful 服务的客户端应该采用这些链接，如同浏览网页一样方便地发现资源，并进行交互。客户端只需通过浏览就可以"使用"服务，并且在多数情况下，使用各种不同的链接类型建立服务与资源的不同联系。

在 Sun SPOT 的例子中，每个节点有几个传感器（光传感器、温度传感器、加速度传感器等）、执行器（数字输出、指示灯等），以及若干内部组件（收音机、电池）。其中每个组成部分都可以看做一种资源，并拥有唯一的 URI。例如：

http://.../sunspots/spot1/sensors/light

在浏览器中输入如上的 URI 请求，将会得到 spot1 传感器的亮度。资源分层结构的，每个资源提供到父节点和子节点的链接。例如：

http://.../sunspots/spot1/sensors/

上述 URI 指定的资源提供 spot1 所有传感器的一个链接列表。资源的互联是通过资源链接和分层 URI 来建立的，虽然这不是严格要求的，但精心设计的 URI 使开发人员更容易"理解"资源之间的关系，甚至允许基于非链接的"Ad-Hoc 交互"，如通过去除部分结构以消减 URI 长度，但仍不丢失其特定的使用功能。

简而言之，智能物体 Web 使能的第一步是设计其资源网络。主要包括资源标识和资源间相互关系这两个重要方面。

5.2.2 资源表示

资源是抽象的实体，没有特定的表现形式。一个资源可以有不同的表现形式。然而，商定一种统一的资源表示形式，可以使分散的客户端和服务器系统更容易交互，而不再需要单独的协议。在网络中，HTTP 支持的媒体类型（Internet Media Type）以及超文本标记语言（HTML）使得对等体间无需单独的协议就能工作。还允许客户端之间使用超链接进行资源导航。

机器间的通信，像 XML 和 JSON 等媒体类型，得到了服务器端和客户端平台的广泛支持。JSON 是一种替代物 XML 轻量级，在 Web 2.0 应用程序中得到了广泛使用。

在智能物体中，我们建议必须支持 HTML 表示形式，以确保人们的正常浏览。需要注意的是，由于 HTML 是一种比较详细的格式，它可能无法直接由物体本身实现，更有可能的是通过中间代理来实现。对于机器间的通信，我

---

① 统一资源标识符（Uniform Resource Identifier，URI）是一个用于标识某一互联网资源名称的字符串。这种标识允许用户对网络中（一般指万维网）的资源通过特定的协议进行交互操作。

们建议使用 JSON。因为相比 XML，JSON 是一种轻量级格式，像智能物体这种功能受限的设备对 JSON 有较好的适应力。此外，JSON 还可以直接解析为 JavaScript 对象，这使得它更容易集成到 Web 混搭系统中。

在 Sun SPOT 的例子中，每个资源都提供了 HTML 和 JSON 表示形式。例如，在图 5.1（a）展示了 Sun SPOT 的温度资源的 JSON 表示，图 5.1（b）展示了同一资源的 HTML 表示，包括了它到子资源及相关资源的链接。

(a) Sun SPOT的温度资源的JSON表示　　　(b) Sun SPOT的温度资源的HTML表示
（浏览器渲染，包括到子资源和相关资源的链接）

图 5.1　Sun SPOT 的温度资源表示

5.2.3　统一接口服务

在 REST 中，与资源的交互以及检索资源的表示形式都是通过统一的接口来实现的，该接口指定客户端和服务器之间的服务协议。统一接口以资源识别（和互动）为基础，在网络中由 HTTP 定义。我们主要介绍接口的三个方面：操作、内容协商和状态码。

5.2.3.1　操作

HTTP 提供了与资源交互的四个主要方法，通常对应四个"动词"：GET、PUT、POST 和 DELETE。GET 方法用于检索资源。PUT 方法用于更新已有资源的状态，或通过提供标识符来创建新资源。POST 方法创建新的资源，但没有指定任何标识符。DELETE 方法用于删除（或"解除绑定"）资源。

因为智能物体通常提供简单的原子操作。这些操作可以很自然地映射到物维网中去，例如：

http://.../spot1/sensors/temperature

对上述 URI 的 GET 操作将返回 spot1 感知到的温度，即它检索温度资源的当前状态：

http：//.../sunspots/spot1/actuators/leds/1

对上述 URI 进行带参数 JSON ｛"status"："on"｝的 PUT 操作（首先对/leds/1 用 GET 操作来检索），开启 Sun SPOT 的第一个 LED，即更新 LED 资源的状态：

http：//.../spot1/sensors/temperature/rules

对上述 URI 进行带参数 JSON｛"threshold"：35｝（该参数封装在 HTTP 正文中）的 POST 操作，创建一个规则，即当温度高于 35℃时将通知调用方，这是一个没有给出确定标识符的新规则资源。最后：

http：//.../spot

对上述 URI 的 DELETE 操作，用于关闭节点：

http：//.../spot1/sensors/temperature/rules/1

对上述 URI 的 DELETE 操作，用于移除规则 1。

此外，HTTP 还指定了一个不太常用的动词 OPTIONS，大多数 Web 服务器都支持这个动作。OPTIONS 可用于检索在资源上允许的操作。在可编程物维网中，这个功能是非常有用的，因为它允许应用程序在运行时查找哪些操作是所有的 URI 都允许的。例如：

http：//.../sunspots/spot1/sensors/tilt

对上述 URI 的 OPTIONS 请求，将返回 GET、OPTIONS。

5.2.3.2　内容协商

HTTP 在客户端和服务器之间搭建起一种沟通机制，用于交互给定资源的请求与提供表示，该机制称为内容协商。它建立在 HTTP 统一接口中，客户端和服务器端使用商议好的方式交换请求信息和资源表示信息。该协商机制使得客户端和服务器端能在特定的情况下选择最佳的信息表示形式。

在 Sun SPOT 中，典型的内容协商如下所示。客户端从对下面 URI 的 GET 请求开始：

http：//.../spot1/sensors/temperature/rules

客户端在 HTTP 请求的 Accept 报头信息中设置它所能解析的媒体类型的加权列表，例如：application/json；q＝1，application/xml；q＝0.5。然后服务器端将选择客户端能够解析的最优格式进行响应，并在 HTTP 响应的内容类型中进行指定该格式。在我们的例子中，由于 Sun SPOT 不支持 XML 格式，故将会返回 JSON 格式，同时，服务器端在 HTTP 报头信息指定内容类型为application/json。

5.2.3.3 状态码

最后，响应的状态以标准状态代码（Status Code）[①] 来表示，并作为 HTTP 消息头的一部分返回客户端。现存多种状态码，每一个状态码对 HTTP 客户端都有特定的含义。这在物维网中是非常可贵的，因为它给了我们一个轻量级、但功能强大的方式来告知异常请求。例如：

http://.../sunspots/spot1/sensors/acceleration

对上面的 URI 的 POST 请求将返回一个 405 状态码，客户端就会知道请求中指定的方法是该 URI 标识的资源所不允许的。

5.2.4 物体整合

智能物体的很多应用都需要整合对象或对象集合的信息。Atom[②]Web 上对象集合的交互提供一个标准化、RESTful 的模型，Atom 发布协议（Atom-Pub）扩展了对对象集合进行写访问的 Atom 的只读交互。因为 Atom 是 RESTful 的，与 Atom feeds 的交互可以基于简单的 GET 操作，之后缓存该操作。Atom 可以通过让客户订阅远程服务器上的 feed 并查询 feed 信息来监控智能物体，进而从具体场景中抽象出来，而不是直接从每个设备上查询数据。

鉴于该模型适合传感器网络的交互模式，我们将上述模型应用到 Sun SPOT 上。从而，通过使用同步 HTTP 调用（客户端 pull）可以控制节点（例如，开启 LED—数字输出使能等），也可以通过订阅 feeds 进行监控（节点 push）。例如，通过在传感器资源上创建一条新"规则"并添加阈值（例如，阈值＞100）订阅 feed。

http://.../sunspots/spot1/sensors/light/rules

Sun SPOT 将返回一个 URI 给一个 Atom feed。每当达到阈值时，节点使用 AtomPub 推送给 Atom 服务器一条 JSON 消息。通过把处理任务外包到一个中间的、功能更强大的服务器，数以千计的客户端可以监控一个传感器。

5.2.5 物体回调：网络挂钩

虽然 Atom 允许客户端和智能物体间进行异步通信，但客户端仍然需要定期地 pull feed 服务器来获取数据。除了通信方面的低效外，在以监控为主的应用中还会存在某些问题。这些问题往往与无线传感器网络通信应用相关。

---

① HTTP 状态码（HTTP Status Code）是用以表示网页服务器 HTTP 响应状态的 3 位数字代码。

② Atom 是一种订阅网志的格式，和 RSS 相类似。其能够从信息提供方（例如营销人员）向 feed 读者传送订阅信息。

对于这些应用，我们建议支持 HTTP 回调，有时也称为网络挂钩。网络挂钩机制用于客户端和应用程序，通过利用基于 HTTP 的用户自定义回调以接收来自其他 Web 站点的通知。用户可以指定一个回调 URI，一旦事件发生，应用程序将把数据提交到该 URL。这种机制已经应用到 PayPal 服务中，每次付费后，可以指定一个 URI 在触发时调用。

例如，创建一条 Sun SPOT 新规则：

http://.../sunspots/spot1/sensors/light/rules

根据规则，客户端提交一个 URI，这个 URL 会监听传入的消息。每达到阈值时，节点（或中间体）将推动 JSON 消息给指定的 URI。

使用 Web 挂钩是实现同智能物体进行双向、实时交互的第一步。然而，这种模式有一定的限制，因为它要求客户端有一个公共的 URI，数据可以发布到这个 URI，当客户端在防火墙后面时是少见的情况。

5.3　Web 使能受限设备

Web 服务器中可能会嵌入越来越多的设备，但不能假设每个智能设备都会直接提供 RESTful 接口。在某些情况下，通过隐藏依赖平台的协议来访问特定的设备资源，并将它们对外公开为网关所提供的 RESTful 服务是很有意义的。RESTful 服务对外隐藏内部具体的交互过程，通常包含了针对各种具体应用情景的特定协议。REST 将中间体当做构架中的核心部分，这样的设计比较容易通过在中间体上构建 RESTful 服务来实现。无论是使用代理服务器或反向代理来构建从客户端或服务器端的中间体都是可能的，这就有效地引入了一种健壮模式：用 RESTful 的抽象模型来包装非 RESTful 服务。

在实践中，有两个可行的解决方案。一是网络直接连接到智能物体上；二是通过代理间接连接到智能物体上。以往的研究表明，在资源受限的设备上使用 Web 服务器来提供服务是可行的（Duquennoy et al.，2009）。此外，未来大多数嵌入式平台将直接支持 TCP/IP 连接（特别是 6LowPAN）（Hui et al.，2008），因此，可以假定在多数设备上都有一个 Web 服务器。但有时候这种方案行不通，因为我们无需将 Web 客户端的 HTTP 请求转换成适用于不同设备的协议，所以可以将该操作直接集成到设备中去，并在网络上直接访问它们的 RESTful 的 API，如图 5.2 的右边部分所示。

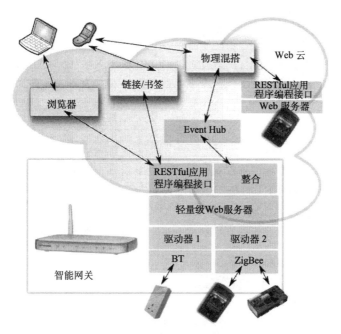

图 5.2　使用智能网关和直接集成将 Web 同 Internet 集成起来

然而，当无法使用 HTTP 服务器时，可以使用反向代理实现 Web 集成，反向代理会把不能直接作为 Web 资源进行访问的设备桥接起来。我们称这种代理为智能网关（Trifa et al.，2009），它是一个网络组件，其功能涵盖数据转发。智能网关是 Web 服务器，通过使用 RESTful 服务对外隐藏的专用驱动将网络设备（例如，蓝牙或 ZigBee）和客户端之间的实际通信情况隐藏起来。由于上述两种情况下交互都是由 HTTP 实现的，因此，从 Web 客户端的角度来看，实际的 Web 使能过程是完全透明的。

例如，考虑 Web 上通过 RESTful 服务对传感器节点的请求。网关将该请求映射到节点的专用 API，并使用传感器节点所支持的通信协议传输请求。基于驱动程序体系结构，智能网关可支持多种类型的设备，如图 5.3 所示，网关可支持三种类型的设备及其相应的通信协议。理想的情况下，网关应该有一块小内存集成到嵌入式电脑中，如现有的网络基础设施：无线路由器、机顶盒或网络附加存储（NAS）设备等。

智能网关除了将有限的设备连接到 Web 外，还可以提供更复杂的功能，如多个低级别服务的协调和组合，即通过使用 RESTful 服务将各种设备提供的服务整合成更高级别的服务。例如，如果一个嵌入式设备测量的是电器能耗，智能网关可以访问其所能连接到的所有设备获取的全部数据，因此也能获取能源消费的总量。此外，在满足给定的条件下，网关可以通知所有的 URI 回调（或网络挂钩）。

例子：用于智能电表的智能网关

智能电表原型说明了 WoT 架构的应用，以及使用智能网关监控家庭能耗的方法。Plogg 的智能电源插座可以测量嵌入自身的设备的耗电量。每个 Plogg 可以通过蓝牙或 ZigBee 与无线传感器节点通信。然而，Plogg 提供的集成接口是专用的，这使得 Plogg 的应用发展得相当缓慢，Web 集成也不太容易。

使用 Plogg 实现的面向 Web 的架构主要分为 5 层，如图 5.3 所示。设备层是需要监控的家电。传感层将每个设备接入 Plogg 传感器节点。在网关层，智能网关发现并管理 Plogg，如前文所述。在 Mashup 层，使用 Web 脚本语言或组合工具，将 Plogg 服务组合在一起，创建能源监控应用程序。最后，在 Web 浏览器（例如，手机、台式电脑、平板电脑等）通过 Web 用户界面访问该应用程序。

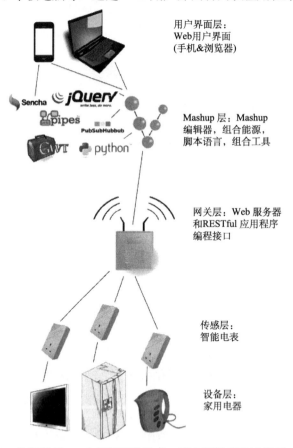

用户界面层：
Web用户界面
(手机&浏览器)

Mashup 层：Mashup
编辑器，组合能源，
脚本语言，组合工具

网关层：Web 服务器
和RESTful 应用程序
编程接口

传感层：
智能电表

设备层：
家用电器

图 5.3　连接到 Plogg 电源插座的设备，该电源插座通过将 Plogg 的
功能作为 RESTful Web 服务来同智能网关通信

在这个例子中，智能网关是运行在一个嵌入式设备上的 C++ 应用程序，该网关的作用是自动发现周围环境中的所有 Plogg，并使它们成为可用的 Web 资源。网关首先通过扫描周围环境中的蓝牙设备，定期地寻找区域内的 Plogg，对外公开为 RESTful 资源。使用占用空间小的 Web 服务器（Mongoose）提供 Web 之上访问 Plogg 功能的入口，只需将 URI 映射成各种 Plogg 蓝牙 API 原始的请求。

除了发现 Plogg，并将其功能映射到 URI 之外，智能网关还有另外两个重要特征。一是，提供设备级服务的局部聚集。例如，网关能提供任意时间点发现的所有 Plogg 的耗电量总和。二是，网关能以多种不同的格式来表示资源。默认情况下，网关返回的是带有资源链接的 HTML 页面，确保可以正常浏览。使用这种表示形式，用户可以使用任意的 Web 客户端按照字面意思"浏览"智能电表的结构，以便确定其所想要的那一种，并通过点击链接（如 HTTP GET 方法）或填写表单（如 POST 方法）对 Plogg 进行直接测试。另外，智能网关还可以使用 JSON 来表示资源结果，以便同其他 Web 应用程序的整合。

为了从客户端角度来说明这个概念，我们在下面简要地描述一个客户端应用程序（例如，使用 Ajax 编写）同 Plogg 的 RESTful 智能网关交互的例子。

http://.../EnergieVisible/SmartMeters/

首先，客户端使用 GET 方法取得应用程序的根 URI。服务器端响应给出连接到网关的所有的智能电表的列表。

http://.../EnergieVisible/SmartMeters/RoomLamp

然后，客户端通过 URI，并指定所希望的返回格式（使用 HTTP 内容协商，见 5.2.3 节）从该列表中选择其所想要交互的设备。通过对该资源发出 GET 请求，并在该请求中设置 Accept 头为 application/json；q=1，它将得到一个 JSON 表示形式，如图 5.4 所示。在响应消息的列表中，客户端得到能耗数据（例如，电流消耗、总消费量等）以及相关的资源链接。客户端使用这些链接可以发现其他相关的"服务"。

例如，使用标准的 OPTIONS 方法访问 http://···/RoomLamp/status，返回给客户端的是状态资源允许的方法列表（例如，允许 GET、HEAD、POST、PUT）。向该 URI 发送 PUT 方法，并带上表示形式参数（如

```
1 GET /EnergieVisible/SmartMeters/RoomLamp
2 [...] HTTP/1.x 200 OK
3 Content-Type: application/json
4 {
5 "deviceName": "RoomLamp",
6 "currentWatts": 60.52,
7 "KWh": 40.3,
8 "maxWattage": 80.56
9 "links":
10 [{"aggregate": "../all"},
11 {"load": "../load"},
12 {"status": "/status"}]
13 }, {...}]
```

图 5.4 连接到灯泡的 Plogg 的 JSON 表示形式

JSON)，{ "statu": "off"}，那么插入到 Plogg 的设备将关闭。通过智能网关的 Plogg 的 Web 使能，允许构建完全基于 Web 的能源监控应用程序。只需提供一个标准的 Web 浏览器或者可理解的 HTTP 协议，就能进行简单的交互，比如给连接的设备加书签，从其他设备（如手机、嵌入式计算机、无线传感器节点等）监控这些设备。

5.4　物理混搭：重构现实世界

在本节中，我们通过举例阐明如何利用物维网概念及其架构创建Mashup[①]。Web Mashup 由几种网络资源组成，并使用这些资源创建的新应用程序。与传统形式的整合不同，Mashup 更偏重于为网上的终端用户个人应用和非关键应用而发起的偶然性整合（Yu et al.，2008）。Mashup 通常是使用轻量级、流行的 Web 技术（如 JavaScript 和 HTML）创建的临时 Ad-Hoc。例如，创建一个 Mashup，它能在 Google 地图显示所有张贴到 Flickr 的图片的位置信息。

通过将 Mashup 概念扩展到物体，并将 RESTful 模式应用到智能物体中，我们可以将它们无缝地集成到 Web 中去，从而得到一种新型的应用程序，这种应用程序基于信息资源和物体的统一视图。由于它是直接从 Web 2.0 物理混搭中得到的启发，我们称之为"物理混搭"。

在本节中，我们提出三种不同情况下的 Mashup 原型。在第一个例子中，我们创建了一个基于 Plogg 智能网关的能源监控系统。在第二个例子中，我们将展示领域专家（例如，产品经理、营销经理等）如何利用工具来构建适合业务需求的商务智能平台。在最后一个例子中，我们将展示终端用户如何使用可视化的物理混搭编辑器来动态"配置"家电。

5.4.1　能源监控 Mashup："能耗可视化"

在第一个例子中，我们创建了一个 Mashup，用来帮助人们了解家庭的能源消耗，并实现远程监控。

"Energie Visible"项目的想法是提供一个 Web 仪表板，通过仪表板人们可以查看并控制家用电器的能源消耗。仪表板如图 5.5 所示，提供 6 个实时的交互图。右边的 4 个图提供当前所检测到的 Plogg 用电详细信息。

---

① Mashup 是一种令人兴奋的交互式 Web 应用程序，它利用了从外部数据源检索到的内容来创建全新的创新服务。它们具有第二代 Web 应用程序的特点，也称为 Web 2.0。

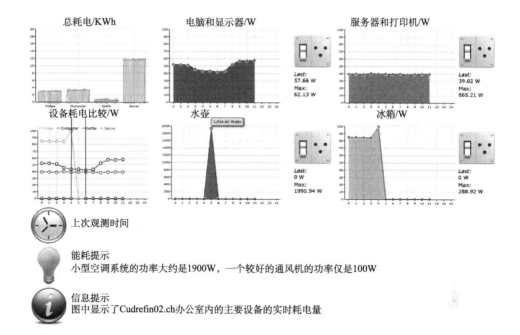

图 5.5 基于 Web 的 Ploggs 监控用户界面

通过前文提到的 Plogg 智能网关，仪表板可以使用任何 Web 脚本语言或工具（PHP 和 Ruby，Python 和 Java 的脚本等）来实现。Energie Visible 应用程序使用 Google Web 工具包（GWT）来构建，GWT 是一个用 Java 编写、用于开发 JavaScript 的 Web 应用程序开发平台，它提供大量可轻松定制的小部件。为了实时显示当前的能源消耗，应用程序只需定期地向网关发送如下 URI 的 HTTP GET 请求，或者是使用 Web 挂钩订阅该资源：

http://.../EnergieVisible/SmartMeters/all.json

返回的数据将分发到相应的图形部件，该部件能够直接解析 JSON，并从中提取相关数据并显示。

Energie Visible 的原型部署在一个致力于可持续发展的私人基金的总部，从 2008 年 11 月起就开始运行。

该项目的目标是帮助外来访问者和公司人员更好地了解各个设备在运行状态和待机状态的能耗。Plogg 用于监视各种设备的能源消耗，如冰箱、水壶、多台打印机、文件服务器、电脑和显示器等。办公室的大屏幕显示器可以帮助人们了解设备的能源消耗。工作人员还可以通过办公室电脑的 Web 浏览器访问任意 Plogg 的用户界面。

5.4.2　商业智能 Mashup：RESTful EPC 信息服务

产品电子代码（Electronic Product Code，EPC）网络（Floerkemeier et al.，2007）是由几个大型产业公司建立的一系列标准，用于搭建一个统一平台以实现对供应链中带有 RFID 标签的物体的跟踪和发现。该网络提供一个标准化的服务器端的 EPC 信息服务[①]（EPC Information Service，EPCIS），用于管理和提供访问权限来跟踪 RFID 事件。EPCIS 的实现提供一个标准的查询，并通过 WS-* Web 服务捕获 API。

在物维网中，可以集成嵌入式设备和 RFID 标记的日常用品，我们使用之前提出的概念，将 EPCIS 换为"智能网关"。这将有助于更好地理解基于 REST 的 Web 无缝一体化的优势，而不是只使用 HTTP 作为传输协议（就像 WS-* Web 服务使用的那样）。

EPCIS 提供三个核心功能。首先，它提供一个查询 RFID 事件的接口。而 WS-* 接口不允许使用 Web 语言（如 JavaScript、HTML 等）直接查询 RFID 事件。更重要的是，WS-* 接口不允许使用 Web 浏览器搜索 EPCIS、搜索标签物体、交换指向标签物体的链接。为了解决这个问题，我们实现了 EPCIS WS-* 接口 RESTful 的转换。

如图 5.6 所示，RESTful 的 EPCIS（Guinard et al.，2010）是基于 Jersey 的一个软件模块，Jersey 是构建 RESTful 应用程序的一种软件框架。RESTful 的 EPCIS 客户端，如浏览器或 Web 应用程序，可以直接使用 REST 及其统一的 HTTP 接口查询标签物体。然后该框架将请求转换为对标准 EPCIS 接口的 WS-* 请求。这就允许任何 EPCIS 标准实现所提供的数据可以为 RESTful 的 EPCIS 使用。在我们的例子中，使用标准的开源方法实现：FOSSTRAK[②]（Free and Open Source Software for Track and Trace）（Floerkemeier et al.，2007）。

RESTful 的 EPCIS 的第一个好处是使 RFID 事件、读写器、标签物体或位置信息都会转化为 Web 资源，并得到一个全球唯一的 URI，由该 URI 唯一标识，用于检索它的不同表现形式。EPCIS 的查询转换为这些标识符的组合，可直接在浏览器中执行，或通过电子邮件发送，或加入书签。例如，工厂经理想方便地知道哪些物体进入了工厂，他可以将相应的 URI 加入书签，如：

[①]　EPCIS 是一个 EPCglobal 网络服务，通过该服务，能够使业务合作伙伴通过网络交换 EPC 相关数据。

[②]　Fosstrak（Free and Open Source Software for Track and Trace）是一个完全按照 EPCGlobal 规范进行实现的开源 RFID 平台。它通过提供跟踪和追踪应用的核心软件，从而为应用开发商和集成商提供支持。

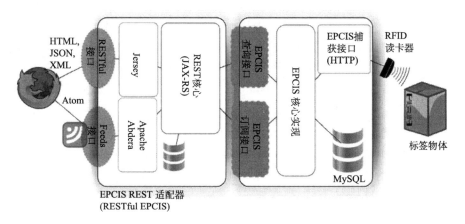

图 5.6　基于 Jersey RESTful 框架，部署在 Fosstrak EPCIS 上的 RESTful EPCIS 框架

http://.../epcis/rest/location/urn：company：factory1/reader/urn：company：entrance：1

此外，这些 URI 与其在 Web 中的表示关联在一起，用于反映现实世界中的各种关系。这样就可以直接浏览 RESTful EPCIS。事实上，RESFUL EPLCS 除了标准所提供的标签物体的 XML 表示外，还提供了 HTML、JSON 和 Atom 表示。使用 HTML 表示形式，终端用户只需从字面上通过超链接浏览和追踪标签物体，就如同浏览通常的网站一样。例如，位置信息链接中提供了协同定位的 RFID 读卡器的链接。

使用 Atom 表示形式，终端用户可以通过浏览超链接 EPCIS 制定查询，并取得更新后的 Atom feed 表示的结果，浏览器可以理解和直接订阅 Atom feed 表示形式。例如，产品经理可以创建一个 feed，每当产品准备装运时，该 feed 就会在浏览器自动更新。然后，产品经理可以将该 feed 的 URI 发送给最重要的客户，使他们也能够跟踪货物运送的进度。这是一个简单但非常有用的案例，在基于 WS-* 的 EPCIS 案例中，客户均需要安装专用的客户端。

5.4.3　智能家居的 Mashup 编辑器

精通技术的用户可以使用"混搭编辑器"（如 Yahoo Pipes[①] 等）来创建 Web Mashup。这些编辑器通常提供可视化组件代表站点以及操作（添加，过滤器等），用户只需要将他们连接起来（或 Pipe），就能创造新的应用。我们希望应用相同的原理允许用户创建物理混搭，而不需任何编程技能。

---

① 译者注：Yahoo Pipes：Yahoo 推出的管道聚合工具，用来聚合、操纵和混搭网络中的内容。

我们简要地介绍一下物理混搭架构和建于其上的两个 Mashup 编辑器。如图
5.7 所示，该系统由四个主要部分组成。首先，创建 RESTful、Web 使能的智能
物体和智能家电。在这个例子中，我们给物体或家电贴上二维条码，以便手机也
能识别。然后，创建"虚拟"的 Web 服务，如 Twitter、Google 可视化 API、
Google Talk 等。在中间体中，Mashup 服务器框架可以将不同的智能家电的服
务，以及 Web 的虚拟服务组合起来。它负责执行终端用户创建的 Mashup 应用
程序的工作流程。使用 RESTful API 发现、监听、并同设备进行交互。最后一
个组件是 Mashup 编辑器，用户使用它可以很容易地创建 Mashup 应用程序。

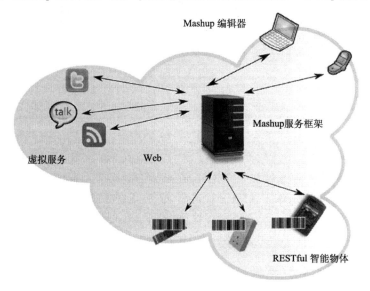

图 5.7　物理混搭框架

我们使用该架构实现了两个 Mashup 编辑器。第一个是基于 Clickscript 项
目。使用 Ajax 库编写的 Firefox 插件，人们能够直观地通过连接资源块（网站）
和操作（greater than、if/then、loops 等）创建 Web Mashup。由于 Clickscript
是用 JavaScript 编写的，不能使用以专有服务协议为基础的资源。但是，却可以
轻松地访问 RESTful 服务，如 Web 使能的智能家电提供的服务。这使得创建代
表智能家电的 Clickscript 块直截了当。在图 5.8 所示的 Mashup 中，通过 GET-
ting 温度资源，可以得到室内的温度。如果室温低于 36℃，将关闭 Web 使能的
空调系统。

第二个编辑器是在 Android 手机上实现的。鉴于 Android 支持 HTTP，与
智能家电的 RESTful 沟通因而变得简单易行。同 Clickscript 相似，移动编辑器
允许创建简单的 Mashup。然而，由于手机屏幕的限制，只能通过向导程序创建

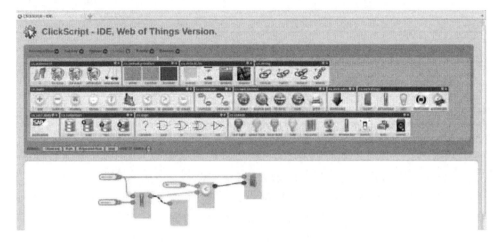

图 5.8 使用 Clickscript Mashup 编辑器，将构建组件连接到浏览器
来创建 Physical Mashup

Mashup。首先，用户选择在 Mashup 中涉及的家电。这只需使用手机的摄像头扫描家电的条形码。这些条形码指向家电的 RESTful API 的根 URL。然后，用户创建规则和虚拟服务。例如，用户可以创建一个 Mashup，控制电器的开关。如 GPS 设备检测到用户在回家的路上时，手机上的 Mashap 可以及时启动供暖设备。

5.5 未来物维网的先进理念

迄今为止，我们了解了如何将 Web 标准和设计准则用于智能物体。对物维网而言，这个架构似乎已经够用，但它仍存在诸多开放性问题。本节中，我们将讨论它所面对的三个问题，并简要给出各自可能的解决方案。首先，我们将考虑智能物体应用程序的实时数据需求问题。然后，对发现并理解全球物维网所能提供的服务过程中存在的问题进行处理。最后，讨论智能物体的共享机制。

5.5.1 实时物维网

HTTP 是无状态的客户端/服务器协议，交互总是由客户端发起，没有超过请求/响应交换信息量的协议上下文。这种交互模式非常适合以控制为导向的应用程序，客户端从嵌入式设备读入数据，或将数据写入嵌入式设备。然而，这种从客户端发起的交互模式对于双向的基于事件的流系统却不大适用，在流系统中，数据一产生就必须异步发送到客户端。

例如，在许多情况下，必须处理实时信息，将各种资源的存储数据或流数据融合起来，以检测时间模式或者空间模式。由于这类应用往往是基于事件的，并且嵌入式设备的占空比通常较小（即大部分时间处于睡眠状态），所以智能物体应该主动推送数据给客户端（而不是客户端不断地轮询智能物体）。为了支持这种复杂的以数据为中心的查询，在 Web 上就需要更灵活的数据模型支持传感器数据流。在本节中，我们将探讨当前在实时网络中建立更适合于以数据为中心的，基于流的传感器驱动的应用程序模型的发展情况。

如前所述，采用整合型协议（如 Atom），在监测时可以提高模型的性能，设备可以使用中间服务器或智能网关的 AtomPub 异步发布数据。尽管如此，客户端还是需要从 Atom 服务器 pull 数据。网络流媒体协议的存在（Real-time Transport Protocol，RTP；Real Time Streaming Protocol，RTSP），使得无限的数据对象传送成为可能（比如互联网广播电台），传感器流在这方面与流媒体相似。然而，流媒体主要支持播放和暂停命令，这对于有更为精细的控制命令需求的传感器流是不足的。可扩展通信和表示协议（Extensible Messaging and Presence Protocol，XMPP）[①] 是一个基于 XML 消息交换的实时通信的开放标准，并拥有包括即时通信的广泛应用（如 Google Talk 就是基于 XMPP 的）。尽管 XMPP 得到广泛使用且取得成功，但其复杂性对传感器网络中嵌入式设备的有限资源往往过于繁重。

Comet 模型是一种可选的 Web 应用程序，目前正受到人们的欢迎且日益普及起来。该模型试图消除传统的 HTTP 轮询的局限性。这种模型（也称为 HTTP 流或服务器推送技术）中，Web 服务器推送数据给浏览器，而不需要客户端明确的请求。由于浏览器设计的时候并不包含服务器推送事件功能，Web 应用程序的开发人员试图通过规范的漏洞来实现类似 Comet 的功能，每一种实现都具有不同的优缺点。通常 Web 服务器响应客户端的请求后，不终止 TCP 连接，而是保持该连接以便发送后续的事件。

可以看出，可扩展性和查询表示之间的权衡在网络世界中也是存在的。网络技术的发展使得建立高效的、可扩展的发布/订阅系统成为可能，因此，我们建议使用基于 Web 的 pub/sub 模型来连接传感器网络和应用程序。作为 Atom 和 RSS 的扩展，PubSubHubbub（PuSH）是一个简单、开放的 pub/sub 协议。当人们感兴趣的 feed 更新时，使用 PuSH 协议的服务器可以得到近似即时的通知（通过回调）。PuSH 也可以用来作为设备通用的消息传递协议（Trifa et al.，2010）。

---

① XMPP（Extensible Messaging and Presence Protocol），简称 Jabber，它是一种以 XML 为基础的开放式实时通信协定，是经由互联网工程工作小组（IETF）通过的互联网标准。XMPP 因为被 Google Talk 和网易泡泡应用而被广大网民所接触。

可以将下面的模型应用于基于 Web 的流处理应用程序，用户可以对一个或多个传感器使用 HTTP 请求进行查询。图 5.9 所示的 HTTP 请求中，仅当光传感器值不超过 200 且温度读数不小于 19 时，收集光线和温度传感器读数的频率为 2 次/s（ds. freq＝2Hz）。

```
1 POST /datastreams/ HTTP/1.1
2 Content-Type: application/x-www-form-urlencoded
3
4 ds.device=purpleSensor
5 &ds.data=temperature,light
6 &ds.freq=2 7 &ds.filter=light <= 200 && temperature < 19
```

图 5.9 收集光传感器和温度传感器读数的 HTTP 请求

因此，在 pub/sub 代理上创建特定的 pub/sub feed 流（消息序列），其中所有匹配请求的数据将被流处理引擎推送。这就将应用程序和流处理引擎解耦，流处理引擎可以用其他的系统替换，只要后者支持相同的接口来处理 Web 请求，并能推送匹配的数据给 pub/sub 代理。

查询得到的样本数据，随后被推送给一个消息代理，在该代理上，用户可以使用 PuSH 协议订阅。之后，用户将收到通过回调从代理上推送来的流信息。

虽然 HTTP 不是为了实时流传输而设计的，但物维网领域的探索性研究表明，使用 Web 标准同分布式传感器和执行器交互时，可以得到可喜的成果（Trifa et al.，2010）。详细的 HTTP 请求，使得原始性能和等待时间的损失可以通过让传感器网络以便捷和通用的方式访问来补偿。此外，因为 Web 标准的诸多优势（如透明代理等），声明式的基于 Web 的查询可以映射到传感器网络专门的处理功能，因此，人们仍然可以利用传感器以及其他数据流处理系统的优化机制和高级处理功能。

虽然物维网需要更多的发展和更多的标准，但近年来的发展以及未来的 HTML5 及其网络套接字、服务器发送事件等表明，物维网正朝着正确的方向迈进。对物联网的研究人员而言，认识到当前 Web 架构的缺点，能够监测现实世界，并能与 Web 良好集成的解决方案是一项重要的任务。

5.5.2 智能物体的发现与描述

全球物维网的另一个重大挑战是如何从连接到 Web 的数以亿计的智能物体中搜寻相关的设备。在这种情况下，通过浏览带有超链接的 HTML 页面来查找这些设备是根本不可能的，因此才产生了搜索智能物体的想法。搜索物体比搜索文档要复杂得多，因为物体是与环境信息紧密结合的（如位置信息），在不同的环境中，物体的意义也不一样，没有像文档中可读的文本那种明显而易使用的属性可以利用。

除了位置信息，智能物体需要有一种机制来描述它们自身及其服务，这些服务能够被（自动）发现和使用。但描述 Web 中物体最好的方式是什么，什么方式可以使人类和机器都能理解物体所提供的服务呢？这个问题不仅是智能物体独有的，而是描述服务普遍存在的复杂问题，这个问题一直是 Web 研究界，尤其是 Web 语义领域界，需要解决的一个重要挑战。

为了克服 Web 上的资源描述能力有限的问题，人们已提出了几种语言，如 RDF 或微格式。微格式以一种简单的方式给 Web 资源增加语义。微格式有很多种，每一种都针对一个特定的领域，如"Geo"和"adr"微格式描述的是地点信息，"hProduct"和"hReview"微格式描述的是产品信息以及对产品的认识。每种微格式都经历了一个标准化的过程，以确保被接受后，其内容能得到广泛的理解和使用。

微格式在物维网中有两个特征：首先，它们是直接嵌入到网页中的，因此可用于语义注释物体的 RESTful API 的 HTML 表示。其次，微格式（包括 RDFa）得到越来越多的搜索引擎支持，如 Google 和 Yahoo，此时它用于提高搜索结果性能。例如，"Geo"微格式定位本地的搜索结果，或者定位本地的智能物体。

我们可以使用几种微格式的组合来描述智能物体。这有助于人们使用传统的或专用的搜索引擎搜索到物体，同时，也可以帮助软件应用程序"发现"、理解并自动使用它们。例如，在图 5.10 中，我们使用 5 种微格式描述 Sun SPOT，并在 SPOT 资源的 HTML 表示中直接嵌入语义信息。

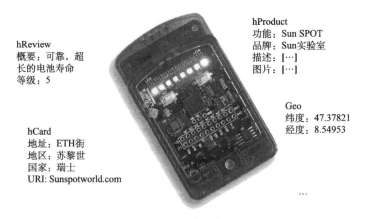

图 5.10　使用 Geo、hCard、hProduct 和 hReview 微格式描述 Sun SPOT 的组合微格式

图 5.11 所示的列表显示了如何定义 Sun SPOT 的正式名称以及如何定义一个权威的 URL，在该 URL 可以找到有关设备的更多信息。我们提供 Sun SPOT 的 HTML 表示的语义标记。

```
1 <span class="fn">Sun SPOT</span>
2 <span class="URL">
3 <a href="http://sunspotworld.com</a>
4 </span>
```

图 5.11　包括了 hProduct 微格式的 Sun SPOT 的 HTML 表示的部分代码

为了发现智能物体，我们还有很多的工作需要做，但 Web 标准近年来的发展正朝着全球范围内支持这种语义描述的正确方向迈进。事实上，现在已经有了一种能够较好支持的微格式的衍生形式——Microdata，它可能成为 HTML 5 标准的一部分，并可能被最新一代的 Web 浏览器和其他 Web 客户端广泛采用和理解。

5.5.3　智能物体的共享

Web 2.0 Mashup 的成功依赖于 Web 2.0 服务供应商（如 Google、Twitter、WordPress 等）在 Web 上提供相对简单的、RESTful 的、开放的 API，来访问其服务。Mashup 开发者经常在网络上分享自己的 Mashup，通过开放的 API 公开 Mashup，使得服务体系随着每个应用程序和 Mashup 的发展而发展。图 5.12 显示了社交访问控制器（Social Access Controller，SAC）简化的组件体系结构，SAC 扮演的是客户端和智能物体之间的验证代理。

为了确保物理混搭的成功，需要采用相同的开放级别。然而，实现这样物维网的开放模式需要物体共享机制，以支持设备提供的 RESTful 服务访问控制。例如，人们可以与社区的其他家庭共享房屋的能源消耗传感器。但这具有潜在危险性，因为家电设备是我们日常生活的一部分，共享可能导致严重的隐私问题（如果最近几乎没有用电，主人可能去度假了，窃贼可能会寻找这些种情况）。

HTTP 提供以凭证和服务器托管的用户群体为基础的身份验证机制（例如，HTTP 认证）。虽然这种解决方案已经在（嵌入式）Web 服务器上免费提供，但在物维网上仍表现出许多弊端。首先，对所有的智能物体都需要共享凭据，该机制变得难以管理。其次，由于共享的资源并没有在别处登记，共享还需要辅助渠道，如发送包含凭据的电子邮件。一些平台如 SenseWeb（Luo et al.，2008）或 Pachube，建议通过提供一个中央平台，分享它们的传感器数据来克服这些限制。然而，这些方法基于集中的数据仓库，不支持分布处理和直接与智能物体交互。

一种可能的解决方案是利用现有的社会网络（例如，Facebook、LinkedIn、Twitter 等）和它们（开放）的 API 的社会结构来共享物体。用户使用社交网络，可以和他们认识、信任的人（如亲戚、朋友、同事和其他研究人员等）共享物体，而不需在新的在线服务上，从头开始创建一个社会网络或用户数据库。此外，这还使得用独特的方法来公告和共享信息：用户可以使用各种著名的社会网络，通过自动发布信息到朋友的个人资料栏或新闻源栏，告知与他们分享的传感器。

SAC 平台（Guinard et al.，2010a）是这种想法的一个实现实例。SAC 是客户端（例如，Web 浏览器）和智能物体之间的验证代理。它不像 HTTP 身份验证那样，需要维护自己的数据库或信任的连接和凭据清单，而是连接到许多社会网络（例如，Twitter、Facebook、LinkedIn 等），提取出用户可能愿意分享的所有潜在的用户和用户组。

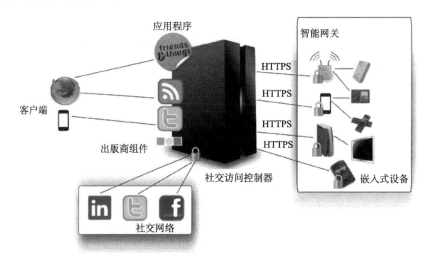

图 5.12　SAC 简单的组件构架

这种想法是可行的，因为大多数社交网络提供一个 Web API（例如，Facebook 的连接）。对社会网络而言，提供一个开放的 Web API 也是其成功因素之一。这些 API 允许第三方 Web 应用程序使用社会网络提取的部分数据，反过来又提高了社会网络的功能。

共享的过程分为三个阶段。首先，智能物体的所有者使用其社会网络账户登陆访问 SAC，SAC 进而使用社会网络委派验证，以确定所有者的身份；其次，被共享的智能物体将被逐一处理，以便确定其 RESTful 服务的资源和性能，即确定智能物体的哪些功能可以共享；最后，用户通过选择哪些人可以与哪些资源交互生成智能物体的访问控制列表。

当所有者与其信任的人分享资源后，后者将从他们的社会网络中，直接收到通知。例如，Facebook 是在新闻提要栏发布一条消息，Twitter 是给其信任的人推送消息（如，"雷切尔与您分享她的 Plogg 能源传感器"）。发布的消息还包含一个重定向到共享资源的链接。该链接不是直接指向智能物体，而是指向 SAC 的一个实例，扮演验证代理的角色，如图 5.12 所示，当一个受信任的人使用所提供的链接时，SAC 将验证其身份。如果他成功地登录了 SAC 的社会网络之一，SAC 将在内部检查此人是否也有访问请求的资源的授权。如果有的话，SAC 使用所有者注册资源时提供的凭据登陆到该共享资源。然后，它将可信连接的 HTTP 请求重定向到共享资源。最后，可信连接的 HTTP 客户端直接重定向到结果，例如到 Web 浏览器。

5.6　对物维网的未来讨论

HTTP 库和客户端的广泛可用性，以及 RESTful 架构的松耦合性、简单性和可扩展性，使得 RESTful 应用已迅速成为最实用的集成架构之一。这使得利用 Web 标准与智能物体交互变得有价值。虽然 HTTP 增加了通信开销，并延长了平均响应延迟，但对许多普遍的情况仍是够用的，在这些情况下，较长的时间延迟并不影响用户的体验（Drytkiewicz et al.，2004；Priyantha et al.，2008）。前人的工作（Trifa et al.，2009；Yazar et al.，2009）表明，使用 HTTP 作为一种数据交换协议的性能在普遍的情况下基本足够，尤其是当只有少数用户并发访问相同资源时（如在一个 1.1 GHz 的运行智能网关服务器上，100 个并发用户的响应时间为 200ms）。我们还证明缓存技术可以显著提高并发传感器数据读取的性能，通过使用大规模可伸缩的 Web 站点（Trifa et al.，2009）所使用的工具。这些技术可以直接应用到网络设备中，只要设备有板上 HTTP 支持。

Web 2.0 Mashup 显著降低了 Web 应用程序开发的进入壁垒，目前非程序员也可以访问。但应该注意的是，不要把面向资源的方法当做解决所有问题的灵丹妙药。特别是有非常具体要求的场景中（如高性能实时通信），在这些场景中，基于不同系统架构的紧耦合系统可能更加合适。然而，对于受限较少的应用来说，大规模的可扩展性、Ad-Hoc 互动以及偶发的再利用是十分必要的，Web 标准允许设备在 Web 中同其他的服务使用相同的语言。这使得现实世界与任何其他 Web 内容的整合更加容易，使物体可以像使用任何其他的 Web 资源那样加入书签、浏览、搜索。

Web 体系结构的缺点可以通过显著简化应用程序设计、集成和部署过程来弥补（Guinard et al.，2009），尤其是在将 RESTful 嵌入式设备和其他嵌入式设备系统（如WS-＊Web 服务）进行比较时。例如，Plogg RESTful 的网关和 Sun SPOT 已被外部开发团队使用，他们阅读了我们网站上的项目介绍。在第一种情况下，我们的想法是在 iPhone 上建立一个移动能源监测应用程序，iPhone 可以与 Plogg 进行通信。

在第二种情况下，我们的目标是论证基于浏览器的 JavaScript Mashup 编辑器与现实服务的应用。通过与开发商的交流，他们证实了我们的想法。他们热衷于使用 RESTful 智能物体，特别是 RESTful Web API。对于 iPhone 应用程序，那时面向蓝牙的 API 还没有开发出来，然而几乎所有的平台都提供 HTTP 和 JSON 库。其中一个开发商提到了 REST 学习曲线，同时也强调了其易操作性，一旦熟练掌握，相同的原则便可以用于大量的服务交互。此外，他们认为将其直接集成到 HTML 和 Web 浏览器是亦是一大优点。

5.7 结 论

与流行的看法相反，我们认为 Web 技术是在智能物体提供的服务上构建应用程序的良好协议。在总结了 Web 架构的核心设计原则后，本章提出基于 REST、智能物体整合、网络挂钩和智能网关等概念的物维网架构，并使用典型案例对提出的物维网架构进行论证。

RESTful 架构的松耦合性、简单性和可扩展性，以及 HTTP 库和客户端的广泛可用性，使得 RESTful 架构正成为最普遍的、轻量级的集成平台之一。正因为如此，使用 Web 标准与智能物体进行交互似乎越来越适宜。虽然 HTTP 协议增加通信成本和平均延迟，但对大多数应用而言仍然是够用的，在一定程度上不会太多地影响用户体验。

引进设备级 Web 标准的支持有利于发展新一代的联网设备，这些设备部署、编程、重用会更简单。运用 Web 成功的相同设计原则，特别是开放性、连通性和简单性，可以显著地利用普及性和多功能性，作为设备和应用之间相互作用的共同基础。此外，由于大多数移动设备都已经具备 Web 连接和 Web 浏览功能，并且多数编程环境都支持 HTTP，这样已有的强大的 Web 开发者社区，它们也是潜在的物维网应用程序的开发人员。

参 考 文 献

Drytkiewicz W，Radusch I，Arbanowski S，Popescu-Zeletin R（2004）pREST：a REST-based protocol for
    pervasive systems. Proceedings of the IEEE International Conference on Mobile Ad-hoc and Sensor Sys-
    tems

Duquennoy S，Grimaud G，Vandewalle J（2009）The Web of Things：interconnecting devices with high usa-
    bility and performance. Proceedings of the 6th IEEE International Conference on Embedded Software
    and Systems（ICESS'09）. HangZhou，Zhejiang，China

Fielding RT（2000），Architectural styles and the design of network-based software architectures. Ph. D.
    Thesis，University of California. Irvine，USA

Floerkemeier C，Lampe M，Roduner C（2007）Facilitating RFID Development with the Accada Prototyping

Platform. Proceedings of the Fifth IEEE International Conference on Pervasive Computing and Communications Workshops. IEEE Computer Society

Guinard D, Trifa V, Pham T, Liechti O (2009) Towards Physical Mashups in the Web of Things. Proc. of the 6th International Conference on Networked Sensing Systems (INSS). Pittsburgh, USA

Guinard D, Fischer M, Trifa V (2010a) Sharing Using Social Networks in a Composable Web of Things. Proceedings of the 1st IEEE International Workshop on the Web of Things (WoT 2010) at IEEE PerCom, Mannheim, Germany

Guinard D, Mueller M, Pasquier J (2010b) Giving RFID a REST: Building a Web-Enabled EPCIS. Proceedings of the IEEE International Conference on the Internet of Things (IOT 2010). Tokyo, Japan

Guinard D, Trifa V, Wilde E (2010c) A Resource Oriented Architecture for the Web of Things. Proceedings of IoT 2010, IEEE International Conference on the Internet of Things. Tokyo, Japan

Guinard D, Trifa M, Karnouskos S, Spiess P, Savio D (2010d) Interacting with the SOA-Based Internet of Things: Discovery, Query, Selection, and On-Demand Provisioning of Web Services. , IEEE Transactions on Services Computing. 3, 223-235

Hui J, Culler D (2008) Extending IP to low-power, wireless personal area networks. IEEE Inter-net Comput 12: 37-45

Hui J, Culler D (2008) IP is dead, long live IP for wireless sensor networks. Proceedings of the 6th ACM conference on embedded network sensor systems. ACM, Raleigh, NC, USA

Kindberg T, Barton J, Morgan J, Becker G, Caswell D, Debaty P, Gopal G, Frid M, Krishnan V, Morris H, Schettino J, Serra B, Spasojevic M (2002) People, places, things: web presence for the real world. Mob Netw Appl 7: 365-376

Luckenbach T, Gober P, Arbanowski S, Kotsopoulos A, Kim K (2005) TinyREST-A protocol for integrating sensor networks into the internet. Proceedings of the Workshop on Real-World Wireless Sensor Network: SICS. Stockholm, Sweden

Luo L, Kansal A, Nath S, Zhao F (2008) Sharing and exploring sensor streams over geocentric interfaces. Proceedings of the 16th ACM SIGSPATIAL international conference on advances in geographic information systems. ACM, Irvine, California

Pautasso C, Wilde E (2009) Why is the Web Loosely Coupled? A Multi-Faceted Metric for Service Design. Proceedings of the 18th International World Wide Web Conference (WWW2009). Madrid, Spain

Priyantha NB, Kansal A, Goraczko M, Zhao F (2008) Tiny web services: design and implemen-tation of interoperable and evolvable sensor networks. Proceedings of the 6th ACM confe-rence on embedded network sensor systems. ACM, Raleigh, NC, USA

Richardson L, Ruby S (2007) RESTful Web Services. O'Reilly Media, Inc

Stirbu V (2008) Towards a RESTful Plug and Play Experience in the Web of Things. Proceed-ings of the IEEE International Conference on Semantic Computing

Trifa V, Wieland S, Guinard D, Bohnert TM (2009) Design and Implementation of a Gateway for Web-based Interaction and Management of Embedded Devices. Proceedings of the 2nd International Workshop on Sensor Network Engineering (IWSNE 09). Marina del Rey, CA, USA

Trifa V, Guinard D, Davidovski V, Kamilaris A, Delchev I (2010) Web-based Messaging Mechanisms for Open and Scalable Distributed Sensing Applications. Proceedings of the 10th International Conference on Web Engineering (ICWE 2010). Vienna, Austria

Wilde E (2007) Putting Things to REST. School of Information. UC Berkeley

Yazar D, Dunkels A (2009) Efficient Application Integration in IP-based Sensor Networks. Pro-ceedings of ACM BuildSys, the First ACM Workshop On Embedded Sensing Systems For Energy-Efficiency In Buildings, BuildSys. Berkeley, USA

Yu J, Benatallah B, Casati F, Daniel F (2008) Understanding Mashup Development. IEEE Inter-net Comput 12: 44-52

Zang N, Rosson MB, Nasser V (2008) Mashups: who? what? why?. Proceedings of CHI'08 ex-tended abstracts on Human factors in computing systems. ACM, Florence, Italy

第6章　支持自主合作物流的物联网数据集成及面向服务的语义方法

Karl A. Hribernik，Carl Hans，Christoph Kramer，Klaus-Dieter Thoben

德国，不来梅大学，生产与物流研究所

互联的智能物体在处理分散信息的基础上进行自主决策，这是现今自主合作物流领域的研究重点。自主合作物流底层的 IT 环境特征对数据集成提出了诸多挑战。传统方法在解决数据源的异构性及其高度分散性和可用性等方面难以胜任，语义数据集成为这些问题提供了可能的解决方案。针对支持自主合作物流的物联网，本章提出了一种面向服务且基于本体的调解方法。

6.1　引言和背景

物联网的理念和技术在物流领域具有重要的意义。随着当今全球市场结构的加速调整，计划和控制策略需要重新定义，而传统供应链也发展成为涉及诸多相关利益的复杂网络。Aberle（2003）提出的商品结构、物流和结构性影响指出了现阶段市场变化的特征。首先，大规模生产向买方市场的转变引发了个体产品定制化的趋势，这将导致每单位出货量显著增加；其次，具有高服务质量和可靠交货期的小出货量需求日益增加，使得道路货物运输领域越发受到关注；最后，结构性影响指出了微观物流水平的个性化，彼此竞争的物流服务提供商必须通过合作来满足当今客户的需求。上述三种因素导致当今的物流运输过程更具复杂性和动态性。

物联网中的智能物体能够在处理分散信息的基础上进行自主决策，这正是自主合作物流领域的研究重点（Hülsmann et al.，2006）。这里，自主决策可以理解为分层结构下的分散决策过程，它促进了非确定系统的元素交互，而非确定系统具有独立做出决策的能力和可能（Böse et al.，2007）。这一理解的关键是决策职责的分散化，这与传统的分层过程控制是有区别的。过程控制的稳健性及可扩展性的日益提升亦为自主决策方法带来了积极影响。

在使用软件代理来实现物流过程的信息处理和实体决策（Timm，2006）时，Trautmann（2007）和 Jedermann 等（2008）给出了将物联网概念同自主合作物流过程相融合的例子。使用自动识别技术、中间件和标准，如 EPCglobal（2009）

或 ID@URI/Dialog (Främling et al.，2006)，如同"数字副本"映射到物理物流对象一样，将适当的解决方案映射到软件代理，这样，"物联网物流"的基础就可以搭建好了。

对自主合作物流过程的研究表明，不同的自主控制应用会产生不同的控制问题，针对智能物流对象的不同特点和潜在的数据处理、决策及数据集成策略，对自主程度的要求会变得非常广泛。这意味着，为了让物联网能使自主合作物流过程在操作层受益，其中的"物"不仅能彼此沟通，还要能适当地融入物流 IT 环境全局中。

物流的 IT 环境即使不考虑自主合作过程，也已经是一个非常复杂、分布式和异构的环境。如图 6.1 所示，人们一直花费很大努力，通过特定信息通信技术方法桥接技术岛屿（Hannus，1996），以期至少实现一定业务伙伴系统间的整合。然而，岛屿的可持续发展性迟早会迫使这些方法遭到淘汰，这可从海平面的持续下降以及当今企业伙伴关系的高度动态化反映出来。因此，必须找到一种通用的方法来取代基于 1：1 关系的方法，以便实现物流数据的特定存取，并兼容现有系统和标准的多样性（Hans et al.，2008）。

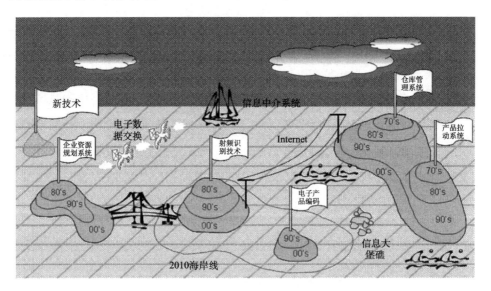

图 6.1　物流 IT 环境——桥接岛屿

这种情况加剧了现代物流的发展，例如自主合作物流过程和物联网，两者的发展导致 IT 物流环境中技术发展"新岛屿"的产生。根据不同的应用，相关数据可能存储在异构企业系统中，如仓库管理系统（Warehouse Management Systems，WMS）、企业资源规划系统（Enterprise Resource Planning Systems，

ERP）或处置系统，同时，从项目级跟踪和追踪系统所获得的数据需要纳入考虑范围，特别是和 RFID 有关的。数据可能产生并存储于物流对象的嵌入式系统中，如卡车或集装箱，也可能动态生成，如用传感网监测冷藏集装箱的温度。而数据集成的具体要求因自主控制每个应用的特点而不同，可以这样说，一般情况下，代表个别物流实体的相应数据应该是决策过程需要被存取的数据，而不需要考虑数据可能存放在哪座"岛屿"上。

上文所述的自主合作物流过程底层 IT 环境特征对数据集成提出了很多挑战。数据源的异构性，高度分散的特征和可用性使传统方法在应用时遇到很多问题，语义数据集成领域为解决这些问题提供了潜在的方法。本章旨在检查一个数据集成的适当方法能以何种方式促进问题的解决。随后为支持自主合作物流过程的物联网提出了一种语义方法，它将基于本体的调解方法与以服务为导向的集成方法结合起来。

6.2 发展现状

下一节将对相关研究领域的发展现状进行概述。首先，我们通过讨论物联网领域的现有文献来理解相关专业术语；其次，我们将介绍自主合作物流过程，并从上节所讨论的物联网视角来重新看待它；接下来，我们会讨论针对两个不同领域的数据集成方法；首先，讨论面向产品和物流对象的项目级信息管理概念及解决方案；其次，提出传统企业应用集成方法，这些方法需要和项目级信息管理方法相结合，以便促进物联网在物流领域的智能数据集成。

6.2.1 物联网

本节首先阐述了对物联网概念的理解，并回顾了智能产品领域的相关发展，最后总结了物联网在物流领域的最新应用。

1）术语

"物联网"一词最早在 1999 年由麻省理工学院提出，用于描述一种对物体和过程实现自主交互和自组织的网络，它有望实现现实物体和网络数字世界的衔接（Brand et al.，2009）。由此，我们可用理解互联网的思路去理解物联网——如果互联网是一个由相互连接的计算机所构成的全球性网络，那么物联网则是一个由相互连接的物体（如日常物件、产品和环境）所构成的网络。近年来多种学科的发展在物联网领域形成交叉，如环境智能（Ducatel et al.，2001）、普适计算（Weiser，1991；Gupta et al.，2001）和自动识别（Cole et al.，2002）。这一概念的核心思想是对象，即"物体"。这些"物体"能够处理信息，彼此间能够通信并与其环境进行交互，还能够自主决策。

2）智能产品

很多研究实例面向"智能产品"领域，主要研究智能产品的实现，即如何实现智能产品的上述特征。智能产品的实质是一种现实物件，可以被运输、加工或使用，并具备智能属性。McFarlane（2003）等对智能产品的定义如下：

"……物体的一种物理信息表示［…］，具有唯一标识的属性，能与环境进行有效沟通并存储与其有关的数据，还可通过语言配置以展示其自身特点和产品需求等，具有自我决策功能。"

从简单的数据处理到复杂的前摄行为，产品的智能化程度会表现出差异型——这是 McFarlane（2003）和 Kärkainen（2003b）等定义智能产品的核心。Meyer（2009）等提出了评价智能产品的三个方面：智能等级、智能定位和智能聚合等级。第一个方面是指智能产品是否具备信息处理、问题通告和决策能力；第二个方面是指这种智能功能是内嵌于物体中还是置于网络中；最后一个方面即聚合等级，区分了物体本身的智能化和产品聚合带来的智能化。

3）物流中的物联网

物联网的概念和技术现今已用于物流领域。ten Hompel（2005）认为，可以把物流对象从发货方送至交货地址的自主运输过程看做物联网应用于运输物流领域的一个实例。另有实例是讨论动态路由规划算法在自主运输物流网络中的应用（Berning et al.，2007）。物联网在物流领域的应用还包括沿供应链的基础项目级商品追踪，过程优化潜力（VDI/VDE 革新＋ Technik GmbH，2008）和有效客户响应（ECR）的提升（Gaβner et al.，2009）等。

德国国家研究课题 QuinDILog 主要关注物联网在物流领域应用中的行业限制，该项目发掘了物联网在物流领域的很多应用潜力。例如，零散的项目级供应链事件文档，可以在契约性法律事务层面体现出更大的透明度（VDI/VDE 革新＋ Technik GmbH，2008）。自动配置和仓库管理等方法均可避免缺货（Out Of Stock，OOS）的情况出现（Gaβner et al.，2009）。特别是对重要商品，如食品或药品，质量保证（Jedermann et al.，2008）、产品种类和历史溯源均能通过物联网得以实现。基于唯一标识和定位技术来防止产品盗窃和抄袭（Staake et al.，2005）是另一个应用实例。此外，在物联网的基础上亦能开发像第四方物流[①]（Fourth Party Logistics，4PL）那样的全新商业模式（Schuldt et al.，2010）。

面向智能产品领域的研究也涉及物流，例如 Kärkkiänen（2003b）利用智能产品这一概念来解决网络信息管理中出现的问题。此外，还有很多将智能产品应

---

① 译者注：第四方物流，1998 年美国埃森哲咨询公司率先提出，专门为第一方、第二方和第三方提供物流规划、咨询、物流信息系统、供应链管理等活动，并不实际承担具体的物流运作活动。

用于供应链（Ventä，2007）、生产控制（McFarlane et al.，2003），以及生产、配送和物流仓库管理领域的实例（Wong et al.，2002）。

6.2.2　自主合作物流过程

本节首先简要介绍自主合作物流过程这一研究方向，进而阐述智能物流对象的概念，随后从物联网和智能产品的视角来分析智能物流对象这一概念。

1）术语

在本书中，"自动控制"这一术语了沿用 Böse 和 Windt（2007）的定义："……分层结构的分散决策过程。它代表了非确定系统中的那些具备独立决策能力和可能的交互元素。"

自主合作物流过程（Scholz-Reiter et al.，2004）这一研究方向的主要目标是迎合当今物流领域的挑战，如 Aberle（2003）所提出的产品结构、物流和结构性影响，其思路是将自主性和自组织引入物流中的控制、信息处理和决策环节（Ehnert et al.，2006），因为中央控制和物流过程规划已无力解决物流领域的新问题（Scholz-Reiter et al.，2004）。这里，"自主性"是指："……某个系统、过程或项目在规划其输入、吞吐量和输出方面的能力，用于改变环境参数等约束。"

将自主控制应用于物流过程是为了增加其稳健性、灵活性、适应性和反应性，以适应不断变化的商业环境、需求和动态目标（Scholz-Reiter et al.，2004）。相比于传统的分级过程控制，其突出特点在于将决策职能分散化。在新的动态分层结构中，被动的物流实体能够处理信息、自主提出并执行决策，这一特点有别于传统物流过程中严格而集中的自上而下管理模式。人工智能代理能够在其可操作的、战术及战略性自主权范围内实现最优运作。这一方法可改善过程控制的稳健性和可扩展性。

2）智能物流对象

Böse 和 Windt（2007）所提出的智能物流对象概念体现了人们对物流系统自主控制的固有认识，即："……物流系统的自主控制是指物流对象具备处理信息、自主提出并执行决策的能力。"

基于这一论述，物流对象的定义可概括为："……一个物流网络系统中包含的实体物件（如零件，机器或传送带）和非实体物件（如生产订单），且能与该系统中其他物流对象实现交互。"

在 Scholz-Reiter 等人的定义中，前者进一步分化了商品和各类资源，同时限制了无关紧要的物流对象订单。

根据这一理解，智能物流对象是能和其他物流对象彼此沟通和交互的实体或非实体物件。这一认识超出了对物联网本身的理解，因为物联网只包括那些没有物理表示的自主对象。

6.2.3　项目级信息管理方法

项目级信息是那些可以具体到个体物流对象或产品的信息，产生于一个物流对象所能涉及的所有过程，包括发生在产品生命周期（Hong-Bae et al.，2007）初期（Beginning Of Life，BOL）的生产物流过程，发生在生命中期（Middle Of Life，MOL）的配送（Hribernik et al.，2009）和服务物流过程，以及发生在生命末期（End Of Life，EOL）（Schnatmeyer et al.，2005；Schnatmeyer，2008）的逆向物流[①]过程。

项目级信息管理基于产品信息建模和交换方面的标准而实现。在现有的标准中，技术委员会（如 ISO TC184/SC4）所制定的标准侧重于 BOL 产品信息及其处理。新兴标准 ISO 10303-239（ISO，2009a）则除外，它制定的产品生命周期支持（Product Life Cycle Support，PLCS）和 ISO 15926（ISO，2009b）明确了具体的产品信息。虽然 PLCS 通过不断地发展以拓宽其应用范围，但它目前的重点仍是 MOL 的具体维护过程。ISO 15926 除了包含通用部分（即 ISO 15926 第二部分数据模型亦被其他标准采用）之外，还囊括了石油和天然气生产领域。然而，这两种标准仅面向特定的领域或过程。此外，这类信息标准只用于解决整个产品生命周期中的信息传递和解释问题，信息的访问和整合仍是企业需要解决的一大难题。

另一个突出的应用是货物追踪领域。大型货运代理或物流服务提供商所使用的追踪系统适合单一组织处理货物的情形（Kärkkäinen et al.，2004）。然而，项目级产品信息管理需要利用多组织化网络来实现，实现方法有 EPCglobal 结构框架、DIALOG，WWAI 和 PROMISE 结构等。这些方法将在下文详细介绍。

1）EPCglobal 结构框架

EPCglobal 构架（EPCglobal 2009）代表了一类行业标准集合，主要面向自动识别领域，可实现零售物流行业中信息和材料流的无缝连接，如图 6.2 所示。它涵盖了可满足 RFID 系统物理和逻辑需求的标签协议标准，主要面向项目级定义、唯一识别码和电子产品码（Electronic Product Code，EPC）。数据集成的关键是框架中的 EPC 信息服务（EPC Information Services，EPCIS）（EPCglobal，2007）和对象名称服务（Object Name Service，ONS）标准。

---

① 译者注：逆向物流，与传统供应链反向，为价值恢复或处置合理而对原材料、中间库存、最终产品及相关信息从消费地到起始点的有效实际流动所进行的计划、管理和控制过程。

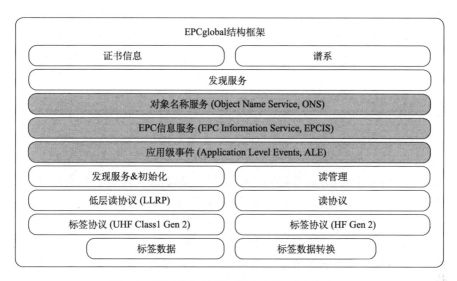

图 6.2 EPCglobal 结构框架 (EPCglobal 2009)

EPCIS 是一个定义贸易伙伴间数据共享接口的标准。其主要目的是使供应链参与者获得整个世界资产、商品和服务的运动、位置和配置的实时可见性。EPCIS 被用于跟踪单个物理对象，根据有关它们的信息进行收集、存储和应对。通过提供信息的标准接口，EPCIS 使合作伙伴能在整个供应链中无缝地查询信息。目前，信息服务发现只能在产品级实现，尚未适用于项目级。

对象名称服务定义了一个机制，根据这一机制，所有涉及电子产品码标识的权威元数据和服务均分布于网络中。它的功能是变换 EPC 存储，例如 RFID 标签可通过其相应的标识 URI[①] 编码到 URL[②]，以指向特定网络服务或其他信息资源。性能和安全问题促使 EPGglobal 制定新的"发现服务"（Meyer et al.，2009）。

2) Dialog

赫尔辛基大学研发的会话系统无需开发新的产品编码标准，便可解决项目级信息管理的现有问题。在 Dialog 方法（Kärkkäinen et al.，2003a）中，符号 ID@URI 用来表示产品标识，其中 ID 表示 URI 中的产品项。域名系统基础结构保证了 URL 的唯一性。如果 ID@URI 是全球唯一的，那么 ID 对于这个

———————————————

① 译者注：Web 上可用的每种资源——HTML 文档、图像、视频片段、程序等——由一个通用资源标志符（Uniform Resource Identifier，URI）进行定位。

② 译者注：统一资源定位符（Uniform Resource Locator，URL）也被称为网页地址，是因特网上标准的资源地址。

URI 而言就应该是唯一的。Dialog 产品编码的 URI 部分表示有形对象的"代理"位置，这一"代理"是运行在 URI 所指计算机上的后台服务。它为各种功能提供了接口，如位置更新功能，产品信息请求功能，维护信息请求功能等。每个接口都有其特点，涉及信息交换、数据安全限制、身份验证和授权等。可采用多种方法消除其安全顾虑，这些方法都是基于接口所提供的服务对 Dialog 系统本身及相关信息系统带来的"危险性"而设计的（Kärkkäinen et al.，2003b）。

3）全球文本信息

全球文本信息（World Wide Article Information，WWAI）方法起初是 Trackway 公司开发成果的一部分，现在则是 Elisa 的一部分，它提供了一种基于 XML① 的通信协议，用于实现产品相关信息的交换和检索。WWAI 遵循结构化 P2P 方法，利用哈希算法以确定一个特定对象（如一个产品）在网络中的数据布局，这使得数据节点的定位工作变得相当便捷。此外，对象 ID 可以通过指定订阅来自动获取对象的新信息。WWAI 的主要优点包括协议的实施以及实施方法的分散性。然而，WWAI 这一专有规范目前鲜有行业支持。此外，目前还不清楚这种方法如何解决 P2P 网络的关键问题，例如确保结果质量和检索响应时间，以及受对象 ID 约束的有限检索能力。

4）PROMISE 结构

PROMISE 结构侧重于嵌入信息设备的产品（Product Embedded Information Devices，PEIDs）。PEIDs（Jun et al.，2007）实现了一种理念，即把智能产品和组件作为嵌入式信息收集设备，通过 RFID 或即插即用（Universal Plug and Play，UPnP）等方式连接至传感器，而这种传感器能以无线的方式感知环境和自身状况。根据数据存储和处理的能力对 PEIDs 进行分类，如表 6.1 所示。除了 Böse 和 Windt（2007）给出的分类数据存储和处理，这些设备整合传感器的能力和网络连接选项也可用于区别 PEIDs 的不同类型。然而，所有 PEIDs 唯一的共同点是它们都包含一个全球唯一标识符。这满足整合智能对象信息的最基本要求。中间件使用一个基于标准化和 XML 的 PROMISE 消息接口（PROMISE Messaging Interface，PMI），PROMISE 信息通过基于这种中间件的消息和事件传递给后台系统（Främling et al.，2008）。

---

① 译者注：XML，可扩展标记语言，用于标记电子文件使其具有结构性的标记语言，可以用来标记数据、定义数据类型，是一种允许用户对自己的标记语言进行定义的源语言。

表 6.1 PEIDs 分类（根据 PROMISE 联盟 2008）

类型	识别	数据存储	传感器	数据处理	连接
0	√				Passive
1	√	√			Passive
2	√	√	(√)	+	Wireless
3	√	√	√	++	Wireless
4	√	√	√	+++	Always

PROMISE 消息接口（PMI）（Kärkkainen et al.，2003b）是基于 XML 的标准通信协议，用于将 PROMISE 结构中的节点连接起来。在语义对象模型的基础上对每个产品进行实例化，产生信息模型（Cassina et al.，2008）。这将问题转化为用一个半结构化的语义模型来定义与每个产品相关的信息项，同时定义 PMI 消息的结构和数据类型。它提供了用表示和通用的方法访问和管理具体产品项数据的功能，并指出了一个"请求响应对"的语法和语义。它的主要任务是表示 PROMISE 结构中来源于（或面向）PEIDs 和其他结点的项目级读写命令。信息项元素（InfoItem Element）是 PMI 的核心概念，代表了用于满足检索的信息有效载荷。信息项使用唯一标识符来寻址项，定义具体的项目数据类型及其应用方式。PMI 可为 PROMISE 结构中的各节点提供基于事件、消息和订阅的通信支持。

6.2.4 企业应用集成方法

为了实现物流领域中的 IT 技术愿景，还需要考虑企业应用集成方法。本节概述了相关领域的有效方法。首先，简要介绍传统数据集成方法，具体讨论紧耦合、松耦合和面向对象的方法；接着给出面向服务的结构；最后介绍语义调解。

1）传统数据集成方法

紧耦合方法可能会因为缺乏灵活性而被弃用，而松耦合和面向对象的方法也不能不经批判性分析就直接采用。面向对象的方法通常可以提供规避集成冲突的机制，然而，考虑这种方法时，必须考虑到用一个单一的规范模型描述整个数据模型会明显的限制它的灵活性和可扩展性。每当一个新的利益相关者或数据源进入物流系统，该模型就需要进行扩展。根据物流系统的动态性，这可能会、也可能不会成为这种方法不合格的因素。在具有任意程度自主控制的复杂物流系统中，数据源、利益相关者和系统的波动可能会被假定为高，数据集成的面向对象方法可能不太合适。松耦合方法要求每个异构数据源的详细信息能够成功使用。对于复杂的物流系统，需要进一步分析以确定是否可行。高灵活性要求的可能性不一定总是事先确定的，例如来自传感器网络的环境数据可能会被证明是驳斥这种方法的参数。

2）面向服务结构

当一个软件架构使用松耦合软件服务来提供功能时，就可以描述为是面向服务的（Stojanovic et al.，2004）。这里，逻辑并没有打包为单独的程序，而是通过许多独立服务进行分布。它们提供的这些服务的实际执行细节对消费者是完全透明的。面向服务结构（Service Oriented Architecture，SOA）最流行的实现方法是使用 Web 服务（Thoben et al.，2003），这使用了 XML 标准，简单对象访问协议（Simple Object Access Protocol，SOAP）（Gudgin et al.，2003）、Web服务定义语言（Web Service Definition Language，WSDL）（Christensen et al.，2001）以及统一描述、发现和集成（Universal Description Discovery and Integration，UDDI）（Clement et al.，2004）的结合。这些标准，结合超文本传输协议（Hypertext Transfer Protocol，HTTP），根据 SOA 提供了一种发现、标识、供应和消费服务的系统独立方法。但是，SOA 也可以只用其他方法建立，例如通用对象请求代理架构（Common Object Request Broker Architecture，COR-BA）、分布式组件对象模型（Distributed Component Object Model，DCOM）或企业 Java Beans（Blanke et al.，2004）。

3）语义调解器

除了数据集成的传统方法，很多主要的语义方法还有待考虑。这里，构成数据集成系统结构的主要概念是调解器（Ullman，1997；Wache et al.，2001；Wache，2003）。这种方法对需要集成的数据进行语法语义描述。语义调解器能提取有关底层数据源数据结构的知识，随后根据这种知识转化、分解和重构数据请求。调解器依赖于数据源的语义描述。在自主物流过程情况下，这意味着分布式异构源的相关物流信息和数据的全语义模型，有很多方法可以选择，如本体论。这里，需要广泛的研究来确定这种物流数据的语义描述对解决自主物流过程需求是否可行和适当。

6.3　问 题 分 析

接下来，本节集中考察如何促进分散数据存储来支持物联网满足物流过程控制。考察了结合服务接口和语义方法进行数据集成来解决数据集成问题的优点。

到目前为止本章提出的物流物联网，有助于实现这些标准，因而有助于提高物流过程的自主程度。首先，物联网显示出高度的数据处理分散性，要求"物"具有处理本地数据的能力。此外，希望"物"能彼此沟通以协调它们的决策。

目前，从物流物联网的角度讨论数据集成主要侧重于为物理智能对象个体间的信息交换提供便利。这样做的目的是从战略高度将操作层控制分离开来，以创造更多具有自主性、稳健性和灵活性的操作系统。然而，这并不总是最适合的解决方案。自主合作物流过程的研究表明，不同的自主控制应用产生不同的控制问题，针对智能物流对象的不同特点，以及底层数据处理、决策和集成策略的各种需求，导致了广泛的自主程度（Wind et al.，2008）。

6.3.1 物流系统集成目标

我们在 CRC637 自主合作物流过程的背景下对当前 IT 物流系统环境进行了一项市场研究，为自主合作物流的智能物流对象找出潜在的集成目标。这项研究覆盖了市场中用于配送、运输、零售和仓库物流的 122 个不同 IT 系统，侧重于通过系统接口功能收集信息找出该领域最重要的数据交换格式。此外，利用 ID 自动识别可实现数据库和 ERP 互操作性检查。

根据这项研究，最突出的接口是 EDIFACT[①]，EANCOM[②] 占 62%，其次是 SAP，占 54%，第三是 EANCOM XML，有近 39% 的系统使用，紧随其后的是 ebXML，近 36%。从整体来看，近 32% 的系统只使用定制的专用接口。

研究表明，大量不同的 IT 系统、数据模型和交换格式被用于支持物流过程。虽然 EANCOM、SAP 和 ebXML 占据了显著的市场份额，但仍有三分之一的系统使用专用接口。

6.3.2 集成智能物流对象

物流物联网的动态数据源是智能物流对象本身最重要的材料。智能物流对象的特征和 Meyer 等人在智能产品分类中的定义非常相似（Meyer et al.，2009）。此外，表 6.1 的 PEIDs 分类给出了实现智能嵌入式产品的各种技术和接口，这种分类是衡量这些设备数据集成需求的良好指标。接下来的各节内容基于分类方案而展开，具体讨论了识别智能物流对象，数据存储、连通性问题和传感器。最后一节讨论了非实体物流对象。

1）识别智能物流对象

为了做出有关自主物流系统实体的决策，各个实体与它们的描述性数据间的映射是必要的。上节所述研究显示，现在物流系统最支持的自动识别技术是使用 EAN 和 EPC 编码方案的 RFID（65%），两种方案均显示出大约 60% 的支持率。另外，其他替代方法也不容忽视，包括 6.2 节讨论的方法，如 ID@URI/Dialog 和 WWAI。

2）数据存储和连接

各个实体和它们的描述数据之间的映射促进了 ID 自动识别技术，如上所述，通过标识符到数据的映射，后台系统中的数据就可以映射到智能物流对象上。原则上也可以应用到动态数据源的数据存储上。然而，动态数据源意味着复杂性的

---

① 译者注：EDIFACT，全称为《用于行政管理、商业和运输的电子数据互换》标准。

② 译者注：EANCOM，指商业流通领域电子数据交换规范。

增加、数据量限制以及其他硬件相关问题。此外，不同的实现间的差距也是个问题。从通过嵌入式系统的 RFID 到全面、集成的计算设备，如车载设备（On Board Units，OBUs），系统集成的范围是广泛的。有一些现存的方法能克服这些限制。RFID 中间件如 EPCglobal 结构框架，可以用来抽象 RFID 硬件。对于 PEIDs、PMI 标准可与 PROMISE development CorePAC① 结合使用，这是不同类型 PEIDs 的一个硬件抽象层。这一领域的其他方法包括 OSGi 组件部署，其中还有很多专有解决方法。

3）传感器与驱动器

传感器可为自主合作物流过程提供帮助，例如监控货物状态。传感器和传感器网络方面的集成问题类似上面的数据存储——可以简单地将传感器看做动态数据源的一个特殊类型。前面讨论的方法，如 PMI 和 OSGi，已经存在许多传感器的描述和通信标准。其中最重要的是开放地理空间联盟（Open Geospatial Consortium，OGC）的传感器建模语言（SensorML）。传感器建模语言为描述传感器和测量过程提供了标准模型和 XML 编码。

驱动器与自主合作物流过程领域有关，其中具有自主决策能力的智能物流对象可直接对现实物流环境做出反应。这类智能物流对象的例子包括自主叉车（Schuldt et al.，2008）或智能生产机器（de Souza et al.，2008）。除了特定的数据交换格式，很多研究更关注现存驱动的接口标准化，其中，最重要的是 OPC、ASAM-GDI 和 SAP。OPC 统一架构（OPC Unified Architecture，OPC UA）包含一个自动化集成技术（包括执行器）的综合框架。与前面的标准 OPC 数据访问（OPC Data Access，OPC DA）相比，统一构架使用面向服务的方法，而不是微软分布式组件对象模型（Microsoft Distributed Component Object Model，DCOM）接口。由自动化和测量系统标准化协会（Association for Standardisation of Automation and Measurement Systems，ASAM）、网络 API 相关开放式机器人资源接口（Open Robot Resource Interface for the Network，ORiN）提出的标准通用设备接口（General Device Interface，GDI）旨在为独立访问设备（如驱动器）提供平台和框架，已经被选进 ISO 标准 20242 关于工业自动化系统与集成的部分（International Organization for Standardization，2009c）。最后，SAP 驱动的 SOCRADES 致力于为制造资源建立一个面向服务的集成结构（de Souza et al.，2008）。

4）非实体物流对象

除了这里定义的类别，还需要考虑非实体物流对象。其实，这只是一个正式修订案——非实体物流对象可视为位于网络中的智能产品，但是没有一个物理的

---

① 译者注：PROMISE develpment CorePAC 指一种硬件平台。

表现形式。不需要依靠专门的实现，非实体物流对象可以使用现存标准来处理。例如，可以通过使用 EDIFACT EANCOM 标准数据交换格式的相关消息将订单、发票和对象涉及的其他数据接入系统。此外，如 Hribernik（2009）等指出，非实体物流对象可能被参与的利益相关者用 EPCIS 事件的 URI 来定义。采购订单可能通过交易 ID（Business Transaction ID）映射到物理实体，而交易 ID 可能指向了一个描述交易的 URI。

6.3.3　数据集成需求总结

表 6.2 总结了上节的内容，列出了自主合作物流过程的主要集成目标。四类集成目标之间是有区别的。

（1）物流 IT 系统，描述物流中的 IT 系统，例如 ERP、WMS、配置方式以及其他物流中使用的"传统"企业系统。

（2）智能实体物流对象——这涉及实体性智能物流对象，显示了 PEIDs 分类方法的特点。

（3）数字副本——是置于对象中还是网络中，关系到智能物流对象的决策组件。

（4）传感器和驱动器——涉及传感器、传感器网络和驱动器，不属于前面的类别。

没有为非实体物流对象或智能环境定义特定的范畴。如果前者是"智能的"，它仅仅是一个没有物理组件的数字副本。因此，"数字副本"类就足够了。只要是物流对象存在的地方，例如 ERP 系统的一个订单，仅需要考虑底层物流 IT 系统。

对于后者，智能物流对象不仅包括商品，也包括物流资源，如机械、车辆、交通节点等。因此，"智能环境"的数据源，像普适计算和智慧环境提供的那样，都是其中简单具体的例子，无需区别对待。例如装有传感器网络的仓库或装有车载装置的卡车。显然，类别之间有一些重叠，特别是"智能实体物流对象"和"数字副本"之间，取决于决策和信息处理的执行选择。例如在 OSGi 组件上安装软件代理。然而，这些灰色地带并不影响识别数据集成需求的目标。

对于物流 IT 系统，最突出的目标是 EDIFACT EANCOM 和 SAP RFC。然而，超过 30％的专用接口系统是不容忽视的。因此，数据集成方法必须能够处理半结构化、标准数据交换格式和功能接口，能灵活应对任意专用接口。

为了集成智能实体物流对象，RFID 中间件标准如 EPCglobal 框架结构，特别是 EPCIS，是强制性的。此外，为集成 PEIDs 和其他嵌入式设备提供新兴标准接口是很必要的。PMI 现在为此提供了最全面的结构化方法。

表 6.2 自动合作物流过程的主要集成目标

集成目标	类别	接口/标准	接口类型	重要性
物流 IT 系统	常规	EDIFACT EANCOM	半结构化文本	●●●●●
		EANCOM XML	半结构化文本	●●●
		ebXML	半结构化文本	●●●
	SAP compliant	SAP RFC （远程函数调用）	ABAP 功能 接口（专用）	●●●●●
	其他	专用定制	Misc. 专用接口	●●●
智能物流对象	EPC 兼容	EPCIS	半结构化文本、 服务绑定	●●●●●
	ID@URI 兼容	Dialog	服务	●●●
	PEIDs	PMI	半结构化文本、 服务绑定	●●●●
	基于 OSGi	OSGi	服务	●●●
	其他	专用定制	Misc. 专用接口	●●●
数字副本	基于多代理 （例 JADE、PlaSMa、 Dialog）	ACL（代理 交流语言）	代理语言、本体	●●●●
		代理	服务	●●●
		Dialog 代理	服务	●●●
		EDIFACT EANCOM	半结构化文本	●●
传感器 & 驱动器	基于 Java	OSGi	服务	●●●
	OGC 适应	SensorML	半结构化文本	●●●
	PEIDs	PMI	半结构化文本、 服务绑定	●●●●
	其他传感器	专用定制格式	主要半结构化文本	●●●●●
	OPC	OPC DA	MS DCOM	●●●
		OPC XML DA	MS DCOM、半结构 化文本、服务绑定	●●●
		OPC AU	服务	●●●●●
	常规	GDI	远程进程调用、 GDI 数据类型	●●●

续表

集成目标	类别	接口/标准	接口类型	重要性
传感器 & 驱动器		ORiN API	服务、DCOM、半结构化文本	●●●●
	工业中的智能嵌入式设备	SOCRADES	服务	●●●
	其他驱动器	专用定制格式	Misc. 专用接口	●●

软件代理技术在数字副本领域中占主导地位。PlaSMa 平台致力于支持自主合作物流过程，因此，具有最高优先级。其他方法有利于服务接口。通过 EANCOM 进行代理通信的可能性增加了对支持 EANCOM 的需要，但是目前还不普遍。

目前，传感器和传感器网络的集成主要是由逐案（case by case）形式来决定的，大多数接口使用专用方式。然而，新兴标准如 PMI 或 SensorML 的重要性正在提升，不容忽视。因此，数据集成方法对传感器数据源需要高度的灵活性。对于执行器，一个充满希望的贡献可以从 OPC 提出的统一架构标准（the Unified Architecture Standards）中发现。数据集成方法需要考虑 ISO 20242 和工厂自动化措施的标准，如 SOCDRADES。

6.4　方法概念——面向服务、基于本体的调解器

本节概述了自主合作物流过程物联网中数据集成的方法概念。这些概念描述了数据集成的面向服务、基于本体的方法，满足前面章节提出的需求。概念中包括两个主要的方法部件——一是基于本体的调解器，二是服务接口层，用来定义调解器的逻辑视图。这两个部分将在接下来几节中进行描述。

6.4.1　基于本体的调解器

方法概念的核心是基于本体的调解器（Ullman，1997；Wache et al.，2001；Wache，2003），它能够合成对相关物流数据源任意组合的查询，并通过语义调解实现。每个数据源都能用一个本体进行充分的语法语义描述，这个本体可以通过调解器映射到其他本体上。包装组件以一种基于规则的模式来处理数据源到数据源的变换。

图 6.3 给出的系统构架使用语义调解器的传统模式——除了实际的调解器组件拥有自主合作物流过程的本体，每个包装组件还包含扩展主体，使它们负责的数据源充分正规化以作为语义描述。异构冲突可根据冲突的类型，通过调解器组件本身或各自的包装解决。

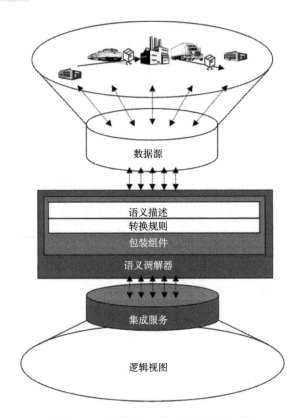

图 6.3　面向服务、基于本体的调解器

　　以下各节在方法概念原型化实现的基础上，更加详细地描述了基于本体的调解器的组成部分。

　　1）数据源的语义描述

　　Web 本体语言（Web Ontology Language，OWL-DL）（Smith et al.，2004）用于规范本体，描述了数据交换的格式，选择 OWL-DL 的三个原因。首先，它用于多主体系统，用来描述自主控制物流的定义。其次，它可以充分表达覆盖以下两者的语义描述：物流运输中使用的标准交换格式和自主物流过程的总体概念。最后，很多 Java 库和推理机制随时可为 OWL-DL 所用，这将显著加快原型化实施的发展。

　　通过实现物流 IT 系统主要接口和表 6.2 中的智能物质物流对象的语义描述和变换规则，就可以访问大部分相关数据源。作为概念证明，这里原型化地实现了 EDIFACT EANCOM 和 EPCIS 格式的包装。额外标准和专有数据源可以通过增加带有相关语义描述的新包装和一系列转换规则来集成，使得这一概念具有更大的扩展性。这种方法使服务消费者很容易地将所需要的服务集成到自己的物流

IT 环境中，例如，利用精简客户端访问云端服务的基于 Web 的 GUI。

　　2）包装中的数据转换

　　包装检索各个数据源并通过内部格式进行转换，以便处理异构数据源或各种格式的数据。转换在包装内部进行，对实际调解器组件可见。这使得能够对数据源进行完整抽象。包装里的转换是基于规则的。第一个描述和执行了这些内容的原型化实现使用了商业规则管理系统"Drools"（Business Logic Integration Platform）（Drools Community，2009）。使用 Drools 能够更加迅速灵敏地修改各个数据源。然而，这个方法在实践中速度慢且不准确。专用、通用的算术方法按存储在 XML 文件中的转换规则进行规定和实现。只有当规则文件需要更新时才进行更改。这样可以避免修改包装源代码之后的重新编译和部署。

　　3）内部查询接口

　　系统的查询接口使用查询语言 SPARQL（Prud′hommeaux et al.，2008），它是专门为查询本体开发的，为语义调解器的查询提供了充足的基础。然而，SPARQL 只提供了查询系统的可能，并不能写入它。可是，单独的 SPARQL 不能满足需求，因为代理代表自主对象也需要创建消息和数据。为了扩展功能以支持双向查询，"SPARQL Update"语言被用于扩展 SPARQL 查询语言。这允许对具有类似 SPARQL 语法的本体进行编辑。两种语言的结合被指定和原型化实施以作为语义调解器的查询语言。

　　4）动态数据源的硬件抽象

　　前面提出的概念同样有利于物流过程中使用的动态数据源的直接集成，如RFID、传感器、传感器网络和其他集成在物理物流对象中的系统。通过对这些数据源的物理接口抽象，语义调解器方法可以用几乎相同的方法应用于静态数据源。抽象层需要能够提供可靠地接口，无论何时都能对动态数据源进行物理访问，负责对各个数据源进行缓冲、过滤和路由。它可能包含一些元素如 FOS-STRAK（Floerkemeie et al.，2007），针对 EPC-compliant RFID 的 HAL，针对PEIDs（Jun et al.，2007）的 PMI（Främling et al.，2008）或针对传感器组件的OSGi（Ahn et al.，2006）。

　　5）与现存本体的互操作

　　本体的使用是所有语义调解器成功的关键。它必须反映应用领域的所有特点，同时尽可能简单、易于理解。许多现存的本体被纳入考虑范围来为给定物流运输方案中的实体进行语义描述，如 Terzi（2005）、Tursi（2009）和 Lee（2009）等示例的产品生命周期和数据管理领域的应用。然而，这些都没有在包含标准物流数据交换格式的同时真正地反映自主物流过程的语法和语义。因此，首先要设计基于多代理系统应用场景和顶层本体的新本体，描述自主物流过程的基本概念。将额外的本体纳入系统中进行扩展。一个特别有趣的选择是用 PROMISE 语义对象模型调整本体，能反映项目级信息管理的许多方面，尽管是在产品生命周期管理领域。

6.4.2 服务接口层的逻辑视图

服务层的目的是作为语义调解器的外部查询层。这种设计是由三个相互关联的原因决定的。第一，也是决定性原因，面向服务接口层存在的原因在于，它能有效地实现语义调解器对异构、分布式数据的逻辑视图的访问。在这种情况下，逻辑视图是一个数据模型，其中包含子集，甚至实体，并且提供了语义调解，还可以被转化。简单来说，语义调解预处理将查询到的数据变成了接收器要求的数据模型。这种逻辑视图的实现目标是语义调解尽可能对语义调解服务的使用者透明。

基于调解数据的逻辑视图可以有效地采用面向服务的架构进行设计。这也带来了一个面向过程的、模型驱动的方法，以促进他们设计的独特优势。图 6.4 勾画出的过程，可用于设计具体自主合作物流的逻辑视图。第一步是对自主合作过程建模，例如使用 EPK。从模型角度，工作流模型可以得出一个语言促进模型驱动的设计，如业务流程建模符号（Business Process Modelling Notation，BPMN）。基于这一模型，可以使用如 UML 序列图，将数据需求确定下来。工作流模型和数据需求可用于产生逻辑视图，可参照 UML 类图。在接下来的步骤中，满足数据要求的服务可能被指定。随后，服务被实现并映射到调解查询中，在这个例子中，就是 SPARQL 查询。在定义的逻辑视图的基础上，可以进行服务组合的设计，例如，业务流程执行语言（Business Process Execution Language，BPEL），这可以被映射到工作流模型。这个映射由定义的逻辑视图来确定。

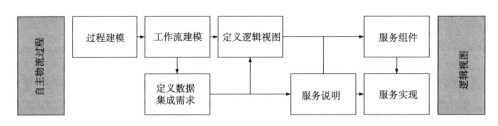

图 6.4 定义逻辑视图和相应服务组成的方法

设计服务接口的第二个原因是，大多数的集成目标定义了数据服务接口。尤其是最相关的服务绑定，如 EPCIS 和 PMI。此外，本地服务接口对调解器还有几个好处。好处之一是，支持这些服务接口的系统能够本地访问所有调解器集成的数据源。在具体应用领域他们继承了语义调解自主合作的物流过程中的所有优点。这样的服务接口可以被设计为逻辑视图，如上所述，使用这一机制，调解器能够提供在数据子集上 EPCIS 事件的逻辑视图。

最后，在自主合作物流过程的 IT 环境中，定义内部 SPARQL 查询层作为外部接口，可以有效地创建一个"专有数据源"。

6.5　结　　论

本章在不同类型的智能物流对象和相关物流 IT 系统的基础上，讨论了如何根据需求建立一个适当的方法来为支持自主合作物流的物联网进行数据集成。这些需求表明，为了成功地提供智能物流对象所需要的数据，需要不同程度的自主控制，解决多目标数据集成的问题。为了在支持自主合作的物流过程中集成 IT 系统，最具体的数据交换格式是 EDIFACT EANCOM、ebXML，包括 SAP RFC。然而，由于几乎三分之一的物流系统不符合标准接口这一事实，数据整合需要足够灵活，才能够有效地满足任意专有的接口。

这些企业系统除了接口之外，还需要适当的数据集成机制来满足动态数据源——最重要的实体和非实体的智能物流对象以及传感器的集成。在这里，需要引入大量不同的半结构化和基于服务的接口定义。此外，硬件平台数据源的抽象也是需要进一步解决的问题。

面向服务、基于本体的调解器是满足集成需求的一种方法。在处理集成问题上，基于本体的调解带来了很多优势。首先，异构数据源不需要被涉及。通过转换规则定义语义描述包装组件，数据源能够被灵活地集成。使用硬件抽象的智能物流对象和传感器组件可以保证获得动态数据源。现有的硬件抽象中间件接口，如 PROMISE 和 EPCglobal 也被集成。最后，服务接口层为调解服务的消费者提供了逻辑视图。利用这些面向服务的架构优势，根据模型驱动方法，逻辑视图可为各个消费者实现。逻辑视图可以在自主协作物流过程的基础上进行设计，包括涉及的 IT 系统和智能物流对象。

典型应用方案原型的实现已经证明语义数据集成到一个物联网领域中的自主合作物流过程（Hribernik et al.，2009）是可行的。在这些情况下，语义调解被证明能够实现双向数据集成。然而，一些问题仍然有待解决。最重要的是更好的传感器和传感器网络数据集成方法。在这里，工作的重点将是定义一个更全面的硬件抽象层，以便实现动态数据源和传感器的集成需求。

未来的研究将侧重于挖掘用本体来语义地描述数据源的潜力。为了使基于本体的调解器对自主合作过程和 IT 环境的变化灵活地做出反应，可以使用本体学习的方法来自动化数据源描述的手工处理。

致　谢

本研究作为 Collaborative Research Centre 637 "自主合作物流过程" 的一部分，得到了 DFG（German Research Foundation）的支持。

参 考 文 献

Aberle G（2003）Transportwirtschaft：einzelwirtschaftliche und gesamtwirtschaftliche Grundla gen，4th edn. Oldenbourg，Munich

Ahn H，Oh H and Sung CO（2006）Towards Reliable OSGi Framework and Applications. SAC '06：Proceedings of the 2006 ACM symposium on Applied computing ACM，New York

Berning M，Vastag S（2007）Simulation selbststeuernder Transportnetze. In：Bullinger H-J，ten Hompel M（ed）Internet der Dinge. Springer，Berlin

Blanke K，Krafzig D，Slama D（2004）Enterprise SOA：Service Oriented Architecture Best Practices. Prentice Hall International

Bose F，Windt K（2007）Catalogue of Criteria for Autonomous Control in Logistics. In：Hülsmann M.，Windt K.（eds）Understanding Autonomous Cooperation and Control in Logistics-The Impact on Management，Information and Communication and Material Flow. Springer，Berlin Brand L，Hülser T，Grimm，V，Zweck A（2009）Internet der Dinge-Perspektiven für die Logisitk. Zukünftige Technologien Consulting

Cassina J，Taisch M，Potter D，Parlikad AKN（2008）Development of PROMISE architecture and PDKM semantic object model. 14th International Conference on Concurrent Enterprising，June 2008，Lisbon

Christensen El，Curbera F，Meredith G，Weerawarana S（2001）Web Services Description Language（WSDL）1.1. W3C Recommendation，World Wide Web Consortium. http：//www. w3. org/TR/wsdl. html. Accessed 06 September 2010

Clement L，Hatley A，von Riegen C，Rogers T（eds）（2004）UDDI Version 3. 0. 2. http：//uddi. org/pubs/uddi_v3. htm，OASIS Open. Accessed 06 September 2010

Cole PH，Engels DW（2002）Auto ID-21st Century Supply Chain Technology. Proceedings of AEEMA Cleaner Greener Smarter conference，October 2002

de Souza LMS，Spiess P，Kohler M，Guinard D，Karnouskos S，Savio D（2008）SOCRADES：A Web Service based Shop Floor Integration Infrastructure. Springer.

Do H-H，Anke J，Hackenbroich G（2006）Architecture Evaluation for Distributed Auto-ID Systems. Proceedings of the 17th International Conference on Database and Expert Systems Applications

Drools Community（2009）Drools Introduction and General User Guide 5. 0. 1 Final. JBoss Enterprise. http：//downloads. jboss. com/drools/docs/5. 0. 1. 26597. FINAL/droolsintroduction/html_single/index. html. Accessed 07 December 2009

Ducatel K，Bogdanowicz M，Scapolo F，Leijten J，Burgelman J-C（2001）Scenarios for Ambient Intelligence in 2010. European Commission，Technical Report

Ehnert I，Arndt L，Mueller-Christ G（2006）A sustainable management framework for dilemma and boundaries in autonomous cooperating transport logistics processes. Int J Environ Sustainable Dev 5：355-

371. doi: 10. 1504/IJESD. 2006.011555

EPCglobal Inc. (2007) EPCIS (Electronic Product Code Information Service). Frequently Asked Questions. EPC-global Inc. , Lawrenceville

EPCglobal Inc. (2009) The EPCglobal Architecture Framework, 1.3, Standard Specification. EPCGlobal Inc

Floerkemeier C, Lampe M, Roduner C (2007) Facilitating RFID Development with the Accada Prototyping Platform. In: PerCom 2007. IEEE Computer Society, White Plains

Framling K, Ala-Risku T, Karkkainen M, Holmstrom J (2006) Agent-Based Model for Managing Composite Product Information. Comput Ind 57: 72-81

Framling K, Nyman J (2008) Information architecture for intelligent products in the internet of things. In: Autere V, Bask A, Kovács G, Spens K, Tanskanen K (eds) Beyond Business Logistics. Proceedings of 20th NOFOMA logistic conference, Helsinki

GaSner K, Bovenschulte M (2009) Internet der Dinge-Technologien im Anwendungsfeld RFID/Logistik. In: Botthof A, Bovenschulte M (eds) Das Internet der Dinge. Die Informatisierung der Arbeitswelt und des Alltags-Erlauterung einer neuen Basistechnologie. HansBockler-Stiftung, Düsseldorf

Gudgin M, Hadley M, Mendelsohn N, Moreau J-J, Nielsen HF (2003) SOAP Version 1. 2 Part 1: Messaging Framework, W3C Recommendation, World Wide Web Consortium. http://www. w3. org/TR/soap12-part1/. Accessed 06 September 2010

Gupta SKS, Lee W-C, Purakayastha A, Srimani PK (2001) An Overview of Pervasive Computing. IEEE Pers Commun Mag 8: 8-9

Hannus M (1996) Islands of automation in construction. In: Žiga Turk (ed) Construction on the information highway. CIB publication, University of Ljubljana

Hans C, Hribernik KA, Thoben K-D (2008) An Approach for the Integration of Data within Complex Logistics Systems. In: Haasis HD, Kreowski H-J, Scholz-Reiter B (eds) Dynamics in Logistics. First International Conference LDIC 2007 Proceedings. Springer, Heidelberg Hong-Bae J, Kiritsis D, Xirouchakis P (2007) Research Issues on Closed-loop PLM. Comp in Ind 58: 855-868. doi: 10.1016/j. compind. 2007. 04. 001

Hribernik KA, Hans C, Thoben K-D (2009) The Application of the EPCglobal Framework Arndchitecture to Autonomous Control in Logistics. Proceedings of the 2 International Conference on Dynamics in Logistics. Springer, Berlin, Heidelberg

Hülsmann M, Windt K, Wycisk C, Philipp T, Grapp J, Bose F (2006) Identification, Evaluation and Measuring of Autonomous Cooperation in Supply Networks and other Logistic Systems. In: Baltacioglu T (ed) Proceedings of the 4th International Logistics and Supply Chain Congress, Izmir, Turkey

International Organization for Standardization (2009a) ISO/DIS 10303-239: 2005: Industrial automation systems and integration-Product data representation and exchange-Part 239: Application protocol: Product life cycle support. International Organization for Standardization, Geneva, Switzerland

International Organization for Standardization (2009b) Industrial automation systems and integration-Integration of life-cycle data for process plants including oil and gas production facilities-Part 2: Data model. International Organization for Standardization, Geneva, Switzerland

International Organization for Standardization (2009c) ISO/DIS ISO 20242-1: 2005: Industrial automation systems and integration-Service interface for testing applications-Part 1: Overview. International Organization for Standardization, Geneva, Switzerland

Jedermann R，Antunez LJ，Lang W，Lorenz M，Gehrke JD，Herzog O (2008) Dynamic Decision making on Embedded Platforms in Transport Logistics. In：Haasis HD，Kreowski HJ，Scholz-Reiter B (eds) Dynamics in Logistics. First International Conference LDIC 2007. Springer，Berlin Heidelberg Lee J，Chae H，Kim C-H，Kim K (2009). Design of product ontology architecture for collaborative enterprises. Expert Syst App 36：2300-2309. doi：10.1016/j. eswa. 2007. 12. 042

Jun H-B，Shin J-H，Kiritsis D，Xirouchakis P (2007) System architecture for closed-loop PLM. Int J Comput Integr Manuf 20：684-698. doi：10.1080/09511920701566624

Karkkainen M，Framling K，Ala-Risku T (2003a) The product centric approach：a solution to supply network information management problems? Comput Ind 52：147-159. doi：10.1016/S0166-3615(03)00086-1

Karkkainen M，Holmstrom J，Framling K，Artto K (2003b) Intelligent products-a step towards a more effective project delivery chain. Comput Ind 50：141-151. doi：10.1016/S0166-3615(02)00116-1

Karkkainen M，Ala-Risku T，Framling K (2004) Efficient tracking for short-term multi-company networks. Int J Phys Distrib Logist Manag 34：545-564. doi：10.1108/09600030410552249

McFarlane D，Sarma S，Chirn JL，Wong CY，Ashton K (2003) Auto ID systems and intelligent manufacturing control. Eng Appl Artif Intell 16：365-376. doi：10.1016/S0952-1976(03)00077-0

Meyer GG，Framling K，Holmstrom J (2009) Intelligent Products：A Survey. Comput Ind 60：137-148. doi：10.1016/j. compind. 2008. 12. 005

Prud'hommeaux E，Seaborne A (2008) SPARQL Query Language for RDF. http://www. w3. org/TR/rdf-sparql-query/. Accessed 15 July 2009

Seaborne A，Manjunath G，Bizer C，Breslin J，Das S，Harris S，et al.，(2008). SPARQL Update. A language for updating RDF graphs. http://www. w3. org/Submission/SPARQL-Update/. Accessed 28 July 2009

Schnatmeyer M，Schumacher J，Thoben K-D (2005) EOL Information Management for Tracking and Tracing of Products. 18th International Conference on Production Research (ICPR-18) Proceedings. Salerno

Schnatmeyer M (2008) RFID-basierte Nachverfolgung logistischer Einheiten in der Kreislaufwirtschaft. PhD Thesis，University of Bremen

Scholz-Reiter B，Windt K，Freitag M (2004) Autonomous logistic processes：New demands and first approaches. In：Monostori L (ed) Proc. 37th CIRP International Seminar on Manufacturing Systems. Hungarian Academy of Science，Budapest

Scholz-Reiter B，Kolditz J，Hildebrandt T (2007) Specifying adaptive business processes within the production logistics domain-a new modelling concept and its challenges. In：Hülsmann M，Windt K (eds) Understanding Autonomous Cooperation & Control in Logistics-The Impact on Management，Information and Communication and Material Flow. Springer，Berlin

Schuldt A，Gottfried B (2008) Selbststeuerung in der Intralogistik：Kognitive raumliche Repräsentationen für autonome Fahrzeuge. Ind Manag 24：41-44

Schuldt A，Hribernik KA，Gehrke JD，Thoben K-D，Herzog O (2010) Cloud Computing for Autonomous Control in Logistics. 40th Annual Conference of the German Society for Computer Science. Gesellschaft für Informatik

Smith MK，Welty C，McGuinness DL (2004) OWL Web Ontology Language Guide. http://www. w 3. org/TR/owl-guide/. Accessed 15 July 2009

Soon TJ，Ishii S-I (2007) EPCIS and Its Applications. Synthesis Journal，109-124. Information Technology Standards Committee. IDA Singaport & SPRING Singapore. http://www. itsc. org. sg/pdf/synthe-sis07/Five_EPCIS. pdf. Accessed 06 September 2010

Staake T，Thiesse F，Fleisch E (2005) Extending the EPC network: the potential of RFID in anticounter-feiting，Proceedings of the 2005 ACM symposium on Applied computing. Santa Fe

Stojanovic ZA，Dahanayake NW，Sol HG (2004) Modeling and Design of Service-Oriented Architecture. Proceedings of the 2004 IEEE International Conference on Systems，Man and Cybernetics: Impacts of Emergence Cybernetics and Human-Machine Systems. IEEE Computer

Societyten Hompel M (2005) Das Internet der Dinge: Status，Perspektive，Aspekte der aktuellen RFID-En-twicklung. Dortmunder Gesprache 2005. Fraunhofer Symposium RFID，Dortmund

Terzi S (2005). Elements of Product Lifecycle Management: Definitions，Open Issues and Reference Mod-els. PhD Thesis，University Henri Poincaré Nancy 1 and Politecnico di Milano The PROMISE Consor-tium (2008) PROMISE Architecture Series Volume 1: Architecture Overview. Finland: Promise Inno-vation Oy

Thoben K-D，Hribernik KA，Kirisci P，Eschenbacher J (2003) Web Services to support Collaborative Busi-ness in Manufacturing Networks. In: Weber F，Pawar K S，Thoben K-D (eds) Enterprise Engineering in the Networked Economy. Proceedings of the 9th. International Conference on Concurrent Enterpris-ing，Espoo

Timm IJ (2006) Strategic Management of Autonomous Software Systems: Overview Article. Technical Re-port 35. University of Bremen，Centre for Computing and Communication Technologies (TZI)

Trautmann A (2007) Mulitagentensysteme im Internet der Dinge-Konzepte und Realisierung. In: Bullinger，H-J，ten Hompel M (eds) Internet der Dinge. Springer，Berlin

Tursi A (2009) Ontology-approach for product-driven interoperability of enterprise production systems. PhD Thesis，University Henri Poincaré Nancy 1 and Politecnico die Bari

Ullman JD (1997) Information integration using logical views. In: Afrati F N，Kolaitis P，(eds) Proceed-ings of the 6th International Conference on Database Theory (ICDT'97). Delphi，Greece

VDI/VDE Innovation + Technik GmbH (2008) Intelligente Logistiknetze mit RFID: Praxisnahe Informa-tionen für Hersteller，Anwender und Dienstleister. Bundesministerium für Wirtschaft und Technolo-gie，Berlin

Venta O (2007) Intelligent Products and Systems: Technology Theme-Final Report. VTT，Espoo Wache H (2003) Semantische Mediation für heterogene Informationsquellen. Akademische Verlagsgesellschaft Aka，Berlin

Wache H，Vogele T，Visser U，Stuckenschmidt H，Schuster G，Neumann H，Hübner S (2001) Ontolo-gy-Based Integration of Information-A Survey of Existing Approaches. In: IJCAI 2001WS on Ontologies and Information Sharing. Seattle

Weiser M (1991) The Computer for the Twenty-First Century. Sci Am 265: 94-104

Windt K，Philipp T，Bose F (2008) Complexity Cube for the Characterization of Complex Production Sys-tems. Int J Comp Integr Manuf 21: 195-200. doi:10. 1080/09511920701607725

Wong CY，McFarlane D，Zaharudin AA，Agarwal V (2002) The Intelligent Product Driven Supply Chain. Proceedings of IEEE International Conference on Systems，Man and Cybernetics. Hammamet，Tunisia

第 7 章　物联网中的资源管理：分类聚集、同步和软件代理

Tomás Sánchez López[1]，Alexandra Brintrup[2]，

Marc-André Isenberg[3]，Jeanette Mansfeld[3]

[1]剑桥大学，工程学院

[2]牛津大学，萨伊德商学院

[3]不来梅大学，生产和物流研究所

物联网中的物体可以嵌入智能设备，这些设备的有限资源需要进行有效地管理。可以想象，由这些设备组成的自组织网络①（Ad-Hoc network）与物联网相关基础设施的连接未必总是可用。本章引入分类聚集、软件代理和同步等技术，以应对物联网资源管理所面临的挑战。我们认为，分类聚集技术将有利于减少能源消耗、提高物体网络的可扩展性和稳健性。软件代理将有助于实现物体和物联网用户的任务自动化。最后，在物联网组件可能处于部分断开的情况下，需要使用同步技术来应对协调大量物体数据副本时所面临的各种挑战。

7.1　引　言

虽然物联网的概念及其功用的各种解释，在技术性和操作性等各个方面人们各有见解，但人们的普遍共识是物联网可使用户和物体实现无缝地、自动化地信息共享。在这个背景下，物联网有望成为下一代互联网的有机组成部分，其全球互联的对象正逐渐转向日常生活中的常见物体，这就从根本上扩展了基于互联网应用的范围。基于此，对数量日益增加的互联设备的管理、自治化程度的提升以及设备性能的相对有限，都给我们提出了许多的挑战，有待进一步研究。

本章将探讨一些技术性问题，这些问题是由于解决互联物体数量的增长所带来的。例如，有限的计算资源和能源，以及不可靠的无线信道等。此外，考虑到物联网架构的复杂度，建立普适的网络接入和实现重复的日常用户交互也是不现

---

① 译者注：Ad-Hoc 网络是一种没有有线基础设施支持的移动网络。在 Ad-Hoc 网络中，所有节点由移动主机构成。该类型网络最初应用于军事领域，实现在战场环境下分组无线网络数据的通信。

实的。在此范围内，我们将探讨三个相互关联的话题。首先，为了克服可扩展性、能效和稳健性的问题，物体需要聚集管理。其次，使用软件代理代表和管理物体及用户，将部分复杂度转移到体系架构上，并为用户和物体提供沟通的桥梁。最后，为适应间断或不稳定的网络连接环境并支持相关操作，采用物体知识的双向同步技术。

因此，本章通过将重点放在目前看来仅仅是抽象想法，而未来可能产生于物联网架构的实际问题和需求上，试图为物联网呈现具有实际意义的美好蓝图。

本章各节的安排如下：7.2 节从整个章节的角度审视物联网当前的研究现状以及相关的研究领域。7.3 节探讨互联物体的定义及其相关的一般性假设。7.4～7.6节探讨三个相互关联的主题，即分类聚集、软件代理和数据同步，并对它们在物联网中可能采取的方案进行阐述。最后，7.7 节总结目前已有的一些概念，并展望这些概念在未来物联网发展中的作用。

7.2　背景和相关工作

7.2.1　分类聚集

分类聚集技术是组织无线网络拓扑的一种常用方法，其中一些节点称为簇头，承担整个网络的通信任务。尽管无线传感网络①（Wireless Sensor Networks，WSN）和移动自组织网络②（Mobile Ad-Hoc NETworks，MANET）的研究目标不同，但智能计算设备的分类聚集已经在这些领域得到了广泛研究。移动自组织网络的主要目标是保证网络的可靠性和节点的可访问性。它通过建立一个没有中央节点的网格状网络来实现。每一个节点都与若干个节点相连，这样，从一个节点到另一个节点就有多条通信路径可供选择。由于实现了内部网络路由的功能，所有节点都拥有一张自己的路由表，可以当做路由使用。这将导致很高的节点活动频率，并引起相应的能源消耗。另一方面，无线传感网络的分类聚集方法更具层次化，它使用簇头作为分散的导向节点，一般用来实现星型和树型的拓扑结构。无线传感网络的目标是多样的，这些目标包括容错、负载平衡、能源消耗、增加连接以及降低分组延迟等。目前，这些目标已经有相应的解决方案。移动自组织网络主要处理动态环境中的物体，而无线传感网络主要用于聚集相对静止的节点。虽然，物联网自治物体簇的流动率预计比传统的无线传感网络

---

① 译者注：无线传感网络是由许多在空间中分布的自动装置组成的一种无线通信计算机网络，这些装置使用传感器协作地监控不同位置的物理或环境状况。

② 译者注：移动自组织网络是 Ad-Hoc 网络的一种类型，Ad-Hoc 网络是一种自组织网络，分为固定节点和移动节点两种。移动自组织网络特指节点具有移动性的 Ad-Hoc 网络。

和移动自组织网络高，但是对无线传感网络和移动自组织网络中分类聚集技术的研究，为寻找高效节能的自治物体分类聚集技术奠定了坚实的基础。为了更好地理解物联网物体分类聚集的需求与挑战，下面简要叙述无线传感网络和移动自组织网络的相关知识。

首先，比较一下无线自组织网络的分类聚集协议。这些协议的共同点是都考虑了移动性和能源效率。下面列出了一些需要比较的属性。需要注意的是，这个对比并没有列出全部的属性，而仅仅是我们认为最重要的方面。需要比较的属性如下所示。

（1）类型。协议是专门为无线传感网络设计的，也是为更一般的移动自组织网络而设计的。

（2）变化可控的簇头任期。簇头的任期可以是周期性的，也可以是非周期性的。非周期性的任期可以使协议更具灵活性，因为它们可以更好地管理簇头用到的额外资源。我们只考虑那些可以有效控制的非周期性的任期，并列出用于计算簇头任期的变量。

（3）依据节点状态的簇头选择。是否按照节点的自身状态来选择簇头，同时也列出状态的类型。根据节点的状态来选择簇头是一种非常好的策略，因为它可以提供做决策所需的第一手信息。

（4）同步。在选择簇头或进行簇内操作时，节点是否需要同步。网络节点间的同步代价昂贵，我们必须尽可能避免这种同步。

（5）全局簇信息。簇节点是否需要存储所有簇成员的信息，以执行簇头选择或其他操作。全局信息意味着网络节点数量的可扩展性很差。

（6）多跳路由。有时分类聚集协议会发展出一种路由机制，允许在网络节点间交换信息。多跳路由机制有利于网络，因为它们允许两个不直接相连的节点间发送通信包。

（7）簇头选择的复杂度。对选择一个新簇头的复杂度的估计。一般来说，复杂度越低，算法的效率将越高。

表7.1对分类聚集协议的上述性质进行了比较。可以发现有五种移动自组织网络的分类聚集协议明确地将节点能量作为簇头选择时考虑的因素之一。还有两种无线传感网络协议不仅考虑了能量，还考虑了移动性。对于移动性，我们不仅指节点可能在网络内部移动，同时新节点的加入和节点的移动及销毁也需要考虑。一小部分的相关研究表明，考虑簇头能源效率的移动自组织网络的分类聚集协议并不常见，同样，无线传感网络分类聚集协议也很少考虑移动性。根据协议类型的分布可以看出，后一种情况似乎比前者更加少见。

以上列出的所有协议在进行簇头选择时都会考虑节点的剩余能量，虽然其中一些协议还会考虑其他的一些因素。一般来说，控制簇头的任期是很少见的。仅有 MoCoSo 协议使用了可变的簇头任期，其任期是根据节点的剩余能量来计算的（Sánchez López et al.，2008）。同样，只有 MoCoSo、Onodera 以及 Miyazaki 协议不需要任何全局信息，却依然提供多跳路由的功能（Sánchez López et al.，2008；Onodera et al.，2008）。MoCoSo 协议集成了一种新的层次化路由机制，称为序列链。它使用节点的地址，沿着地址树进行路由，几乎不需要任何开销。尽管 Onodera 和 Miyazaki 也采用类似的技术，但是他们的协议并没有真正实现分类聚集机制，取而代之的是一种树的生成算法，其中双亲的选择和重新配置都是根据节点的剩余能量进行的。

表 7.1 考虑能量因素的移动自组织网络和移动无线传感网络分类聚集协议

协议	类型	簇头任期是否可变	考虑的因素	是否同步	是否有全局信息	是否支持多跳	复杂度
DMAC（Basagni，1999）	移动自组织网络	否	权重	否	是	否	$O(n)$
WCA（Chatterjee et al.，2002）	移动自组织网络	否	权重	是	是	否	$O(d+m+1)$*
LIDAR（Gavalas et al.，2006）	移动自组织网络	移动性	能量等	否	是	否	$O(n)$
ANDA（Chiasserini et al.，2004）	移动自组织网络	否	能量	是	是	否	$O(nxc)$**
Wu et al.，2001	移动自组织网络	否	能量等	否	否	是	$O(v+N[x])$***
Liu and Lin，2005	无线传感网络	否	能量	否	否	否	$O(n)$
Onodera & Miyazaki，2008	无线传感网络	否	能量	否	否	否	$O(n)$
MoCoSo（Sanchez Lopez et al.，2008）	无线传感网络	是	能量	否	否	是	$O(y)$****

* d：直接邻居的数量；m：和簇状态相关的消息数量；

** c：簇头的数量；

*** $N[x]$：节点 x 的邻居数量；v：网络节点总数；

**** y 是应答簇头选择信息的节点数量，其中 $y \leqslant n$。

接下来我们将比较无线传感网络中的另一些分类聚集协议，它们不支持移动性，但是在进行簇头选择时仍然考虑能源效率的因素。比较这些协议的原因是它们使用剩余能量作为簇头选择的一个变量，这代表了无线传感网络分类聚集技术的最新研究进展。同时，它们也是无线传感网络几乎不考虑移动性的例证。

表 7.2 对这些协议进行了比较，所比较的属性与表 7.1 类似。MoCoSo 协议满足高能效分类聚集协议所需的大部分要求（Sánchez López et al.，2008）。对比于其他所有的协议，MoCoSo 最大的优势在于放弃对全局簇信息的使用。例如，LEACH 协议以及所有由其衍生的协议，都需要同步它们与簇头的通信，这就需要预先知道所有的簇成员。EDAC 作为唯——种在簇头任期可变性方面可以与 MoCoSo 相比较的协议，需要在簇头存储和更新所有簇成员的剩余能量值，以便选择一个继承者。GESC 协议中的每一个节点都需要存储一张包含全部簇成员的图，以便选择簇头。最后，在 HEED 协议中，每当一个簇头选择被触发时，每一个传感器节点也需要存储一张"候选"簇头的列表。

表 7.2 无线传感网络协议的比较

协议	簇头任期是否可变	考虑因素	是否同步	是否包含全局信息	是否支持多跳	复杂度
LEACH（Heinzelman et al.，2002）	否	无	是	是	是	$O(n)$
(Liang & Yu，2005)	否	能量	是	是	是	$O(n)$
EECS（Ye et al.，2005）	否	概率＋能量	是	是	是	$O(n)$
EDAC（Wang et al.，2004）	能量	能量	是	是	是	$O(n)$
HEED（Younis & Fahmy，2004）	否	能量	否	是	否	$Nit \times O(n)^*$
GESC（Dimokas et al.，2007）	否	显著性	否	是	否	$O(n \times u)+O(n)^{**}$
MoCoSo（Sanchez Lopez et al.，2008）	能量	能量	否	否	是	$O(y)^{***}$

* Nit 是预定义的迭代次数；

** u 是由簇节点形成的图的边数；

*** y 是应答簇头选择信息的节点数量，$y \leqslant n$。

7.2.2 软件代理

基于代理的系统是一种不断发展的软件范式，它力图创建具备人类特征的软件，例如自治性、适应性、社会性、理智性、移动性和反应性。文献中普遍引用的计算代理的定义如下。

（1）智能代理是持续不断地执行以下功能的软件程序：感知环境中的动态条件；通过推理来解释感知的信息、解决问题、得出推论，并确定行为（Hayes-Roth，1995）。

（2）自治代理是存在于复杂动态环境的计算系统，它自主地感知环境并采取相应的行动来实现它们预设的一系列目标或任务（Maes，1995）。

从以上的定义可以知道，如果一个软件实体可以被称为代理，那么它必须具备以下属性。

（1）自治性，意味着代理可以无需外力的直接干预而自主运行，并控制它们的行为和内部状态。

（2）对环境当前状态的描述，使其感知自身所处的状态。在环境由其他代理构成的情况下，代理应该具有"社交能力"，即具有交互性的协议和语言。代理的"社交能力"可以是协作的、竞争的，甚至可能是对立的。

（3）反应性（基于反射的代理）和主动性（基于目标或效用的代理）。这意味着它们应该对环境的变化做出反应，并通过发挥主动性及制定规划以实现目标，展现它们以目标为导向的行为。

（4）代理行为如何影响其所处环境的知识，这是代理具备反应性和主动性所必需的。

代理也可以利用其性能反馈来学习如何改善自己的行为，并根据特定应用的需求来进行改进和自我复制。多年来，代理的设计一直是人工智能①研究中争论的焦点。Russell 和 Norvig 的论文（2003）对代理的设计做了很好的综述。

尽管在物联网中还没有进行代理集成的尝试，但是到目前为止，软件代理已经在以下两个方面极大地提高了核心物联网架构的能力。首先，以用户为中心的代理可以为用户提供自动化的查询，并且在遇到任何变化时，还能向用户提供明确的条目或线索作为提醒。如果需要的话，用户可以将监控任务交给用户代理，并定制发送给他们的提醒。其次，以产品为中心的代理可以将智能自治产品（即物体）的概念和物联网集成起来，并通过改善物联网为用户提供的服务，让智能产品的概念变得鲜活而生动。

迄今为止，我们已经看到了很多智能产品，其中智力水平最高的是用计算软件代理实现其目标的物体。智能产品更为正式的定义是由 Wong 等（2002）提出的，智能产品应是产品本身和以下基于信息的表示所进行的融合：①拥有唯一标识；②可以有效地与环境进行交流；③可以保留或存储自身的数据；④配置了一种可以展现其特征和需求的语言；⑤能够参与关乎自身命运的决策（Wong et al.，

---

① 译者注：人工智能（Artificial Intelligence）是研究、开发用于模拟、延伸和扩展人的智能的理论、方法、技术及应用系统的一门新的技术科学。

2002）。关于近期对智能产品定义的综述可以参考 Holmstöm 等（2009）的文献。尽管这个定义和我们对智能产品的预期已经有了很大的变化，但是，在过去的十年中出现了很多自治产品的例子，它们可以实现自我制造（Bussmann et al.，2001）和自我监控，并在必要时订购维护服务（Brintrup et al.，2010）。更原始的智能产品包含产品生命周期的其他部分，例如零售、服务以及回收，其中产品并没有自治性，但是用户可以结合感知的数据和决策支持软件来为产品做出决策。关于智能产品研究近况更详尽的介绍，参见 Brintrup 等（2008）的论文。

我们认为，智能产品研究的下一步工作是实现智能产品与物联网的互联，因为物联网提供了一个连接智能产品与其他产品及服务供应商的强大平台。使用物联网，产品可以更新自身状态，并将服务请求发送给它们的利益相关者。然后，智能产品将进入一种工作模式，在这种模式下，它们会不间断地自主寻找一系列的方法来延长自己的服务寿命，为它们的拥有者和生产者带来更高的效益。智能产品会优化自己的生产和配置，搜寻替换零件并找到相应的供应商并与之谈判。它们既可以最小化自己的碳足迹[①]，也可以推销自己，宣传新的服务并且提醒用户升级服务。必要时，智能产品还会和其他产品相配合，签订成批订单，并和其产品竞争以获得稀有的部件。最后，智能产品能够向生产商报告产品缺陷并且在寿终正寝时回收自己。为了实现这一愿景，在物联网的内部必须整合一个无缝化、可扩展、轻量级的软件代理。

7.2.3 数据同步

物联网被视为新一代的互联网，它将使越来越多的物体在全球范围内互相连接。因此可以预见，在这种环境下，产生和交换的数据量和信息量将会急剧增长。这些分布在物联网中的数据可以存储在物体内部或各种在线资源库中，还可能存在于相互连接或（部分）断开的网络环境中。为了保证物体信息在不同基础设施的一致性，需要在不同架构组件之间进行数据同步。由于物联网架构的复杂性和普遍性，这种同步将会是一项巨大的挑战，因此，有必要提供像数据访问和保持数据一致性这样的服务。

在完成物联网数据同步的需求分析之后，容易发现它和分布式数据库系统之间有很多相似之处。Bell 和 Grimson 把分布式数据库[②]描述成一个在逻辑上完整

---

① 译者注：碳排放量（Carbon Footprint），是指企业机构、活动、产品或个人通过交通运输、食品生产和消费以及各类生产过程等引起的温室气体排放的集合。它描述一个人的能源意识和行为对自然界产生的影响，号召人们从自我做起。

② 译者注：分布式数据库是用计算机网络将物理上分散的多个数据库单元连接起来组成的一个逻辑上统一的数据库。每个被连接起来的数据库单元称为站点或节点。分布式数据库由一个统一的数据库管理系统来进行管理，称为分布式数据库管理系统。

的共享数据集合，但在物理上却分布于若干个计算机节点上（Bell et al.，1992）。在物联网环境中，这些数据还会分布在自治及异构的物体上，这无疑又增加了系统的复杂性。在过去的三十年中人们对分布式数据库系统进行了大量的研究，我们认为这些研究成果将会为解决物联网的数据同步问题奠定良好的基础。在 Bell 和 Grimson 的文献中对分布式数据库的要求进行了概括：①数据处理；②查询优化；③并发控制；④异常恢复；⑤完整性和安全性。

Öszu 在其文献（1999）中又增加了两项要求：①事务管理；②复制协议。

为了在分布式数据库中支持高效、安全和一致的数据同步，就必须满足这些要求，这些要求也可以作为物联网数据同步的关键。

与旧的分布式数据库系统的设计方法相比，Bell 和 Grimson 提出使用中央实例（类似分布式数据库管理系统）来协调数据库的活动，这种新的方法使用没有具体主节点的移动代理。类似这样的代理支持分布式事务和安全任务（Assis Silva et al.，1997；Niemi et al.，2007；Krivokapic，1997）。Assis Silva 和 Krause 将基于代理的概念描述如下。

（1）非常适合支持大规模分布式环境中的事务处理。

（2）非常适合支持动态变化环境中的活动。

（3）为移动设备提供足够的支持。

（4）能够完成不同类型应用的协调任务。

考虑到数据本身，为了保证数据的一致性，其同步也涉及不同类型的信息。

（1）物体数据：描述一个物体的信息。

（2）安全数据：支持物体信息访问控制的信息。

（3）事件数据：关于物体的历史信息。

为了过滤同步的数据，我们需要关于物体信息的结构、语法和语义等方面的知识。现在已经存在多种提供这类知识的方法和标准。表7.3总结了这一领域相关研究的进展。这里并没有完整地描述所有的研究工作，而只是总结哪些可以用于支持异构的分布式环境的数据同步，例如物联网架构中的数据同步。

表 7.3 同步技术的相关研究工作

参考文献	描述	相关数据
Bonuccelli et al.，2007	时钟同步和全局时钟	事件数据
Cilia et al.，2004	用基于概念的方法来提供内容信息	语义
Grummt，2010	项目信息服务和发现服务的需求	所有的数据和语义
Canard et al.，2008	支持 RFID 认证的关键同步方案	安全数据
Ray et al. 2000	语义正确性模型	语义

由于物联网环境下的物体信息分布在不同的地点，所有信息资源之间的网络可用性便显得非常重要。Suzuki 和 Harrison（2006）展示了很多不同的场景，这些场景描述了在连接和断开的环境下可能会对 RFID 标签进行的操作，以及为更新管理标签数据的中央数据库需要执行的相关同步操作。同时，二人还提出了一个数据同步协议。而 Pátkai 和 MacFarlane（2006）也在论文中展示了数据同步场景的分类。

如上所述，常规的方法需要一个稳定的或至少部分接入的网络连接。而物联网的构想中包含分布式异构数据库、应用和服务，这些可能是永久连接的，也可能是部分相连的，甚至可能是永久断开的。所有这些组件都可能获取新的或者更新的物体信息，因此，需要研究一种新的方法来保证物联网数据的一致性。

7.3　假设和定义

物联网主张引入物体或事物作为信息生产者，由此来扩展大家熟知的互联网基础设施。为清晰起见，我们可以将这些物体称为生产型物件，其信息和状态与接入物联网的某些服务和应用相关，进而与使用这些服务的用户相关。为了实现最初的目的，某些生产型物件可能需要能源或者一定的计算或通信能力。日用电器和计算设备就属于这种情况。这些物体可能需要升级硬件和软件来实现对物联网基础设施的访问。而其他不需要任何形式的能源、计算或者通信能力的物体则不会产生任何信息。因此，有必要在这些物体中附加一些设备（最终将会是嵌入形式），使其能产生和物体利益相关的信息。这些设备的能力将会极大地影响这些物体在物联网中的参与度，如同升级电器与物联网的连接会在很大程度上影响物体的参与度一样。但在后面的讨论中，我们假设任何物联网物体的参与度都将至少基于以下这些能力。

（1）一个唯一的身份标识。

（2）感知和存储自身状态的能力。物体的自身状态是指物体通过解释附加在自身传感器的输出，获得的关于自身状况的信息。

（3）向外部实体提供其自身信息（可以是它的标识、状态或者其他的属性）的能力。

（4）和其他物体通信的能力。

（5）在关系到自身以及和其他物体交互时做出决策的能力。

在物联网中启用不需要任何能源、计算和通信能力的物体是非常具有挑战性的，因此在后续的章节中，我们将重点关注如何应对这些挑战。当然，这里给出的很多结论均适用于物联网中的任意物体。因此，我们假设代表物联网物体的设备具有无线通信能力。而本章将要讨论的所有协议也都假设附加在物体中作为其代表的设备已经具有无线通信能力。在无线网络的环境下，一个独立的计算代理通常被称为一个"节点"。因此，我们也将代表物联网物体的设备称为"节点"。

物联网架构需要一个连接所有架构组件的基础设施来支撑它。由于互联网是现今使用最广泛的全球计算机网络基础设施，因此物联网的基础设施将使用互联网来作为它的核心主干。上文提到的附加在物体中的设备需要以某种方式连接到基础设施上。有些人认为在物联网中，物体本身需要直接与互联网相连接。尽管 IETF（Internet Engineering Task Force）[①] 和其他一些全球性组织正在致力于开发类似于 6LoWPAN[②] 和 ROLL[③] 的嵌入式互联网协议栈，但是一个通用的物联网框架并不需要具备这种能力（Kushalnagar et al., 2007; Vasseur et al., 2010）。对于这一点，一个很好的理由是已经存在大量无法在 IP 协议栈上直接运行的传统网络协议，例如手机和专有的无线传感网络系统；另一个理由是许多低成本的设备虽然不支持已经提出的最轻量级的互联网协议，但实际上，却可以构建一个非常普遍的物联网（例如 RFID 标签、低成本的无线传感网络）。本章假设物体本地网络可以透明地与物联网的基础设施进行通信，这种通信或者通过直接支持 IP 协议，或者通过网关将传统协议翻译成在互联网中可以使用的协议来实现。下文中将多次使用"基础设施网关"这一术语，它指的是用于桥接本地网络和基础设施的计算设备。这些网关可能提供翻译服务，也可能不提供。

前面讨论了物体的定义及其特征，本章下面进一步假设物体可以和其他的物体共同创建网络。同时我们还将提及这些物体网络的分类聚集能力，其中分类聚集技术是将物体组织成网络的一种特殊机制。一般而言，一个网络可能包含若干个簇，而这些簇中某些被选中的成员通过相互交流创造了一个特定的分层。由这些被选中的成员还可以进一步创造更多的簇，从而创造出一个双层分类聚集网络架构。例如，可以从簇中已选成员中再选出一个成员，用它来和基础设施网关进行通信并作为整个网络乃至所有簇和物体的唯一代表。为简单起见，本章只研究单簇网络，而且不加区分地使用"簇"和"网络"这两个术语。这个假设不会限制我们的讨论，因为同样的概念也适用于多层分类聚集的情形。

---

① 译者注：IETF 又称为互联网工程任务组，成立于 1985 年年底，是全球互联网最具权威的技术标准化组织，主要任务是负责互联网相关技术规范的研发和制定，当前绝大多数国际互联网技术标准出自 IETF。

② 译者注：6LoWPAN 是 IETF 组织下的一个网络研究工作组，其任务是定义如何利用 IEEE 802.15.4 链路支持基于 IP 的通信，同时遵守开放标准以及保证与其他 IP 设备的互操作性。

③ 译者注：IETF 成立的进行低功耗 IPv6 网络方面研究的 3 个工作组之一，主要负责制定适合低功耗网络的路由协议。

最后，在物联网情境中，"物体"、"事物"或"产品"等词汇通常可以混用。本章将使用上述任意词汇来指代物联网中的"物"。反之，我们在相同的语境下广泛地使用"智能的"和"聪明的"等词汇，来表示物体具备这样的能力——处理信息，并做出明智的决策来影响自身的寿命和其周围的环境。我们还使用这些词汇的任意组合来强调物联网物体的计算能力和推理能力。

7.4　支持扩展性的分类聚集技术

7.4.1　物联网架构下的分类聚集原则

商品、产品零部件、装配机械、物流和运输工具（例如货盘、集装箱或者车辆）、仓库、零售商的设备或用户资产等物体，适宜进行状态监测，并且能够为物体本身及其附近的物体提供有价值的信息。为了监测它们的状态，我们可以在物体中嵌入带有无线通信功能的设备，成为物体的一部分，就像现在大部分的商品都贴有条形码一样。

无线传感网络是物联网物体附加设备的最佳候选，因为它的很多操作原理都满足物联网的需求。这些需求包括分类聚集需求以及 7.3 节中讨论的相关假设。然而，和传统的无线传感网络相比，代表物联网中物体的设备有很多不同之处。主要的区别包括：此类无线传感网络缺乏标准化的特殊身份认证方案，两者在静态部署和中央基站部署方面也有不同的假设，此外，传统的无线传感网络通常建立在刚性拓扑结构之上。

多跳通信、协作应用和网络内部的事件触发，是常见的无线传感网络的特点，也是主动型网络（与被动型网络相对）的特征。物联网的分类聚集设计要求使用主动型网络，在物体间创建协作的、多跳的和永久动态的交互，这些物体都植入了 7.3 节提及的无线嵌入式设备。这一策略拓展了物体的信息收集模式，因为现在物体不仅能够同时与多个物体交流状态信息，而且无需外部控制（例如，不需要读者初始化报告的过程，被动的无线射频识别正是属于这种情况）就可以利用自底向上的方法触发信息报告。更重要的是物体可以在网络内部发送信息，并为先前通过单跳下无法连接到阅读器远距离物体提供向系统报告它们状态信息的机会。

在主动型网络中，物体可以通过利用附近物体的信息来丰富自己的状态，从而达到扩展自身信息的目的。为了充分挖掘这些属性的潜能，有必要设计一种数据结构模型，用来组织所有的物体信息。在基于实时网络资源库和物体信息的条件下，维护这种数据结构可将主动型网络所产生的事件作为基础。这种结构也为多个信息消费者共享物体的实时信息奠定了基础。在线资源库存储的信息类型以及物体实时数据的同步问题，将是 7.6 节要讨论的内容。

嵌入在物联网物体中的设备资源相对有限，其中最重要的一个限制就是能源。因为设备不是由读写器提供能量，而是依靠电池，设备的每一个动作，例如感应或使用无线收发器都将消耗一部分能量。因此，必须仔细考虑管理节点通信和联网的协议，因为这些设备在相同的电池电力下需要工作几个月乃至数年。分类聚集可以用于管理嵌入在物联网中设备的能源。从本质上讲，分类聚集技术通过从网络成员中选出一个代表（簇头），收集网络中的所有通信并将它们向外部发送（这就是所谓的数据聚集），从而达到延长网络寿命的目的。相对于网络中其他成员来说，簇头会消耗更多的能源，因此簇头的角色必须周期性的循环以防他们电池的电量过早耗尽。簇头角色的轮换是通过计算下一时期"最佳"候选的选择过程实现的。选择的过程需要考虑每个节点特定的静态性能（例如更大的广播范围和更强的计算能力）以及它当前的动态。其中，一个节点最重要的动态属性就是它当前的剩余能量。在选择最佳候选时，总是需要考虑节点在成为簇头之后还可以工作多长时间。同样的道理，选择过程本身也是基于节点的动态和静态信息以及节点的剩余寿命。簇头的角色可以是静态的（每次都在相同的时间进行簇头选择）或者动态的（每次都在不同的时间进行簇头选择），这取决于该特殊节点的属性。

选择机制是簇内所有节点通过协同通信而实现的分布式决策。集中化的解决方案不能提供物联网所提倡的可扩展性特征，特别是当网络和簇由成百上千个节点组成时，这更不可能实现。另外，选择机制也应该是动态的，即网络的变化（例如新簇头的选择），不应该局限于静态事件，例如簇头任期的结束，同时也应该可以被一些不可预测的变化触发，例如一组新物体的加入或者某个簇中一组物体的离开等。我们之所以需要动态的操作，是因为上文指出的无线传感网络和物联网架构之间的差异，尤其是物体的可移动性。

至此，本节概述了在物联网物体所构成的网络中，如何利用分类聚集原则进行有效的资源管理。然而，分类聚集是具有多维度的一般性策略，因此有必要根据物联网架构的特别挑战和需求，来定制管理分类聚集机制的协议。本节下面的内容将致力于提供一些基于以上分析的设计指南。

7.4.2 情境的作用

自治物体聚集成簇，要求参与的物体具有一定的相似性，这些相似性足以将物体构成的簇同其他簇区分开。为发现自治物体间的相似性，需要自治物体提供最新的有效信息，以便做出一个具体的、以目标为导向的分类聚集决策。有两个不同的信息来源：一是物体所处的物理环境（例如其他物体、基础设施网关、环境参数）；二是通过物联网远程连接的、在空间上相互独立的资源（例如中央数据库）。由于处在可能断开连接的环境中，物体网络可能暂时失去与物联网基础设施的联系，对物体环境和其周围情况，以及系统健壮性的目标缺乏了解，因此中央分类聚集机制是不切实际的。分类聚集决策需要物体直接参与，并依赖于物体所拥有的信息，尤其是物体的情境及其情境感知能力。在无处不在的普适计算技术①环境中，对情境（感知）这一术语有多种不同的定义（Crowley et al.，2002；Dey，2000；Schilit et al.，1994；Brown et al.，1997；Ryan et al.，1998）。在后续关于情境的讨论中，我们将采用 Dey（2000）和 Schilit 等（1994）提出的如下定义：

"情境是可以用来表征实体情况的任何信息。一个实体可以是一个人、一个地点，或者是与用户和应用程序交互相关的对象，包括用户和应用程序本身。"（Dey，2000）

"一个系统被称为情境可感知的，如果该系统使用情境来提供相关信息和服务给用户，其中情境可感知的关联度依赖于用户任务。"（Dey，2000）

"这类情境可感知的软件，依据使用位置、周围人群、主机和接入设备，以及这些物体随时间所发生的变化进行自适应调整。具备这些能力的系统能够分析计算环境，并对环境的变化作出反应。"（Schilit et al.，1994）

使用环境知识可以实现基于情境的分类聚集，不必依赖于对预先定义的物体特征或参与物体属性的比较（如装运目的地），相反，它是基于物体的情境信息和状态的。一个典型的例子是基于周围物体剩余能量、物体的远近程度（如邻域）以及任务相似度等条件考察物体分类聚集的过程。因此，基于情境的分类聚集提供了一种通过物联网来访问自分类物体组的方法，它不是由过程驱动（如面向过程的分组数据流），而是基于情境实现的分类聚集。使用依赖情境的属性，使得分类聚集更加精确、有效，而且对物体环境的理解更加接近人类。然而，单纯使用基于情境的分类聚集技术的一个缺点是情境变化速率的不确定性，即情境基于时间的有效性，以及情境的长期有效性和短期有效性的差别。时间依赖性将引发物体群的情境以很高的速率变化的问题，将触发大量的重聚集过程，从而占用大量的网络资源。另外，情境感知②本身也充满挑战，因为物体可以拥有不受具体参数（如模糊逻辑、复杂事件处理）限制的通用情境分析能力。这导致物体需要拥有很强的计算能力，结果需要消耗大量能源。折中的办法是使用混合分类聚集方法，既使用预先定义的物体情境，同时也使用物体特征。混合分类聚集可以减少重聚类的资源消耗，这在一定程度上得益于情境依赖的分类聚集。在动态

---

① 译者注：普适计算又称普存计算、普及计算。这一概念强调和环境融为一体的计算，而计算机本身则从人们的视线里消失。在普适计算的模式下，人们能够在任何时间、任何地点、以任何方式进行信息的获取与处理。

② 译者注：情境感知最早由 Schilit 于 1994 年提出。情境感知简单说就是通过传感器及其相关的技术使计算机设备能够"感知"到当前的环境。

和移动场景，如涉及物联网的场景中，应该考虑分类聚集中情境的作用，因为它对精准而高效的分类聚集具有重大影响。

7.4.3 设计指南

为实物开发分类聚集算法涉及一系列组件和协议。其中一些协议和组件对簇内的逻辑基础设施来说是必需的，而且是建立其上的其他服务和应用程序的基础。这些必需的组件是有效分类聚集的基础，包括簇头选择过程、合适的寻址方案和有效的路由过程。

1）簇头选择

本章提出物联网设备网络可以使用分类聚集技术实现能源管理和网络扩展。在7.4.1节中已详细描述了分类聚集技术及其优点，下面我们再回忆一下分类聚集的主要目标：通过选择代表性网络成员来收集网络内部的所有交流信息，并转发到网络外部，延长物体网络的寿命。本节将简要介绍簇头选择机制，即表示物体的物联网设备如何构成分类聚集网络的组成部分。本设计的主要特征是根据节点的剩余能量来选择簇头。

簇头选择的过程中，不是每个设备都有资格在任何时间成为簇头。有些设备可以连接到基础设施网关，而其他一些设备对基础设施网关来说是"隐藏"的，或者超出了网关可以连接的范围。在簇头选择的过程中，除能源效率的要求外，当网络中存在可以连接到基础设施网关的簇头时，就应该避免选择隐藏的簇头。为解决这个问题，基础设施网关可以通过发送广播报文来宣布这些簇头的存在。只有接收到报文的簇头才能参与簇头选择过程。

设 T_{CH} 是节点自成为簇头开始的持续时间。对 T_{CH} 的计算可表示为节点剩余能量的函数：

$$T_{CH} = C \times 剩余能量，其中 C 是一个常量。$$

在每一轮簇头选择过程中，节点根据上述等式计算自己的 T_{CH} 值，并发送给簇的其他成员。然后所有节点一致推选某个节点成为 T_{CH} 时段的新簇头。尽管影响新簇头选择的因素很多，但最直接方法是选择具有最高 T_{CH} 值的节点为新簇头，因为这样可尽量减少簇头的选择的步骤，从此随着时间的流逝，节约更多的能量。如果大量节点在同一簇中，就会产生无线信道冲突的问题，可以引入随机延迟来处理这些问题，随机延迟也是节点剩余能量的函数。

当下述任何情况发生时，簇头选择过程将启动：

（1）T_{CH} 到期；

（2）当前簇头无法与任何基础设施网关通信；

（3）先前未参与选择，并且具有比当前簇头更多剩余能量的簇头，接收到基础设施网关的广播报文；

（4）在 T_{CH} 到期之前，有簇头无法与当前的簇头通信；

（5）在簇头所处网络中有新物体加入。

由此，如果网络失去簇头，而且没有簇头能够从网关接收到广播报文，那么网络不会启动簇头选择过程。这种情况不是我们所期望的，因为相关物体的状态信息在本地或许依然有用（如将信息存入节点的内存以便进行后续的同步——参见 7.6 节）。此外，因暂时的断开连接而拒绝新的联合也不切实际。为避免这个问题，任何节点只要运行超过一定的时间，却仍旧不能和簇头通信的话，该节点就可以启动簇头选择过程。当与信息基础设施重建连接之后，用这种方式选择簇头的网络就将再次启动常规的簇头选择过程。

2）簇成员关系

上述簇头选择机制发生在节点簇的内部。但是，这些节点如何决定它们同属于一个簇呢？

为了使物体和网络能够发现其他物体和网络，一个或多个节点可以定期发送广播数据包。接受到这些数据包的节点将处理其中的信息，并通过发送一个响应数据包来表明其同意成为该网络或簇的一员。节点决策的结果将通知到所有的网络成员，然后一个新的簇头选择过程将开始。这个过程会同时涉及多个物体和网络。我们将多个物体和网络结合在一起形成单一簇的过程称为"联合"。

如前所述，物体分类聚集的目标不仅是为了管理网络的能量资源，同时也是为了构建一个具有共同状况和目标的协作群体。基于这个原因，我们提出一个联合过程，考虑物体各个方面的性质，以便对可能的物体交互在其发生之前进行过滤和分类。因此，联合过程分为两个阶段：第一个阶段，组织和过滤联合的请求；第二个阶段，执行最终联合过程，包括更新簇的属性，如新簇头的选择或路由地址的重构等。

联合请求不仅包括物体静态属性的信息（如 ID、地址、网络等），还包括动态和情境相关属性的信息。根据这些属性在对请求的分析中是否需要出现，我们将这些属性分为两类：一类是强制属性，请求的发送者和接受者都需要保存的属性；另一类是可选属性，它们不是联合过程继续进行的先决条件，而只是有助于决定物体的成员关系。同时，由于物联网具有异构性，来自不同物体的属性未必总是兼容的，因此在抽取和比较联合请求的属性时需要一定程度的模糊性。

尽管对静态属性和动态属性进行比较相对来说比较容易，但情境信息的比较却很困难。因为物体参与到多个不同的情境中，情境属性可能有不同的含义。例如，对于参与运输的物体，运输目的地可谓是最重要的情境属性。而对于存储在仓库的物体来说，交货日期比目的地更为重要。这类基于情境的分类聚集可以通过一定的方法实现，比如，根据可能的位置对不同类型的自治物体定义优先决策规则。然而，这种方法仅考虑了元情境，但是从单个物体的角度可以推断出，这种情形下的情境和物体一样多。即使成员关系的决策局限于物体的位置，即物体的元情境，但是当前物体的组合、它们的内部状态以及情境与成员关系决策的整合等，都对嵌入式设备的计算能力提出了严峻的挑战。可以想象，随着物体嵌入式设备性能的提高，第一个阶段分类聚集机制的复杂性也会增加，从仅仅基于位置的优先级发展到对复杂的统计数据和规则的分析。然而，我们有必要针对结果簇的质量来评估这类算法的复杂度，因为任何复杂的操作都会对结果簇的能量消耗、可扩展性和健壮性产生重要影响。

在无线网络中，通常会选择一个标识符来将特定网络同其他网络区分开来。如果物体簇基于特定的意义和丰富的情境信息而创建，那么这个标识符也可以为簇的"主题"提供有用的线索。物联网中的物体很可能具有唯一的标识符，而且该标识符通常遵循一种有意义的编码方式。这种编码方式的例子可以在电子产品编码[①]标准集（Armenio et al.，2009）中找到。当新成员加入簇时，应该决定使用哪个标识符来表示这个结果簇。这个决策将会在联合过程的第二个阶段发生。这个阶段的另一个重要任务就是分配用于通信和路由的本地地址。本节将在后面对地址方案的设计给出一些相关的指导。

很多分类聚集机制以及其他网络范围内的操作，都需要了解网络或其特定部分中节点的数量，例如分层寻址的一个地址分支。这类信息通常被认为是"全局"属性，因为只有"全局观察者"才可以访问到网络中每个节点的信息。然而，在如本章所描述的分布式网络中，我们可以采用合理的机制，在无需额外处理的情况下就可以保持每个节点的全局属性处于最新状态。至于网络节点的数量，联合过程假设每个网络都是由单个节点开始形成，进而对网络节点的数量进行跟踪，并通过后续的联合过程形成更大的簇和网络。当某个特定属性（如网络的 ID）需要在整个网络范围内保持一致时，全局信息将非常有用，例如，在联合过程中，决定哪个参与者应该保持自己的属性，哪个参与者应该更新自己的属性。图 7.1 给出了一种简单算法，用以演示如何从本地的联合过程获取全局信息。如果考虑以下问题，该算法会变得更复杂。

（1）地址计算；

（2）分层节点结构（例如，哪个节点成为父节点，哪个节点成为子节点）；

（3）对特定层分支上节点的数量进行计算，进而指导决策，例如，哪个分支需要重新分配地址；

（4）由网络合并而导致父子关系指向的变化。

---

① 译者注：产品电子代码是由 EPCglobal 组织、各应用方协调一致的编码标准，可以实现对所有实体对象（包括零售商品、物流单元、集装箱、货运包装等）的唯一有效标识。

Association request reception

一 *Input: List of association requests*
Output: Association response, update to local network

if (list of requests NOT null)
　　HAL = list of requests from networks with highest number of nodes;
　　if (I am in HAL)
　　　#Nodes: #Nodes + #Nodes in the list of association requests;
　　　Initiate CH election
　　　Send association response to the list of association requests;
　　　Update my network;
　　end
end

Association response reception

---- *Input: Association response*
Output: Update to local network

According to the association response...
　　change my network ID;
　　change my address;
　　update #Nodes;

Update my network;

图 7.1　使用本地联合过程的全局知识算法

如果一个或一组物体离开网络，那么需要执行一个分解过程。这个过程需要更新前面介绍过的所有属性，如每个网络的节点数量或节点地址。该算法还需要包括以下几个方面：如果网络的路由结构被破坏，则重新组合网络；如果先前的标识符在分解之后没有足够的代表性，选择一个新的网络标识符；如果先前的簇头离开网络，则选择一个新簇头等。

3）寻址和路由

在无线自组织网络中，移动节点不断加入和离开网络，因此动态地址分配是很常见的问题。与有线网络不同，移动网络缺乏强大的能源和基础设施等约束条件，因此其必须最优化自己的操作，甚至在拓扑结构发生意外变化时也要保持连接状态。由于其资源缺乏，无线传感网络面临着更多的挑战。

由于使传感器节点与全部的协议及应用集合相适应的工作非常复杂，无线传感网络的动态寻址方案已经在某种程度上被搁置，人们转而研究一些其他领域，如路由、物理层设计、同步协议等。然而，最近研究人员在设计一种可以适应环境的网络时，不得不重新考虑无线传感网络在自动配置和维护等各方面的技术，包括动态寻址技术。

在物联网中，移动物体网络的主要挑战之一是支持物体动态联合。考虑物体动态联合是为了提供一个灵活的解决方案，在这个方案中不需要预先知道网络成员。这样，大量的应用都可以适应这个灵活的架构，而不受到刻板设计的影响。由物体交互产生的网络相对来说比较小（如货运中的一批箱子或货盘、装配线上的机器人、货舱里的集装箱、复杂机械或车辆的部件等）。然而，在这种环境下，由物体引起的屏蔽效应很可能会阻止每个物体通过单跳到达网络簇头。此外，更大的网络也是可行的，例如大仓库或零售商店的网络。基于这些原因，我们将考虑一个多跳寻址和路由协议，从而可以方便地调整以适应嵌入式设备的约束条件，同时还能满足物联网的所有要求。针对物联网的寻址方案，我们提出如下要求。

（1）在网络内部地址必须唯一；

（2）物体离开后地址必须可以重复利用；

（3）寻址必须是动态的，地址分配应该是完全分布式的；

（4）寻址必须是可扩展的；

（5）必须提供对网络合并和分割的支持；

（6）必须尽量减少协议开销。

为了满足这些要求，下面总结了物联网设备的寻址方案应该具有的理想性质。

（1）层次性：这个寻址方案中涉及的节点是代表这些物体的嵌入式设备。节点接收到的地址组织成树型结构。当两个或多个物体联合时，计算地址的物体成为父节点，而联合请求的发出者成为子节点。

（2）分布性和唯一性：每个节点只负责将地址分配给它的子节点。子节点接收的地址应该来源于其父节点，以保证网络地址的唯一性。

（3）可扩展性：如果一个节点离开了群组，它的地址应该可以自动地被任何新加入该群组，且与其同父的其他节点使用。而且，按照这个方案，地址的大小不应该受限制，而应随着网络的扩大而增大。网络合并操作也应该以最少的节点数进行网络地址的重新分配。

（4）低开销：因为使用唯一的地址分配方式，所以父节点只需要知道它的直接子节点就可以进行地址分配。这种寻址方案，几乎不需要多大的开销，就可以沿着地址树进行路由服务。只要分析一个节点地址，便可以知道它到任何一个目的地需要的跳数，而且父节点也仅仅需要比较它的地址和数据包的目的地址，就可以沿着树发送这些数据包。地址的分层分配应该使父节点能够以一种简单的方式提供通往目的地的捷径，即将数据包发送给离目的地更近的邻居，而不必沿着树的结构走。

（5）可扩张性：寻址方案应该提供一种机制，允许每个父节点有无数个孩子，即使每个父节点的地址空间分配都已达到了初始的限制。

由 Sánchez López 等于 2010 年提出的一项寻址设计方案，不仅满足以上所有性质，而且成为管理智能物体网络内部资源的分布式协议的一部分（Sánchez López et al. ，2008）。

7.5　用于物体表示的软件代理

物联网将是一个全球性的架构，其中的物体会成为互联网中的一等公民，因为它们不仅可以通过计算基础设施将自己的状态报告给人类用户，而且也可以同物联网中的其他物体和组件进行交流，掌管自己的命运。尽管在理论上物联网可以服务任何类型的物体，但是商品和资产是这一概念的主要驱动之一。从这一点出发，我们将讨论物联网愿景下产品的影响力问题，并由此介绍用于物体表示的软件代理的作用。首先，我们列出产品生命周期中可能出现的典型交流场景如下。

（1）产品与产品的交流。

• 请求服务的产品，批量订购其他产品；

• 问题的联合诊断，同一公司的产品相互咨询未确诊的失败模式。

（2）产品与供应商的交流。

• 在给定服务请求、时间和价格的情况下，产品向供应商询问服务条款（包括回收、维护、报废和物流）；

• 制造商通知产品升级或召回；

• 产品给制造商发送性能数据。

（3）产品与用户的交流。

• 产品性能和行为；

• 产品位置和状态；

• 升级、改进和附加服务。

物联网可以从产品与用户（供应商、制造商和所有者）的自动交流和行为中获益。计算代理不仅为我们提供了执行任务的实用工具，也提供了一种合适的抽象。代理可以接管人类用户的日常监测任务，例如监测一个产品集合在整个供应链中的行踪、特定位置的产品到达情况、产品相对预定路径的偏离情况、产品状况、产品到期和维护操作等。人类用户可以预先构造查询，并且订阅这些查询的通知。在物联网中，除监测用户外，我们可能还会遇到提供代理服务的需求，如提供产品维护或物流的组织代理。

物联网通过智能产品的形式，让物体本身承担起数据的自动收集和分析任务。因此，必须研究物体能刻画自身特征的方式、与其他物体交流的方式以及物体自身行为达到自动化的方式。一种设计范式是采用面向服务的架构（Service Oriented Architecture，SOA），即各种服务松散耦合，并通过 XML[1]、SOAP[2]、WSDL[3] 等"网络服务协议"进行访问。这种方法提倡基于服务的视角而不是基于产品的视角。另一方面，这一领域的学术文献和行业领跑者认为，以产品为中心的视角是一种直觉的看法，可以分散风险，减小瓶颈（Brintrup et al.，2010）。考虑到众多组织和物体会在整个产品的生命周期中使用物联网架构，因此提出一个可扩展、相互协作的架构是很重要的，它可以减少对中央数据库和处理行为的依赖。这里最重要的一点是，物联网的目标是建立一个泛型架构，尽可能多地适应产品生命周期的场景。单纯基于 SOA 的架构倾向于要求传感器节点具有强大的处理和存储能力，以封装与网络服务相兼容的信息。这会影响成本，并由此倾向于将这一架构应用于复杂的高价值产品，其结果是相当不利的。

基于代理的系统和相关的技术，诸如面向对象、点对点和面向服务的架构，已经成熟到可以发挥智能产品潜能的程度。面向代理的观点为智能产品提供了一种实用而直观的封装，因此无需经过多个层次就可以做出复杂的决策。最近基于代理的开源软件取得了一些进展，如 Open Source Cougaar[4] 和 JADE[5]（COUGAAR 2010；JADE 2010）提出了一个协同的环境，其中 SOA 规则和基于代理的系统能够协调一致地工作。因此物联网的目标是提供一个综合 SOA 和基于代理系统优势的架构，在系统的每一个层次上都可以进行智能推理，从而降低整个系统的负荷，提高响应能力，同时 SOA 的一些规则，如模块化、重用和抽象，也将被利用。

当前，软件代理领域致力于使用一种架构，允许使用本体网络语言来描述代理，通过基于可重用 XML 的插件来定义代理，提供寻找请求服务的发现服

---

① 译者注：可扩展标记语言，用于标记电子文件使其具有结构性的标记语言，可以用来标记数据、定义数据类型，是一种允许用户对自己的标记语言进行定义的源语言。

② 译者注：简单对象访问协议（SOAP）是一种轻量的、简单的、基于 XML 的协议，它被设计成在 WEB 上交换结构化的和固化的信息。

③ 译者注：WSDL（Web Services Description Language），是一个用来描述 Web 服务和说明如何与 Web 服务通信的 XML 语言。为用户提供详细的接口说明书。

④ 译者注：Cougaar 是美国国防部资助项目中的一个子项目，该项目提供了一个代理开发和运行环境，已经开放了源码。

⑤ 译者注：JADE（Java Agent DEvelopment Framework）是用来开发基于代理的应用的软件框架，它兼容用于开发互操作的多智能体系统的 FIPA 技术规范。

务，以及类似 SOA 的供应商和客户之间的一对一交互。例如，通过黄页寻找供应商用户代理，然后和他们一对一谈判。当然，也存在一些实例不需要如此确定的步骤，例如，与其他产品协商进行批量订购、谈判日程安排或者为协同诊断所进行的相互学习等。在物体层次也可能有一些复杂的决策制定，如决定生产的下一个步骤，或回收哪个零部件。使用代理来表示网络上的物体并处理决策，可以使这个架构运行速度更快，并且适用于更多的场景。由于在物联网中可能有数百万个产品代理，因此，产品描述、数据存储和通信协议应该尽可能轻量化。这里，分类聚集在增强扩展性上起着重要的作用，一些适用于有形设备分类聚集的概念也可以扩展到代理的分类聚集上。事实上，只要有适当的、足够精确的信息，许多分类聚集的任务都可以委托给代理本身。代理隶属于架构的一部分，具有比物体本身的嵌入式设备更多的可利用的计算资源。代理系统所采取的决策可以在真实世界中加以同步，由此获得可扩展性、资源管理和实时信息之间的平衡。

7.6　数据同步

7.6.1　网络架构的类型

物联网中的数据同步依赖于移动物体在网络架构中连接的可用性。这里需要探讨三种类型的架构：①互连架构（互联网）；②分区架构（内网、外网）；③非连接架构（本地资源）。

1）互连架构

互联网是一种全球范围内的分布式计算机网络，它承载着大量服务和信息资源。它假定资源总是相互连接的，以便于信息的共享和更新。在一个互连的架构中运动的物体，无需为其设计特殊的同步方法，因为物体的信息可以在网络内部的任何地方进行实时更新如图 7.2 所示。

EPCglobal[①] 架构作为一种支持物流供应链的物联网实现方案，正是基于互连架构而实现的（Armenio et al.，2009）。物体可以通过产品电子编码来识别，而相关的信息则存储在分布式资源库中。稳定的网络连接有助于实现物体信息的获取和访问。

2）分区架构

内网和外网都可以视为分区网络，它们都是基于互联网技术而构建的，但

---

① 译者注：EPCglobal 是国际物品编码协会和美国统一代码委员会的一个合资公司。它是一个受业界委托而成立的非盈利组织，负责 EPC 网络的全球化标准，以便更加快速、自动、准确地识别供应链中商品。

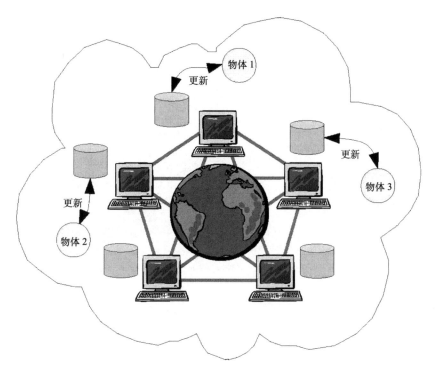

图 7.2 互联网架构

是内网仅在一个封闭的区域内可达，外网需要通过特殊的认证来访问。除分区网络之外，还有部分断开的设备，例如移动设备，为了维护的需要，在更新物体信息时处于断开状态。在这种情况下，数据首先在移动设备上更新，当移动设备再次接入网络时，其数据信息会同步到相关的网络信息资源中。同步类似于在分区网络间移动的支撑物体。但是这也涉及一个新的复杂问题，因为移动物体有可能在无线设备与网络资源间的数据同步完成之前接入网络，如图 7.3 所示。

物体在分区网络中的移动和物体在互联网中类似：物体在真实世界中移动，同时信息在网络中生成和交换。关于物体的信息也可能在没有可靠的网络连接时生成（如传感器数据的累积）。因此，当连接可用时，有必要设计一种可靠机制将物体信息同步到网络中以实现数据独享或共享。数据同步还存在一些其他的挑战，包括在间断的连接下如何将数据（例如配置说明）从网络同步到一个物体上，或者已知某些信息对状态确有影响，而这些事件信息到达延迟、乱序或者根本没有的时候，如何正确解释一个物体的当前状态。

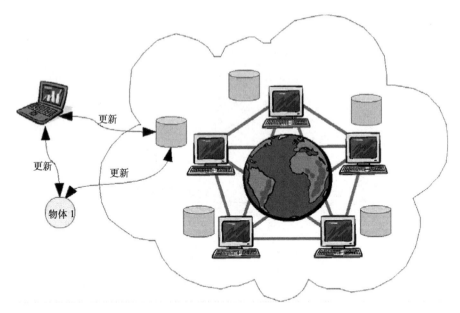

图 7.3　分区架构

3）非连接架构

和物联网交互的许多物体与通信网络之间可能不存在永久的、可靠的连接。这可能是由于缺少技术资源（例如在偏远地区），或者是不允许网络连接（例如在危险的生产地区）的技术限制所导致。然而，这些地方仍存在需要维护的物体。在没有恒定可靠的网络连接情况下，这些物体需要获取自身生命周期的信息。和它们的特殊需求相比，今天很多基于互联网的应用都需要稳定的网络基础设施，并会例行地在网络资源库中存储物体的信息。

永久的非连接架构需要在无网络连接的情况下辨别物体和其他资源。物体与物联网可能是断开的，因为它们不能移动或者仅在没有网络的环境中移动。移动设备可用于非连接物体和其他网络资源之间的信息交换。在应用程序或资源库处于非连接的情况下，信息可以通过移动物体进行交换。图 7.4 展示了这两种情况。

4）接口

物联网需要在具备上述所有架构特征的异构分布式网络中处理信息交换。因此，有必要确定所有的信息交换接口，并定义同步机制，以保证数据的一致性和安全性。表 7.4 展示了信息交换的几种可能的类型以及所有这些架构的相关同步时间。

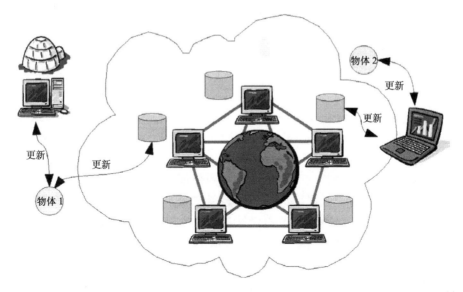

图 7.4　非连接架构

表 7.4　信息交换的类型

架构	信息交换的类型	同步时间
互联网	通过物体和互连资源的实时交换	实时
分区网络	通过物体	下一次连接
部分断开	通过物体和移动设备	下一次连接
永久断开（物体）	通过移动设备	下一次连接
永久断开（本地资源）	通过物体	下一次连接

7.6.2　要求和挑战

1. 要求

整个互联网可被视为一个巨大的分布式异构数据库（Niemi et al. ，2007）。物联网将进一步扩大这个庞大的数据库，并进一步挖掘网络信息交换的潜力（见表 7.4）。鉴于物联网和分布式数据库系统间的相似性，在考虑到物联网的架构特征时（参见 7.6.1 节），有必要先研究分布式数据库的技术要求（参见 7.2.3 节）（Bell et al.，1992；Özsu，1999；Leanvitt，2010）。

数据处理负责将数据分布式地部署到计算机网络的节点中，并进行异构数据的转换。这不仅要定义一个通用的数据库描述来帮助对异构数据的理解，而且还要解决由数据的分布性所引发的问题。常用的分布式数据库使用以分布式数据库管理系统为代表的全局控制器来组织数据的分配。它们中的大多数都支持关系型数据库以及使用 SQL 查询数据。虽然有许多不同的方法来实现面向对象的数据库，但都无法达到关系型数据库的接受程度。直到最近的几年，非关系型数据库才逐渐开始流行（Leanvitt，2010）。NoSQL[①] 数据库使用不同的数据处理技术。其中最受欢迎的数据库类型有键—值数据库、面向列的数据库以及基于文件的数据库。Google 的 BigTable[②] 是一个比较著名的 NoSQL 数据库，它使用面向列的方法（Chang et al.，2006）。NoSQL 数据库的主要优势是良好的可扩展性，但是其一致性却无法得到保证。（部分）断开的环境和自治物体所带来的问题使得物联网中的数据处理更加困难。因为可以永久地访问数据这一点难以保证，所以是否可能仅保存一份物体信息的全局实例并管理这些分布式数据，仍然不是很清楚。分类聚集技术是一种支持分布式数据分配且无需网络永久可用性的解决方法（参见 7.4 节）。数据转换的主要目的是协调现存的数据库和物体数据，其中现存的数据库有关系型数据库、XML 数据库等，而物体数据可能以一种不同的方式存储。由于存储容量的限制，物体数据需要采用有效的方法对数据进行管理。最后，有必要定义一种通用的全局语言以理解物联网范围内的所有信息资源。

查询优化是保障对分布式数据库进行高效访问的必要手段，因为大量的数据资源和不稳定的连接会影响分布式数据库的运转。同时应该对用户隐藏信息访问的结构细节。最常用的接收和操纵数据的语言是 SQL。

尽管 SQL 非常强大，并且标准化程度很高，但它主要是面向关系型数据库。还有一些解决方案可以用来查询其他的资源，例如 SPARQL[③]，主要用于语义网，以及在查询面向对象数据库时使用对象查询语言 OQL 不同实现方案。

物联网中的查询优化必须支持异构数据查询，同时应该提供处理（部分）非连接架构问题的方法。考虑到查询的机制和扩展性，还应该对物体的数据结构进行检查。

事务管理必须组织数据库事务的正确执行，这些事务是由一系列的动作组成，而这一系列的动作必须作为单一的不可分割的单元来执行。事务具有四条重

---

① 译者注：NoSQL（Not Only SQL）是一项全新的数据库革命性运动，NoSQL 的拥护者们提倡运用非关系型的数据存储。随着互联网 Web2.0 网站的兴起，非关系型的数据库现在成了一个极其热门的新领域。

② 译者注：BigTable 是由 Google 公司开发的非关系型数据库，是一个稀疏的、分布式的、持久化存储的多维度排序 Map。

③ SPARQL（Simple Protocol and RDF Query Language）是为 RDF 开发的一种查询语言和数据获取协议，它是为 W3C 开发的 RDF 数据模型所定义，但是可以用于任何可由 RDF 表示的信息资源。

要的性质。

（1）原子性，将事务作为一个不可分割的单元来执行；

（2）一致性，将一个数据库从一种一致性状态转化到另一种一致性状态；

（3）独立性，提供独立于其他事务之外的执行操作；

（4）持久性，使事务结果持久地存储在数据库中。

这些性质就是著名的 ACID 性质。要完全实现 ACID 性质，需要提供良好的并发控制系统和恢复系统。常用的关系型数据库遵循 ACID 方法，而非关系型数据库则实现了一个称为 BASE（基本可用、软状态、最终一致性）的弱特性集合。物联网中的事务管理不可能实现所有的 ACID 性质，尽管它们对于保证数据的一致性至关重要。可以预计，ACID 性质不可能在任何时间任何地点实现。一致性和独立性的实现需要引入智能同步方法，因为在（部分）断开的环境中也可能需要进行数据操作。软件代理可以很好地解决这一问题（见 7.5 节）（Assis Silva et al.，1997）。此外，我们还需要检查非关系型数据库的事务方法。说到这里有必要提一下 CAP 理论[①]。该理论指出：在任何一个分布式系统中，不可能同时提供一致性、可用性和分区容忍性（Gilbert et al.，2002）。由于采用分区架构，所以在物联网中提供一致性也会产生类似的问题。

并发控制包括多种不同的方法以保证分布式数据库的事务管理。并发控制关注的是进度安排和事务的序列化，并提供多种并发控制的技术方法。一个事务是由一系列的读写操作构成的操作序列。数据库中所有并发事务的读写操作序列是一个局部调度，而类似会影响整个分布式数据库的操作序列就是全局调度。对一个调度中所有的读操作和写操作进行排序，使其可以按照顺序方式执行的过程称为序列化。为了支持并发控制，Bell 和 Grimson 列举了三种技术：①封锁方法；②时间戳方法；③乐观方法。

物联网的并发控制需要管理大量的数据资源，这些资源可能分布在与网络永久相连的普通数据库中，也可能分布在处于（部分）断开环境的数据资源中，甚至可能分布于自治物体本身。因此，在这个环境中，调度和序列化将会出现新的复杂的问题。物体的信息可能在相互未连接的不同地点更新。如果那些地点是部分断开的，那么只能在下一未知时间建立连接时才能进行同步操作。同时，物体信息可能再次发生变化，这会导致序列化出现问题。假设物体处于运动状态，那么适合使用局部的面向对象的数据管理来保障数据的一致性。如前所述，这一方案可以使用软件代理很好地实现。另一方面，该方案欠缺对一些静态物体的支

---

① 译者注：CAP 原理中，C 指代一致性（Consistency），A 指代可用性（Availability），P 指代分区容忍性（Parittion tolerance）。CAP 原理指出，在分布式数据库系统中，最多只能同时实现两种特性，不可能三者兼顾。

持。这些物体需要和一个与网络部分断开的数据库进行同步。对此，传统的并发控制机制可能无用武之地。

封锁方法并不适合物联网环境。假设物体正在自主地运行，数据资源存储于部分断开的环境中，使用封锁方法将产生大量的死锁，从而阻止了数据的进一步同步。考虑到更新物体信息可能发生在不同的时间和部分断开的环境中，使用时间戳的方法将更为适合。序列化可以通过数据更新的时间戳来实现。然而，使用这类方法需要一个全局参考时间，以保证数据库的正确运行。Bonuccelli 提出了全局时钟的执行方法并认为其实现较为困难（Bonuccelli et al.，2007）。最后，使用乐观方法的前提是冲突很少发生。而在物联网中，物体是无序运动的，因此以上方法都不适合应用在这种环境中。

异常恢复指的是在软硬件组件出现不可预测的故障时，保证数据资源一致性的能力。和并发控制一样，异常恢复也和事务管理紧密相关，因为一个事务就是最小的可恢复单元。考虑事务的 ACID 性质时，并发控制保证其一致性和独立性，而恢复机制则提供了持久性和原子性（Bell et al.，1992）。在出现故障时，恢复机制需要找到事务的历史信息，从而识别重启事务的位置。类似的历史信息可以在日志文件中找到。相对事务管理和并发控制来说，分布式系统的恢复机制需要区分本地事务和全局事务。物联网中的恢复机制也要解决并发控制中出现的类似问题，特别是在（部分）断开的环境中运行时可能会产生一些问题。使用面向对象的历史信息非常适合于保证物体数据的一致性。使用历史信息的恢复机制也需要一个全局参考时钟。

完整性和安全性旨在避免数据资源遭到损坏。完整性试图保证数据的逻辑正确性。为了避免存储错误的数据，可能需要一些局部约束和全局约束。安全机制保护数据资源不被未授权的用户访问。根据不同的特殊需求，不同的用户对数据资源可以有不同的视图。在此基础上，他们需要提供身份证明，并在获得授权认证后才能访问相关数据。数据加密是另一种保护数据的方法，用来防止未经授权的用户访问受保护的数据资源。

完整性和安全性在物联网中具有重要的意义，因为有许多不同的用户会请求和操作异构数据资源，所以有必要保证数据不被未授权的用户操作和破坏。（部分）断开的环境尤其值得关注，因为本地必须了解约束和授权规则，以防出现网络不可用的情况。

复制是存储冗余数据资源的过程，其目的是支持异常恢复和保证分布式环境中的数据可用性。相同数据资源具有多个冗余副本，如何保证副本之间的一致性，是需要研究的重点内容。Özsu（1999）提出将单一拷贝等值作为判断一致性的重要的准则。它要求在一次事务之后所有副本的值都应相等。此外还有一种典型的复制控制协议——Read-Once/ Write-All（ROWA）协议。在物联网中，复制并不是一种合适的方法。正如之前所讨论的，在断开的环境下，对数据的操作和自治物体的使用会导致物联网架构中可能出现各种版本的异构物体数据。可以预见，数据不可能在每一个时间点上都能处于相同的状态。因此，也就不可能支持单一拷贝等价的准则了。然而，复制数据库的相关技术也可以用于使用物体数据的不同副本（尽管副本数据并不总是处于相同的状态），以改善部分断开环境中的数据可用性，提高物联网的恢复能力。

从数据管理的角度看，物联网可以被认为是有着如下特殊结构特征的异构分布式数据库（参见 7.6.1 节）：①存在（部分）断开的环境；②需要处理（移动）自治物体。

按照这个思想，物联网的数据管理策略，除完成与分布式环境相同的任务外，还需要考虑以上特殊需求。7.6.2 节总结了所有这些任务，并确定了物联网中的一些特殊要求。因此，在将数据同步引入物联网架构之前，还需要进一步探讨下列话题：

（1）（部分）断开环境中全局共享数据管理的优势和不足；

（2）定义的一种全局语言，适用于常见数据结构以及与物体相关的数据结构；

（3）在无法实现 ACID 性质的环境中，实现事务管理、并发控制和异常恢复的方法；

（4）在（部分）断开的环境下全局参考时间的实现；

（5）（部分）断开的环境中，数据完整性和安全性的保证。

因此，我们可以得出结论，找到智能的解决方法来应对上述挑战是在物联网环境下实现高效的、安全的数据同步的前提条件。

7.7　结　　论

在实现物联网愿景所遇到的各种挑战中，我们经常忽略了物联网中嵌入式设备的资源管理问题。本章讨论了三种技术，可以有效地帮助物联网中受约束的设备加强物联网服务，从而延长物联网服务寿命，同时提高物体收集信息的能力。

物联网物体的分类聚集技术将通过影响物体的生命周期、可扩展性和健壮性来支持智能自治物体的联网。综合考虑设备的能源及其所处的环境，现有的技术不仅可以保证物体可以在更长的一段时间内产生信息，而且可以保证只有处于相同情境的物体才能实现协作并和共享信息。此外，在需要自动化和目标决策时，使用软件代理来同时表示实际物体和物联网用户，可以带来很多的好处。供应链中产品的监测、商品采购流程的管理或者在联网的数据库中周期性地查询物体的信息，都属于这类情形。同时，软件代理可以通过将部分决策过程转交给架构来协助分类聚集的过程，减轻物联网物体嵌入式设备的负担。最后，需要对物体数据进行同步，以应对在（部分）断开的环境中物体不能永久连接到物联网基础设施的情况。尽管许多方法都可以参照分布式数据库的研究，但是物联网有其特殊的要求，因此在数据完整性、事务管理、并发控制和用于物体信息管理的全局语言等方面，均需要一系列新的解决方案。

参 考 文 献

Armenio F，Barthel H et al. （2009）The EPCglobal Architecture Framework. http：//www. epcglobalinc. org/standards/architecture/architecture_1_3-framework-20090319. pdf. Accessed 11 June 2010

Assis Silva FM，Krause S（1997）A distributed Transaction Model Based on Mobile Agents. In：Rothermel K，Popescu-Zeletin R（eds）Proceedings of the First International Workshop on Mobile Agents. Springer，Berlin-Heidelberg

Basagni S（1999）Distributed Clustering for Ad Hoc Networks. Proceedings of the 1999 Interna-tional Symposium on Parallel Architectures，Algorithms and Networks，Fremantel

Bell D，Grimson J（1992）Distributed Database Systems. Addison Wesley Publishers Ltd.

Bonuccelli M，Ciuffoletti A，Clo M，Pelagatti S（2007）Scheduling and Synchronization in Dis-tributed Systems. http：//citeseerx. ist. psu. edu/viewdoc/summary? doi＝10. 1. 1. 39. 509. Accessed 9 June 2010

Brintrup A，Ranasinghe D，McFarlane D，Parlikad A（2008）A review of the intelligent product across the product lifecycle. Proceedings of the 5th International Conference on Product Lifecycle Management，Seoul

Brintrup A，McFarlane D，Owens K（2010）Will intelligent assets take off? Towards self-serving aircraft assets. IEEE Intell Syst. doi：10. 1109/MIS. 2009. 89（In Press）

Brown PJ，Bovey JD，Chen X（1997）Context-Aware Applications：From the Laboratory to the Marketplace. IEEE Pers Commun. doi：10. 1109/98. 626984

Bussmann S，Sieverding J（2001）Holonic control of an engine assembly plant-an industrial evaluation. Proceedings of the 2001 IEEE Systems，Man，and Cybernetics Conference，Tuc-son

Canard S，Coisel I（2008）Data Synchronization in Privacy-Preserving RFID Authentication Schemes. Proceedings of 4th Workshop on RFID Security，Budapest

Chang F，Dean J et al. （2006）Bigtable：A Distributed Storage System for Structured Data. Pro-ceedings of the 7th Conference on USENIX Symposium on Operating Systems Design and Implementation-Volume 7 （Seattle，WA，November 06-08，2006）. USENIX Association，Berkeley

Chatterjee M，Das SK，Turgut D（2002）WCA：A Weighted Clustering Algorithm for Mobile Ad Hoc Networks. Clust Comput. doi：10. 1023/A：1013941929408

Chiasserini CF，Chlamtac I，Monti P，Nucci A（2004）An energy-efficient method for nodes as-signment in cluster-based Ad Hoc networks. Wirel Netw. doi：10. 1023/B：WINE. 0000023857. 83211. 3c

Cilia M，Antollini C，Bornhövd A，Buchmann A（2004）Dealing with Heterogeneous Data in Pub/Sub Systems：The Concept-Based Approach. Third international workshop on distributed event-based systems DEBS '04，Edingburgh

COUGAAR（2010）An Open-Source Agent Architecture for Large-Scale，Distributed Multi-Agent Systems. http：//www. cougaar. org/. Accessed 20 June 2010

Crowley JL，Coutaz J，Rey G，Reignier P（2002）Perceptual Components for Context Aware Computing.

Proceedings of the UBICOMP 2002，Goteborg

Dey A（2000）Providing Architectural Support for Building Context-Aware Applications. Dis-sertation，Georgia Tech

Dimokas N，Katsaros D，Manolopoulos Y（2007）Node Clustering in Wireless Sensor Networks by Consider-ing Structural Characteristics of the Network Graph. Proceedings of the Interna-tional Conference on In-formation Technology 2007，Las Vegas

Gavalas D，Pantziou G，Konstantopoulos C，Mamalis B（2006）Lowest-ID with Adaptive ID Re-assignment：A Novel Mobile Ad-Hoc Networks Clustering Algorithm. Proceedings of the 1st International Symposi-um on Wireless Pervasive Computing，Phuket

Gilbert S，Lynch N（2002），Brewer's Conjecture and the Feasibility of Consistent，Available，Partition-Tol-erant Web Services. doi：10. 1145/564585. 564601

Grummt EO（2010）Secure Distributed Item-Level Discovery Service Using Secret Sharing. http：//www. faqs. org/patents/app/20100031369. Accessed 20 June 2010.

Hayes-Roth B(1995）An architecture for adaptive intelligent systems. ARTIF INTELL. doi：10. 1016/0004-3702(94)00004-K

Heinzelman WB，Chandrakasan AP，Balakrishnan H（2002）An Application-Specific Protocol Architecture for Wireless Microsensor Networks. IEEE Trans Wireless Commun. doi：10. 1109/TWC. 2002. 804190

Holmstöm J，Kajosaari R，Främling K，Langius K（2009）Roadmap to tracking based business and intelli-gent products. Comp Ind 60：229-233. doi：10. 1016/j. compind. 2008. 12. 006

JADE（2010）Java Agent Development Framework. http：//jade. tilab. com/. Accessed 20 June 2010

Krivokapic N（1997）Synchronization in Distributed Object Systems. Proceedings of BTW'1997，pp. 332-341

Kushalnagar N，Montenegro G，Schumacher C（2007）IPv6 over Low-Power Wireless Personal Area Net-works（6LoWPANs）：Overview，Assumptions，Problem Statement，and Goals. http：//citeseerx. ist. psu. edu/viewdoc/summary? doi＝10. 1. 1. 73. 4790. Accessed 20 June 2010

Leanvitt N（2010）Will NoSQL Databases Live Up to Their Promise?，Comp. doi：10. 1109/MC. 2010. 58

Liang Y，Yu H（2005）Energy Adaptive Cluster-Head Selection for Wireless Sensor Networks. Proceedings of the 6th International Conference on Parallel and Distributed Computing，Ap-plications and Technolo-gies，Dalian

Liu JS，Lin CHR（2005）Energy-efficiency clustering protocol in wireless sensor networks. J Ad-hoc Netw. doi：10. 1016/j. adhoc. 2003. 09. 012

Maes P（1995）Artificial Life Meets Entertainment：Life like Autonomous Agents. CACM. doi：10. 1145/219717. 219808

Niemi T，Niinimäki M，Sivunen V（2007）Integrating Distributed Heterogeneous Databases and Distributed Grid Computing，http：//citeseerx. ist. psu. edu/viewdoc/summary? doi＝10. 1. 1. 2. 1963. Accessed 9 June 2010

Onodera K，Miyazaki T（2008）An Autonomous Algorithm for Construction of Energy-conscious Commu-nication Tree in Wireless Sensor Networks. Proceedings of the 22nd Inter-national Conference on Ad-vanced Information Networking and Applications-Workshops. IEEE Computer Society，Washington

Öszu MT（1999）Distributed Databases. http：//citeseerx. ist. psu. edu/viewdoc/summary?doi＝10. 1. 1. 33. 2 276. Accessed 9 June 2010

Pátkai B, McFarlane D (2006) RFID-based Sensor Integration in Aerospace. http://www. aero-id. org/re-search_reports/AEROID-CAM-009-Sensors. pdf. Accessed 9 June 2010

Ray I, Ammann P, Jajodia S (2000) Using semantic correctness in multidatabases to achieve lo-cal autonomy, distribute coordination and maintain global integrity. Inf Sci. doi:10. 1016/S0020-0255 (00) 00062-1

Stuart Russell S, Norvig P (2003) Artificial Intelligence: A Modern Approach. 2nd Edition, Prentice Hall

Ryan NS, Pascoe J, Morse DR (1998) Enhanced Reality Fieldwork: the Contextaware Archaeo-logical Assistant. http://www. cs. ukc. ac. uk/projects/mobicomp/Fieldwork/Papers/CAA97/ ERFldwk. html. Accessed 26 May 2010

Sánchez López T, Kim D, Canepa GH, Koumadi K (2008) Integrating Wireless Sensors and RFID Tags into Energy-Efficient and Dynamic Context Networks. Comput J. doi:10. 1093/comjnl/bxn036

Sánchez López, T. Huerta Canepa, G. (2010) Distributed and Dynamic Addressing Mechanism for Wireless Sensor Networks. Submitted to Int J Distrib Sens Netw. Will be published in No-vember 2010

Schilit WN, Adams NI, Want R (1994) Context-aware Computing Applications. Proceedings of the 1st International Workshop on Mobile Computing Systems and Applications, Santa Cruz

Suzuki S, Harrison M (2006) Data Synchronization Specification. http://www. autoidlabs. org/single-view/dir/article/6/265/page. html. Accessed 9 June 2010

Vasseur JP et al. , (2010) Routing Over Low power and Lossy networks (roll). http://datatracker. ietf. org/wg/roll/charter/. Accessed 20 June 2010

Wang Y, Zhao Q, Zheng D (2004) Energy-Driven Adaptive Clustering Data Collection Protocol in Wireless Sensor Networks. Proceedings of the International Conference on Intelligent Mechatronics and Automation, Chengdu

Wong CY, McFarlane D, Zaharudin A, Agarwal V (2002) The intelligent product driven supply chain. Proceedings of the 2002 IEEE International Conference on Systems, Man and Cyber-netics, Hammanet

Wu J, Gaol M, Stojmenvic I (2001) On Calculating Power-Aware Connected Dominating Sets for Efficient Routing in Ad Hoc Wireless Networks. In: Ni LM, Valero M (eds) International Conference on Parallel Processing: 3-7 September 2001 Valencia, Spain. IEEE Press

Ye M, Li C, Chen G, Wu J (2005) EECS: An Energy Efficient Clustering Scheme in Wireless Sensor Networks. Proceedings of the International Profesional Communication Conference 2005, Limerick

Younis O, Fahmy S (2004) HEED: A Hybrid, Energy-Efficient, Distributed Clustering Approach for Ad Hoc Sensor Networks. IEEE Trans. Mobile Comput. doi:10. 1109/TMC. 2004. 41

第8章 物联网在协同生产环境中的作用——提高自主性和敏捷性

Marc-André Isenberg，Dirk Werthmann，Ernesto Morales-Kluge，Bernd Scholz-Reiter
德国，不来梅大学，生产系统的规划和控制
ise@biba. uni-bremen. de

　　本章讨论了协同生产①环境中的物联网对其信息基础设施所做的贡献。这些基础设施能使自治物体获得最新的信息，进而根据实际环境做出决策，使其敏捷性越来越高。本章通过技术讨论验证了自治物体的可行性，并分析了它们在物联网中实现进一步发展的可能性。此外，我们举例说明了敏捷过程对汽车行业自治物体的影响。概言之，本章对物联网领域和协同生产环境中的相关科研问题都进行了详细的说明。

8.1 引　　言

　　市场结构是连续变化过程的基础，这些变化源自企业创新、技术发展、新的市场参与者、修正案或社会价值的变化。为了与新的市场条件保持一致，有关企业需要及时应对这些变化，并用最快且最合适的方式调整他们的服务和产品。在过去几十年中，市场的变化速率稳步增长，尤其是已有的和新型的信息通信技术的发展使得市场的变化速率不断增长。能否满足市场需求已成为目前最大的挑战——即在短时间内让市场发生根本性变化（Pavlou et al.，2005）。以汽车产业为例：近几年，客户对动力强和速度快的汽车需求显著下降，而他们对生态节油车的兴趣明显增加——这个时间要比处于领先地位的汽车制造商曾规划的时间要快得多（Zalubowski，2008）。汽车供应链是典型的协同生产环境，其中，一件成品由不同的公司参与生产。因此，像汽车制造商一样，改变中央供应链成员的产品范围或企业结构，总是会影响其供应链合作伙伴的参与进程和结构。需求传输因合作伙伴而异，检测流程和结构上的个体变化需要很长一段时间。因此，改进网络范围内的反应时间对维持和巩固市场地位具有很大的潜在价值。发现变化和调整生产之间存在时间差，为了减少这个时间

---

　　① 译者注：协同生产是一种生产管理技术，是各种手段和方法的集合，并且这些手段和方法都是从各个方面实现其基本目标。

差，我们需要引入一种技术，以便使生产网络对开发敏捷供应链协同设计进行自动回馈。

物联网和自治物体可看做面向协同处理方式的潜在技术（Uckelmann，2010）。我们对物联网有不同的理解，但物联网主要都是指使用共同的信息基础设施来描述电子设备之间越来越紧密的互联性。有时物联网被描绘成一个对未知技术的模糊远景，但它既不是一个遥远的像乌托邦一样的远景，也不是一项具体的技术突破，像广播或电视的发明。现有技术的发展、基础设施的扩张和无处不在的网络在未来将会融合在一起，物联网是对这种融合趋势的预测。我们今天在互联网上使用的协议和算法将在未来的物联网中使用，它将更广泛地扩展机器与机器、人类与机器之间通信的能力，这将导致互联网范围内的专业通信参与者人数增多。自治物体装有智能单元（中央处理单元（CPU）和算法），能够做出环境路由决策或处理日常活动。物联网的概念和自治物体是相辅相成的。物联网是一个基础设施，它可以为精确的实时数据和无处不在的互联网提供面向对象的信息架构，这有助于实现新的系统性特点——自主性和敏捷性。因此，在应用所描述的概念时，一些现有生产环境中的范例会受到影响。例如，像"JUST IN TIME"① 生产范式已不再适用。大多数现有范式的共同点是他们需要确定的环境。高自由度的引入将导致不确定的环境，因此需要对现有方法加以完善。这一贡献为协同生产环境中自主过程和敏捷过程提供了对物联网和自治物体的适应性和合作性调研。

本章的结构如下：8.2节概述了对互联企业的近期需求；8.3节解释了敏捷性和自主性的基本概念；8.4节说明了物联网在互联企业实施自主和灵活的生产过程中的适用性；8.5节描述了实现生产物流新需求所需要的技术；8.6节是自治产品进行自我管理的生产场景的典型例子；8.7节介绍了由物联网的发展和潜在整合过程所引起的基础研究问题和挑战；8.8节对研究成果进行了总结和展望。

8.2 互联企业新兴的挑战

Porter 的"五力"分析很好地定义了企业的基本挑战。企业的基本挑战是指行业内的竞争、供应商的议价能力、客户的议价能力、替代产品的威胁和新加入者的威胁（Porter，1979）。所有这些挑战共同创造了市场环境，它表现出了动

---

① 译者注："JUST IN TIME"生产范式，即准时生产，其基本思想是"只在需要的时候，按需要的量，生产所需要的产品"，也就是追求一种无库存或库存达到最小的生产系统。这种生产方式由日本丰田公司于1953年提出。

态增加的趋势，这种趋势是由更全面地使用信息通信技术（更广泛和准确的信息）和遍及全世界的基础设施（更有效更可靠的运输/物质流）所引起的。

虽然市场按照供求规律运作，但市场参与者仍在使用许多不同的战略措施，并利用供求规律实现其目标，以此来影响市场。他们通过产品创新、战略合作关系、程序的效率、定价政策、收购或开拓新的市场机会来与对手竞争（Morgan et al.，1998）。特别是企业网络，个别企业专注于自己的核心竞争力，他们利用网络来完善协同作用并巩固其市场地位。然而，企业网络越广泛，控制、同步、故障恢复和整个工艺流程的重组就越复杂。如果网络是带有物理交换的协同生产环境，那么工艺流程将被划分为信息流和物质流，这是更加难以实现的综合性管理。

以 8.1 节中的汽车产业为例，其中包含协同生产环境，我们发现影响市场条件的因素除了企业的竞争以外还有其他组成部分。例如，汽车制造商也要考虑顾客喜好的变化以及不同国家/市场在法律规定上的不同。由于 2008 年的金融危机和极高的燃油价格，顾客对强动力汽车的喜爱程度下降，但汽车制造商并没有提出替代产品来满足顾客的需求（Zalubowski，2008）。欧盟使这种形势更加严峻，欧盟对载客汽车颁布了严格的排放法规（European Union，2007），一些国家必然要购买低排放汽车（ACEA，2009），他们的汽车报废计划也加剧了这种形势。有关汽车制造商的产品范围，不能满足新的市场需求，这导致其销售量的下降和利润的亏损，进而使部分企业破产（Isidore，2009）。即使汽车制造商的发展计划包含了节能汽车，但因为其供应链中含有大量的合作伙伴，作为对新客户需求的回馈，新车型的迅速采用，并不能重建信息流和物质流的敏捷性。此外，越来越多的客户根据需要定制汽车的配置，他们要对所订购车的设计提出意见。汽车制造商通过多样的管理实现这一要求。考虑到个性化的客户订单，允许在生产过程中对同种组件采用不同型号的设计。这也会影响可能的过程序列，并对存储和调度提出极大的挑战。在 8.6 节中的例子中，协作研究中心（Collaborative Research Centre，CRC）637[①] 提出了应对这一挑战的创新方法。

企业需要保留与合作伙伴以外的企业之间的兼容性，这是企业必须确保结构敏捷性的另一个原因。在供应链中，主要的合作伙伴通常为信息和物质交换定义标准，决定标准的价格并以此来垄断市场。主要客户对结构和规格的特殊关注导致其对企业流程的依赖性，如果企业要与新的伙伴进行合作，这种特殊关注可能是有害的，新客户的规范与主要客户的规范有不同之处。进一步说，将一个新的合作伙伴纳入供应链，即使是由单一一家公司主导的，也要求适应其结构和流程，这样会降低其参与积极性。此外，市场不再受限于国家或大陆的区域约束。全球化趋势创造了一个最便宜的生产基地，也为全球物流供应商创造了有效的国

---

① www.sfb637.uni-bremen.de。

际竞争，它使实际距离不再像以前那样重要。

考虑到市场发展，我们可以概括说，企业必须更加仔细地观察和预测市场，这是由于全球化的市场、广泛的企业竞争以及频繁的市场变化。此外，只关注主要客户会导致对结构和市场活动的依赖性。这些条件使企业需要新型敏捷企业结构，以巩固系统敏捷性的特点，这样可以确保企业能够使用快速合适的过程来适应新的市场环境。为了实现敏捷企业流程和满足定制产品的需求，只有灵活的战略和结构远远不够。企业有必要对操作流程赋予敏捷性。自主控制的概念提供了创造敏捷过程的可能性，它定义了自治物体，即物体能够在某些信息的基础上自主做出决定。为了实现敏捷性和自治过程，企业必须整合高密度的信息和控制网络，它能提供广泛的实时数据并支持细粒度控制和客观规范的管理。物联网可以提供此功能的服务。

8.3　敏捷性和自主性

本节对敏捷性和自主性进行了详细描述，这将对现代化生产和物流系统带来前所未有的挑战。

8.3.1　敏捷性

一提到"敏捷性"一词，我们就会想到轻松的运动，迅速、轻快、灵活的人类行为或精神上的机警，而敏捷制造却有着更多的含义。除了以市场为导向的观点，制造业中的敏捷性是由 Bessant 等人定义的。

"制造业中的敏捷性是指能够迅速有效地回应当前市场的需求配置，并在广泛的竞争力面前积极主动地发展和保留市场。"（Bessant et al.，2001）

另一个由 Katayama 和 Bennett 给出的定义也是以市场为导向的，但更侧重公司的能力以及客户的需求：满足广泛多样的顾客需求的能力。

"敏捷性涉及公司和市场之间的接口。从本质上讲，它是满足广泛多样的顾客对价格、规格、质量、数量和交货等方面的一系列需求能力。"（Katayama et al.，1999）

一个更全面的定义是由 Yusuf 等提出的，他研究了敏捷制造的目的、概念和属性。他们认为敏捷性是一个有输入因素、运行机制和输出因素的系统。

"敏捷性是对竞争力因素（迅速性、灵活性、创新性、积极性、高质性和盈利性）的成功探索，它在知识丰富的环境中可实现重构资源和最佳实践的整合，其目的是在瞬息万变的市场环境中提供客户驱动的产品和服务。"（Yusuf，1999）

此外，敏捷性可分为三个层次：宏观、微观和元素敏捷性。元素敏捷性是指个别资源，如人、部件或机械。微观敏捷性是指企业的发展前景（Goldman，1995）。宏观敏捷性考虑到了企业网络，这个概念是由 Yusuf 等建议提出的。对于敏捷的协同生产环境，重要的是要注意这些层次可以整体优化，但他们建立在彼此的基础之上，他们需要用一种和谐的方法进行优化（Yusuf et al.，1999）。

为了开发敏捷的系统能力，组织不得不追求敏捷制造的四大核心理念，这是从战略管理的角度出发的（Yusuf et al.，1999；Katayama et al.，1999；Gunasekaran，1998）。图 8.1 列出了这些概念，之后将对核心概念进行简要介绍。

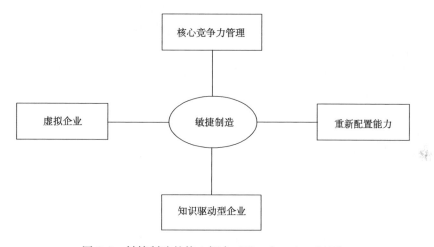

图 8.1 敏捷制造的核心概念（Yusuf et al.，1999）

核心竞争力的管理包括存储、加强和发展企业核心竞争力的所有测量和方法。这种能力是所有"使一家公司实现客户根本利益的技能"（Prahalad et al.，1990）。他们也被称为一个组织的集体知识，这主要是指员工的技术和组织能力，以及涉及制造技术、项目管理、沟通艺术、产品开发等。与同行业中其他公司相比，该公司的核心竞争力应该特别强。

对核心竞争力的深刻认识有助于各组织在虚拟企业①环境中实现交互。在虚拟企业中，组织通过提供其合作伙伴的生产所必需的能力来相互补充，这种补充正是对方缺失的，或者优于对方的，参与的组织在法律上仍然是独立的，他们各自雇佣员工，为虚拟企业工作，仍然安置在经营场所之间；主要通过互联网，利用现代信息通信技术，与虚拟企业进行合作交流。因此，物联网的使用使潜在的合作有所改善，因为它使信息范围延长并包括合作组织。虚拟企业往往是临时的组织，建立这个组织出于一个特殊的目的。由于构建一个虚拟的企业不需要付出

---

① 译者注：虚拟企业是一种具有代表性的合作企业策略，它实际上是一种短期的、只限于一个或几个项目周期内的企业网络结合。

太多，高素质员工简单灵活集中工作的可能性以及目的性建设都使组织具有创建灵活结构的广泛潜力。

重新配置能力可能是与敏捷制造相关的最直观能力。它包含了结构和操作的灵活性，这种特点能转移企业的工作重点并根据市场环境的变化重组业务。此外，它使企业能够引领竞争的方式（Yusuf et al.，1999）。意识到这种能力是一个自上而下的过程，它分为两个步骤。第一步是战略体系结构的发展，它的特点是企业核心技能的全景图（Prahalad et al.，1990），当相应元素的快速识别引起必要变化时，它能使管理迅速做出回应。第二步将现代信息通信技术融入到实现业务的灵活性操作流程中，只有通过执行器重新配置的能力才可以实现，他们可以获得可靠的实时信息和无延迟地接受命令。

知识驱动型企业的概念前提是独特的、作为企业成功源泉的知识和信息被越来越多的人认可。拥有这方面的知识和信息的人主要是员工。他们通过把集体知识转化为可销售的产品，造就了企业的成功。为了建立一个具有敏捷性的企业，有必要建立一个知识丰富的劳动力，它能够对结构和产品的需求变化做出迅速、适当的反应（Yusuf et al.，1999）。为实现这一目的，企业必须整合知识管理，其任务是：①防止由于员工离职造成的知识流失；②通过深造对集体知识进行扩展；③主持跨代知识转移的研讨会；④整理结构化的知识文件。

企业的管理可以使用这四个概念，把他们作为一种工具集来开发敏捷战略系统（Gunasekaran，1998）。由于很难预测他们的变化，因此他们应该是非常通用的，在没有发生变化之前，他们将实例化并指定了各个参数。

以下是两个决定企业敏捷性水平的全面性建议。其一是 Yusuf 等提出的，将企业与敏捷属性进行分类，这些属性是按决定域分组的（Yusuf et al.，1999）。模范的决定域是：

（1）能力（多创业能力，开发的业务实践中难以复制）；

（2）技术（科技意识，在使用现有技术时的领导力，促进技术发展的技能和知识，灵活性生产技术）；

（3）伙伴关系（伙伴关系的迅速形成，与客户的战略合作伙伴关系，与供应商的亲密关系，以信任为基础的客户/供应商关系）；

（4）市场（引进新产品，以客户为驱动的创新，客户满意度，对不断变化的市场需求的回应）。

第二项建议是 Gunasekaran 提出的。他定义了敏捷性推动者以及相应的指标（Gunasekaran，1998）。推动者是：

（1）虚拟企业的形成工具/指标；

（2）形式上分散的团队和制造；

（3）迅速形成合作关系的工具/指标；

（4）并行工程；

（5）整合了成品/生产/商业信息的系统；

（6）快速成型工具；

（7）电子商务。

这种解释的目的是描述生产中敏捷性的概念，以及描绘支持物联网概念整合的有潜力的出发点。

8.3.2　自主控制

自主控制的概念是指可以在本地做出决策并解决问题，它支持粗糙的物流过程，环境中的物体是有待控制的。这对产生元素敏捷性有显著影响，是实现集成系统敏捷性的内在影响。

CRC637"自主合作物流过程——范式转变及其局限性"，自2004年以来不来梅大学一直在分析自主控制。CRC637定义的自主控制如下。

"自主控制描述了分散决策过程中的分层结构，假定了非确定系统中的相互影响，它具有独立做决定的能力和可能性。自主控制的目标是提高稳定性和整个系统积极涌现的成就，原因是其具有分布性并能够灵活应对动态性和复杂性。"（Hülsmann et al.，2007）

定义的组成可分为特点（自主权、层级结构、分散决策、交互性和不确定性系统的行为）和目标（提高了稳定性和积极涌现）。Hülsmann、Windt和Böse讨论了这些问题（Hülsmann et al.，2007；Böse et al.，2007）。为了更好地了解自主控制，将有以下的概述。

1）特点

自主性描述的是不受任何外界因素影响的自我决策能力（Probst，1987）。主要会导致自治物体自身做出决策，这可以是一个逻辑上的决定，就像一个路由或运输平均值或生产决策，或是关于个别工艺步骤的顺序，像铣削是在钻孔之前还是之后。

分层是一种系统形式，其元素在理论上与权力和权威在同一级别，其中没有永久支配其他元素的部分（Probst，1992）。元素之间只是一些上位关系和从属关系，所以控制机制大多是由元素本身完成的。这意味着所有的系统元素具有相同的机会，组织和参与系统的交互活动（Hejl，1990）。因此，分层系统设计与自主控制的概念密切相关：自主控制描述了物体的行为，而分层描述了一个系统的特点，这些特点是由相关元素的行为形成。

一个具有自治物体的分层系统含有分散决策的意思。这意味着操作层的决定不是由中央统筹实例决定的，但决策权转移到了元素本身。他们根据环境条件中的行为采取语境决策，或使用与他们的指示和预定义的系统性、目标一致的信息

（Frese，1998）。决定竞争的能力，需要适当的算法和方法。

自治物体需要与环境进行交互（例如，其他物体或传感器），其目的是收集重要的信息、发送状态消息和触发动作。因此，他们必须能够与其他系统元素进行交互以实现合作和协调。交互活动使系统之间或他们的元素之间建立联系，这是由物体本身决定的，或因接收另外一个物体的请求所致。

尽管有确定的输入变量和系统分层结构的信息，非确定性系统的行为仍然描述了系统输出的不可预测性。它假设了在非确定性系统中的交互元素，自主控制描述了分散决策状态的进程以及系统转换规则的相关知识。用相同的输入变量重新运行系统，可能会得到不同的输出结果（Pugachev et al.，2002）。实现自治物体的先决条件是在一些物体中补充或增强智能水平。智能产品的概念奉行这种做法，并增添一些技能以强化现有的产品。智能产品的需求往往用语言描述为高层次的需求，并反映了自治产品的需求。McFarlane 和 Wong 把智能产品描述成基于物理和信息综合体的项目（McFarlane et al.，2003；Wong et al.，2002），其中有：

（1）拥有唯一标识；

（2）能够有效地与环境通信；

（3）可以保留或存储有关其自身的数据；

（4）部署了显示其特征、产品、需求等的语言；

（5）能够参与或做出与自己命运有关的决定。

Kärkkäinen 等（2003）和 Ventä（2007）的定义反映了智能产品的性质非常相似，而它们的区别在于其看待智能产品的视角不同。Ventä 的观点是技术性和系统性的视角，而 Kärkkäinen 侧重于物流。基于这一点，他介绍了智能产品的供应链。

与此类似，物联网的概念也形成了它对智能项目的需求，这与上述智能化产品的描述是高度一致的。需要促进项目之间互动的关键功能（Fleisch et al.，2008）。

（1）识别：物联网中的物体是由定义好的模式来识别的；

（2）交流与合作：物体能够互相交流，或与互联网上的资源交流；

（3）传感器：物体可以收集有关环境的信息；

（4）存储：物体具有信息存储空间，它存储了关于物体过去及其未来的信息；

（5）驱动要素：物体在物联网中有能力独立运行，无需超级统筹实体；

（6）用户界面：调整后使用的隐喻物体已通过物体实现。

考虑到智能产品的定义以及上述自主控制的研究领域，我们在 8.6 节中将会给出这些概念的具体应用。

2）目标

Hülsmann 和 Windt 解释，自主控制有两个主要目标：提高稳定性和整个系统的积极涌现。

提高稳定性的目标基于如下假设：自治物体可以对没有预料的事情做出更快的反应，而且这要比经过仔细计划和控制的情况更快（参见 8.3.1 节）。在这种情况下最直接的意义是使物体计算自己的位置，并根据实际环境做出反应，并与他们的指示保持一致。如果所有的事件由一个更高的实例解决，决定和指示到达执行器将需要更长的时间，系统资源将不得不处理一个较高的物体数量的波动。

积极涌现意味着个人和环境相关的决策综合，这是由自治物体提供的，比起用每一个个体元素解释相比，它将使系统获得更好的目标（例如，较低的交货时间并且更严格的遵守交货日期）（Böse et al.，2007）。

3）自主控制的程度

自主控制的概念可根据不同强度来使用。将物流系统分为高水平的自主控制和低水平的自主控制，一个直观的标准是自主控制和常规管理物体之间的比例。但是，这是一个很抽象的标准，原因在于决定一个物体是否自治有一定难度。对于自主控制系统水平的详细分类，Böse 和 Windt 用形态学的模式定义了一个广泛的标准目录，它试图确定整个系统的属性值和物体的能力范围。模范的标准包括组织结构、存储位置、交互能力和资源的灵活性（Böse et al.，2007）。

不同程度的自主控制与实现物流目标的影响是不成正比的。这意味着更高层次的自主控制不会自动实现更好的物流目标，他们还取决于物流系统的复杂性。Philipp 等人认为，自主控制的概念有助于实现复杂系统内的物流目标，但这种支持只限制于一个自主控制的具体水平。如果超过限制，实现物流目标将显著减少，系统的行为将越来越像处于一种无秩序状态（Philipp et al.，2007）。

自主控制的特点和目标之间的相关性，以及他们对敏捷性的影响如图 8.2 所示。

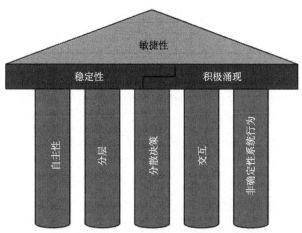

图 8.2　自主控制的特点和目标之间的相关性

8.4 通过物联网实现自主性和敏捷性

假设建立在协同生产环境中运行的单个进程是灵活的（例如，训练人们在不同活动之间转换角色，或个性过程序列的变化都是有可能的，等等），它高度地集成了信息通信技术，物联网可以为敏捷性创造条件，提供必要的通信基础设施（与 8.3.1 节比较）。这种影响以两种不同方式出现：管理方式和运作方式，如图 8.3 所示。

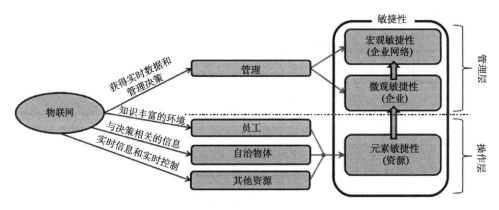

图 8.3　影响联网方式到系统敏捷的途径

管理方式以一个高层决策者的角色对人类产生影响。通过物联网工作环境提供广泛的实时数据，过滤机制可以汇集相关信息，并观察关键工序的阈值，使负责人使用重要的异常消息，接受其个人管理状态的意见。如果有必要，管理者可以将物联网作为一个指令承载的工具。由于可能进行多方位的沟通，指令可以到达所有与物联网相连的人和物。突发事件与市场证据相关，产品召回就是一个例子。一个企业发现产品质量出现严重问题之后，它已经开始在其生产过程中展开测量。首先，有必要停止生产目前看来有问题的产品。其次研发部门在补救产品亏损的同时，管理确定了在生产过程中必要的修改、调整赔偿和退回产品的能力。所有这些步骤都是靠物联网基础设施来支持的。如果产品召回涉及企业网络，那么物联网则表现了另一种优势：标准化的接口和协议，在生产过程中的测量将是相同的。这样物联网提供了一种与高层次更短延迟的控制，从而能够更快的回应突发事件并快速反应。因此，企业和企业网络水平的敏捷性便得以实现。

利用物联网产生一个灵活系统，这一运作方式可借助于自治物体、执行的员工和相互连接的互联网资源来实现。自治物体的特点是自己做出决策。这些决策可以从一个可靠的、准确的、实际的信息得出。如果决策相关的信息与自治物体相距较远，那么可以使用物联网作为信息提供者，因此可以把空间的分布式数据库、物体和资源连接起来，这些都是与物联网架构连接在一起的。物体的设备区有一个远距离通信模块（如移动通信），设备将提供另一种方式来连接空间上相互独立的信息资源，但物体价值与可实现的能源力量仍然会消耗很多金钱和能量。相比之下，物联网的架构是嵌入到物体环境中的，使用成本足够，也能使自治物体用最好的可用信息，消耗最少的通信能量就可以实现自主决策。例如，物联网可以自动检测出突发事件的发生（如缺少交货），通过使用企业内网，自治物体可以根据收到的信息来对具体环境做出判断并进行决策（如由于缺少零件而改变他们的处理顺序）。也有使用物联网作为一个指令承载的工具，如在自治物体本身发起一个处理行为，就像在传送器上卸载它一样。

在这种情况下，操作者在知识丰富的生产环境中工作，其特点是工作流程高度集成了信息通信技术。工作地点与物联网相连接，这样员工就可以在屏幕上收到所有需要的信息，这是与他们工作相关的产品元素。例如，这些可以是含有产品元素状态（如位置、完成程度）的工作列表，下一个目标是个人工作步骤（在产品变化程度高的作业车间生产中很重要）或安全指示。如果需要对市场变化做出快速反应，管理可以直接给工作站的员工发送与产品相关的决定，这些员工经过训练，可以在他们的工作顺序中立即执行新指令。联网资源能够提供有关其环境的信息，环境基于一个时间间隔、阈值或接收请求。仓库管理是一个很好的例子。在协同生产环境中，每个企业都拥有仓库且相互依赖。物联网提供了一个永久的、网络范围广的库存管理，并降低了可用商品的不确定性；可靠数据可以用来实现更好的进程同步，同时应对积压减少和存货不足的现象，这些现象是由节约成本而造成的，因此有可能减小长鞭效应。另一个例子是工具或产品等项目的跟踪和追踪。联网资源没有直接影响敏捷性，但他们提供了一个可靠的和实际的信息数据库，从而满足了对一个变化所需要的更快、更合适的反应。

个别非人力资源能自主行动，在其运作方面，联网资源所提供的经过训练的员工以及信息的透明度，产生了元素的敏捷性。

物联网对协同生产环境中敏捷性的影响可以概括为紧密的网状信息和控制网络的分配，它可以获取参与决策相关的数据，这些数据也是物体和人类实时获取的，传递确定需求需要一些指令，物联网还提供了传递这些指令所需要的基础设施。

8.5 满足物流生产中新需求所需要的技术

使用物联网来优化自主性和敏捷性更强的协同生产环境，依赖于软、硬件的共同发展。为了满足这种需求，我们将面临两大挑战。第一，整个物联网需要数据处理能力，因为物联网需要处理传感器、实时定位系统和未来广泛使用的其他技术所产生的数据（Thiesse et al.，2009）。第二，经济的发展和代理软、硬件的生产，如传感器、制动器或动态材料处理设备。我们需要应对这些挑战以掌握现有物联网的数据，使物体在做决策时能够使用这些数据（Fleisch et al.，2005）。

弥合真实世界与虚拟世界之间的差距，实现自治和敏捷的协同生产环境在技术上需要物联网。在这种环境中，所有物体（无论是人或机器）可以相互通信，而不需要刻意地人工交互。目前，RFID 技术贯穿不同行业，从而为企业获得物体信息搭建了桥梁（Fleisch et al.，2005）。

物联网不只是通信，它已超越了通信网络；物联网中的个体都已智能化。这种智能化可放置于物体本身，也可在 IT 基础设施中代表物体。这种智能化可以紧挨物体，也可以远离物体。通过物联网，它可以实现与物体永久或暂时相连。通过使用现有的标准 RFID 技术，物体可以被识别并与 RFID 读写器所在位置的环境条件信息相连。到目前为止，物体在生命周期中产生存储空间并进行数据处理，通过使用 IT 基础设施可以实现其存储和处理数据，而这种基础设施在物理结构上没有与物体相连。目前的电子产品代码（EPC）网络架构是为存储一个 IT 系统中物体在其生命周期收集的信息所设计的，其中 IT 系统位于供应链合作伙伴一边，他们已经对物体进行处理（EPCglobal，2009）。

8.5.1　基于 RFID 的 EPC 网络向基于代理的物联网的演进

如果物联网要具备所有能力，那么每一个物体都应该有能力对数据进行处理，这样就可以处理现有信息并在必要时根据这些信息做出决策。这可以通过实施软件代理和多代理系统（Multi Agent Systems，MAS）来完成，这是完成自主、交互性的系统的共性。代理是实际物体的自主决策者，可看做 MAS 环境中运行的软件方案。这些代理用传感器感知所处的环境，用执行器根据推理结果采取行动。此外，代理能够通过在 MAS 中相互通信来协调它们的行为。这使每个代理可以实现更好的目标。根据 Knirsch 和 Timm（1999）的理论，代理在环境中可以自主地做出行动并能够感知、应对环境的变化。

在大多数传统的测试场景中，物体代理只在服务器平台上运行。这意味着代理与物体在物理结构上是有联系的，因为嵌入式系统没有足够的计算能力支持代理平台的运行。在大多场景中，物体被智能化，这是由代理程序、附加唯一标识符来提供的，如 RFID 或条形码标签。这些独特的标识符经过 RFID 读写器时会被识别出来。未来物联网的目标之一是拥有物理结构上与大多数物体连接的代理——尤其是那些具有经济意义和战略意义的代理，如贵重物品或与生产相关的部分。此外，Jedermann 和 Lang 解释说，将物体智能化会更加经济，而不需要大量的信息技术基础设施和物体之间的通信（Jedermann et al.，2008）。为了实现这种自治性，计算硬件需要变得更小、价格更低，这样生活中的物体都可以智能化。根据摩尔定律，Mattern 指出几乎每一个物体都可以智能化，这样就可以在嵌入式系统中运行代理（Moore，1998；Mattern，2005）。每天有数以千计的智能物体生产出来，不仅计算能力是非常重要的，而且也需要考虑经济和生态方面的问题。有利于生产更便宜、更环保的标签的一种方法是开发基于聚合物电子技术芯片（CERP-IoT，2009）。

1）嵌入式设备的能源供应

除了分布的计算能力，能源供应也是一个重要课题。不幸的是，能源供应的发展跟不上加工技术的发展速度（Mattern，2005）。然而，集成电路和软件开发的持续小型化使其降低能源消耗，这是通过恒定不变的计算能力来实现的。但是，对能源供应方面的创新概念仍然有需求，这并不一定意味着储能。这也意味着进行关于获得能源方法的研究。收获能源的来源可能是振动/运动、温差、光或射频（电磁波）。这些来源可以与临时存储单元和超低功耗微控制单元相结合，为物联网创造一个传感器无处不在的新时代（Raju，2008）。

2）收集信息的传感器

要想建立起自主敏捷的物联网，物体需要掌握他们当前位置的信息。在 IT系统上运行的代理，实际连接或远程连接到物体，代理需要这些信息帮助他们做出决策。典型的传感器可以检测出光线、加速度、温度、位置或湿度（Mattern，2005）。目前的研究关注于分析液体和气体的小型新式传感器，例如微型气相色谱系统，用于检测挥发性有机化合物，这就是由不来梅大学微型传感器、驱动器和系统研究院开发的 IMSAS[①]（Stürmann，2005）。该系统通过分析产品周围的空气和新产品信息，进而将信息收集到这些小型传感器中，再通过物体代理来计算其动态最佳期。在此基础上，在供应链中像"先到期先发货"的方法可以用新的仓储概念来实现，这样可以减少由于易腐货物的质量差而造成的损失（Jeder-mann et al.，2008）。

信息最重要的一部分是位置信息，这对智能物体是有决定作用的。原因是大多数的物体都是移动的，物体本身需要知道它自己的位置（例如，物流中的物体已经达到了它的目的地）。除了绝对位置，人们对相对位置可能也感兴趣。例如在运输新鲜水果时，香蕉不应该与苹果相邻储存，因为这会导致香蕉被快速催熟。现在，定位系统是庞大的、昂贵的、高能耗的，并且不具备所需的精度。这种情况将会发生改变（Mattern，2005）。位置感应技术，比如三边测量、接近或现场分析等，可以与不同的传输技术相结合，这些技术基于无线电、红外线、磁信号、超声波或为实现位置感知的物体所设计的技术（Hightower et al.，2001）。

---

① www.imsas.uni-bremen.de。

3) 通信

物联网将由数十亿的物体组成（2009 年欧洲共同体委员会），这将产生很大的网络流量，并需要大量的网络地址。通信对智能物体的需求无法由通用通信技术完全实现。一方面，为处理逐渐增加的远距离网络流量，有线网络需要进一步发展。比如，这将促进远距离通信从铜线向光纤转变。另一方面，大多数的物体将在物联网范围内移动，这要求短距离和远距离通信的无线通信技术需要进一步扩大和发展。因此，像超宽带（Ultra Wide Band，UWB）、全球移动通信系统（Universal Mobile Communication System，UMTS）、ZigBee 或长期演进技术（Long Term Evolution，LTE）将更为普遍。但我们对一些特殊技术也有需求，其中包括便宜的组件，它们使用低级别的协议甚至采用极低的能源就能弥合宽带网络和传感器网络之间的差距。为了处理所有的智能物体，在目前的物联网中，需要有更宽的地址空间协议。一种方法是在互联网通信中使用 IPv6（CERP-IoT，2009），它能提供 2^{128} 个地址。

4) 物体完成任务能力的具体级别

在未来物联网中，（自主）物体的技术装备将因其职能范围的不同而发生变化，这取决于物体行动的环境以及它的任务。后面我们将介绍两种对立的场景，但是，在这两个极端情况之间还有更多可能的场景。

在第一个场景中，物体展示了一个其内部存在价值商品的交互体，它带有识别功能的转换器、用于远距离通信的 GPRS 模块、用于代理平台的嵌入式微控制器以及用于测量温度和位置的无线传感器。这个全能物体可以在离线情况下自主采取行动，并且拥有物联网所托管的代理副本。

第二个场景包括一个盒子，它用于汽车行业低成本项目的运输。这个盒子只配备了一个转发器，从而使公司能识别货物运输管理。代理可以在物联网的服务器上实现，但不是物体本身。通过接收相应的信息，它可以利用 EPC 网络来发现有关识别物体的更多信息。带有识别技术的设备可以被理解，尤其是将价格低的产品与物联网连接起来，或者是没有永久的网络接入的定位。

本小节解释了使物联网在协同生产环境中得以应用的技术需求，表 8.1 描述了硬件状态的概况、必要的改进和发展。

表 8.1　自治物体的能力及其使用技术后的实现情况

	可用技术	必要的改进	发展中的技术
识别	条形码，光学字符识别技术，射频识别技术	RFID 技术需要与日常生活相结合	聚合物电子（射频识别技术）
短距离通信	ZigBee 技术，蓝牙，无线局域网，超宽带广播技术，射频识别技术	降低能耗，简化通信协议	低能量蓝牙，6LoWPAN

续表

	可用技术	必要的改进	发展中的技术
远距离通信	铜线，纤维光学，全球移动通信系统，通用移动通信系统	扩大可用的宽带接入	LTE，智能网格
CPU	标准硅技术，例如微处理器，低电压 CPU	降低能耗，增强环境友好性	光子计算，聚合物电子

8.5.2　物体行为的代理

硬件可实现物联网的各种需求。在描述硬件之后，我们也需要阐述一下软件技术的发展状态。

为了实现协同生产环境中更加自主、更加灵活的物联网，使用超越标准的集中软件架构是很必要的。为了应对这一挑战，代理技术提供了一个很有用的方法。

程序代理可使用不同的代理平台，以此代表物联网中的物体。在 CRC637 使用的两个平台是众所周知的 Java 代理开发框架（JADEA）以及开放服务网关主动性的框架（Open Services Gateway initiative framework，OSGi）(Jedermann et al.，2008)。他们在理论上是可用的，但物联网内更多的代理用户需要改进的软件来协助代理的建立。现在的世界由数十亿的被互联网连接在一起的物体，很多人（包括消费者）希望能够设计和开发他们的代理，因此，加强代理软件的用户友好性是非常重要的（Mahmoud et al.，2006)。

基于 Uckelmann 等的理论，为实现物联网的代理，我们可能有不同的选择（Uckelmann et al.，2010)。基本思路是使用 EPC 网络，把它作为标准化并广为接受的结构。现存的网络，需要扩展以下能力：捕捉动态数据，自治的数据处理能力和集成智能材料处理能力。这些想法仍然没有实现。在实现中，以下的问题需要回答。

1）软件代理会在哪里工作

这主要受到可用技术的影响，而不论其是否以经济的方式赋予物体智能化的功能。基于这些前提，将代理整合到物体制造商或嵌入式系统核心 IT 系统中是可以实现的，他们与物体是相连的。这些对比之间，代理可以在本地的 IT 系统上实现，叫做物联网信息系统（Internet of Things Information System，IOT IS）。物联网（这是由 Uckelmann 描述的）由物流物体掌握，如仓库或卡车，为这些物体内部的物流物体的代理提供了计算能力。这个增强系统基于 EPC 网络已有的标准，它由具有数据同步功能的查询接口、存储数据以及决策储存库、软件代理和偏好集、捕获应用组成。这可以确保生成的数据以正确和安全的方式与全球物联网交换（Uckelmann et al.，2010）。每一个选择都有其优点和缺点。主要区别是物体是否需要网络连接以及能否接受硬件的价格和复杂性。表8.2对比了托管代理的各种位置及区别。

表 8.2　物联网代理可能的托管位置比较

工序能力的位置	物体的技术需求	支持论点	反对论点
核心 IT 系统	物体拥有独特的 ID	物体不需要计算能力，永远与代理相连，有充足的价格低廉的标签	不能进行离线决策，网络流量较高
物联网信息系统	物体拥有独特的 ID	物体不需要计算能力，有充足的价格低廉的标签，代理在物体附近	代理必须把自身转化为相邻的物联网信息系统中的代理
嵌入式系统	物体具有微型控制器、传感器和连接无线网的能力	可以进行离线决策，网络流量低	需要复杂的嵌入式硬件，与代理副本的同步

此外，图 8.4 说明了物体智能的两个维度以及物体与托管位置间的物理距离，同时显示了一些典型的技术设备。距离的增加使智能水平不断提高，这是由于核心 IT 系统具有更高的计算能力以及使用更复杂的算法和启发式能力。

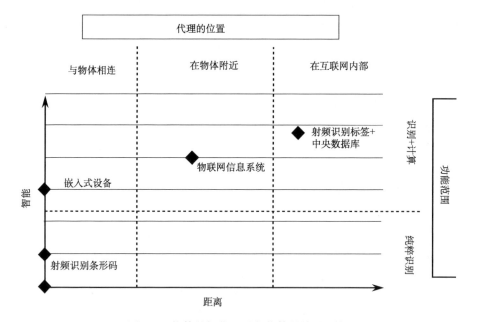

图 8.4　物体的智能以及与物体的接近程度

2）谁将负责组织层次上的代理

此外，代理的定位意味着数据的安全性问题、产品生命周期责任问题和其他社会需求问题。显然，代理的问题最终还是要由生产商解决。该解决方案包括以下优点。

（1）它使得制造商收集了许多有关产品生命周期的数据，这些数据可以用于产品开发；

（2）制造商通过使用物联网提供的产品数据，可以提供更多的服务；

（3）产品用户不需要去考虑代理的主机；

（4）托管代理通过把这些成本纳入价格成本，制造商可以很容易地再融资。

还有一些开放性的问题，如对客户关系的影响、法律保护或已经提到的数据安全问题。

代理复本：一个 IT 系统或物体本身的独家代理运行是不切实际的。物体既需要本身的代理或与其接近的 IOT IS 上的代理（取决于物体的功能范围），又需要一个能持续与物联网相连接的代理副本。如果代理无需网络连接就做出决定，那么就需要副本（例如，如果一个物体位于仓库角落但无 WiFi 覆盖，这就需要确保其能够及时与客户联系）。这将导致更多的挑战。其中最重要的是如何实现代理的同步，这些代理要对相同的物体负责（Uckelmann et al.，2010）。使物体在没有连接到物联网中代理的情况下就可以做出决策，这需要一些规则，能确保代理做出权威的决策。这需要确保为同一物体负责的两个代理不会做出不同的决定。

在软件方面，仍然有一些其他必要的发展和开放的问题，包括对代理平台的使用友好性，代理位置和物体的代理及其副本之间权威性的增强。例如，嵌入式设备的能源消耗（即根据环境中的设备消耗能源）或决策算法。很多应用程序应在不久的将来得到改善，但要在每一个产品的环境中实施软件代理，还要发展一段时间，特别是需要实时控制。

8.6　应用领域：汽车尾灯——智能产品

物流网络的高度复杂性，使得其越来越难以满足物流需求。在正确的时间、合适的地点获得正确的产品，这对传统的规划和控制方法都是一个非常巨大的挑战。因此，敏捷性、灵活性、积极性和适应性等方面都是目前的研究热点。这需要通过在物流决策过程中使用分权和自治概念来实现。

这些概念主要集中与方法论有关，还需要一些他们可以利用的信息基础设施。物联网的概念被认为是一个对项目和物流过程中物体的分布式信息有利的基础设施。作为未来的自主物流物体，智能产品被引入。智能产品将在生产物流方案出现，并通过一个组装的过程获得自主行动的能力。这个组装过程是生产场景的一部分，设计这个方案是用来探讨物联网在生产物流领域的适用性。这个场景展示了自动化尾灯的自主装配系统。整个设备定制成通过互联网进行通信，因此，我们可以考虑拓展这一场景，以考虑供应链上的多个位置。

这部分反映了在物流系统中实施自主控制方法是一个过程性工作，特别是在生产物流中，智能产品起着核心的作用。前面提到的CRC637"自主合作的物流过程──一个范式转变其及局限性"，在技术子项目中研究这项工作。

8.6.1 装配场景

现有一种生产场景用于探究自主控制方法在生产物流领域的适用性。这个场景展示了自主的汽车尾灯自动装配系统。自主方面是指决策和所有相关的组件运输过程等，装配本身仍然是手工过程。

装配场景最初的设计是一个流水作业系统，它不允许进程序列内的任何灵活改变。如今，已经生产出变型的自动汽车尾灯，以满足客户对配置的要求。由于这一事实，变型的流水作业系统从不具有灵活性的系统演化而来。然而，这些系统仍然被有限的、预先定义空间的变量集中控制着，这些变量可以预先决定并规划好。将这一现实场景作为出发点，可以得出提出的场景，其中有通过产出产品的变量类型来实现的自主控制，变量类型也是由产品自身选择出来的。图8.5显示了装配过程和相关零部件。

8.6.2 布局

该方案由六个车站组成，其中五个是装配站，一站是作为输入半成品的输入/输出站，还输出组装/完成的产品。装配过程包括四个阶段，如图8.5所示。开始要把半成品的金属铸造的一部分插入到物质流系统（与图8.6比较）。实施组装站对应五步装配过程，并设计组装了灯泡（彩色的、清晰的）、密封圈和三种类型的扩散。

为了实现自主控制，要在装配过程中增加潜在的灵活性──这是通过在过程中使用金属铸造的产品──嵌入式RFID标签以选择变体目标类型来实现的（Morales et al.，2010）（汽车尾灯的基本结构）。这些变体只针对生产过程中的特定部分。

物流限制用于筛除产品以便随机选择下一个组装过程。目前可行的变体以及下一装配步骤的调度策略均取决于决策执行方法。

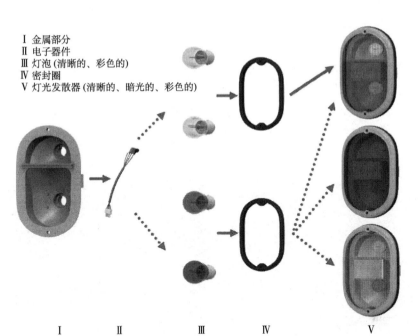

Ⅰ 金属部分
Ⅱ 电子器件
Ⅲ 灯泡(清晰的、彩色的)
Ⅳ 密封圈
Ⅴ 灯光发散器(清晰的、暗光的、彩色的)

Ⅰ　　　Ⅱ　　　Ⅲ　　　Ⅳ　　　Ⅴ

图 8.5　尾灯装备过程

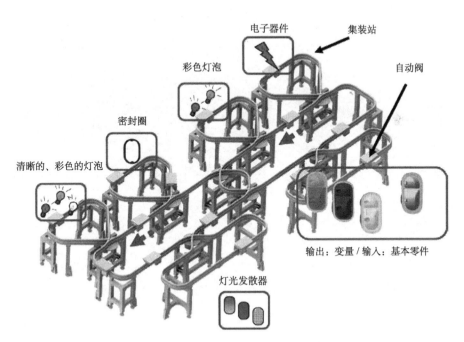

图 8.6　组装/生产场景（Morales Kluge and Pille，2010）

8.6.3 系统

布雷默研究所提出的单元装配车间场景可使产品更为灵活，通过使用集成了提供多条路径的单轨开关系统①，可以改变产品装配的规划路线（参照图8.7），而其中的产品能够留在主线或偏离旁路。单轨系统工作过程中有一个自我推进的航天飞机，上面可携带的负载可达12kg。它是一个模块化系统并具有可扩展性。

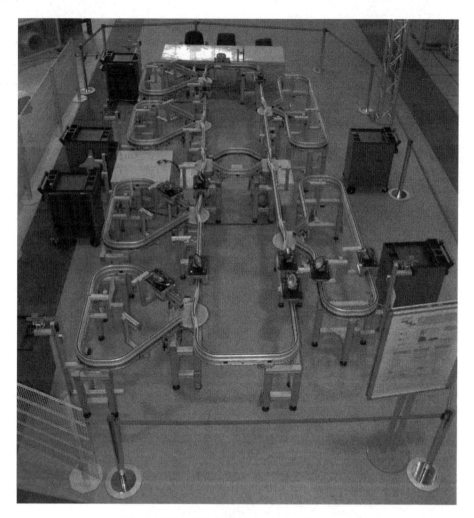

图8.7 单轨系统（比较 Morales et al.，2010）

---

① www.biba.uni-bremen.de。

图 8.8 携带智能产品的梭子 (Morales et al., 2010)

8.6.4 技术先决条件

1) 硬件抽象层

可能最重要的,特别是自主控制的有关要求是个别物流实体与环境交互并获得数据的能力,因此,理解和计算从信息资源获得的数据的能力是建立决策系统的前提 (Hans et al., 2008)。为此,使用了一个"硬件抽象层 (Hardware Abstraction Layer,HAL)",这是为了能够对系统中的几乎每一个硬件部分都实现结构性访问而开发的。这一层可通过 IP 协议来接入硬件,因此每一个硬件程序块都要事先启动以实现基于 IP 的通信。硬件抽象层也考虑了从数据集成的角度获得的结果。这方面超越了通常的 HAL 概念,但在这种变形环境中是很必要的。Hans 以及 Hribernik 等从自主物流网络中的数据集成这一角度研究了这一问题 (Hans et al., 2008; Hribernik et al., 2009)。未来该系统还可以自由扩展。

2) 金属铸造的 RFID

汽车的尾灯可看做量身定制的智能产品,可为其配置一个集成的 125 kHz RFID 标签,使其每个部分都可得到识别。今天的汽车零部件并没有配置材料固有的自动识别系统。这意味着在铸造过程中生产的尾灯已经嵌入该标记。Morales 和 Pille 描述了这种方法 (Morales et al., 2010) 的目标。他们专注于使产品能准确识别，并从生产出来后就具有自主性。Pille 还介绍了如何应对这个工程过程中的相关挑战（Pille，2009）。

3）多代理系统

即使是配备了自动识别技术的实际物体，也要具有一定的智能功能。通过其独特的识别码（RFID）将物体与代理系统连接起来，这样决策过程就可以建立起来。出于这个原因，我们引入了基于 JADE 的 MAS 系统，目的是使识别的产品在一个自治物体的复杂网络中运行。分布式软件代理再现了物流物体，并以标准的方式进行交互，这是由智能物理代理基金会定义的（Gehrke，2006；FIPA，2002）。MAS 表示了能够实现决策算法的基础设施。

4）决策算法

通过实施一个 MAS 环境中的决策算法，可以实现物体在网络中的自主行动。这种算法是以"产品类型通路"为基础的。在制造和装配过程中，产品沿着通路移动（Windt et al.，2009）。这使得智能产品可以在线做出决策，通过考虑其装配程度来选择变量类型。装配过程中需要的产品顺序发生变化时决策算法就很必要了。决策也影响着接下来的生产步骤。因此，需要分析所有的情况以促进对每个可选操作的评价（Ludwig，1995）。这个概念是进入决策的一个先决条件。为了这个概念我们使用了一个模型，它能够评价多边形的状态。这种方法基于模糊层次聚类（Rekersbrink et al.，2007）。规范标准正在等待潜在的装配站、材料存储站和现有客户的订单。

现有的实施方案基于 CRC637 而开发，它采用了自主控制在物流领域的基础研究。CRC637 考虑到了像摩尔定律（Moore，1998）这样的技术创新和规则，因此，这项研究主要集中在物流物体的基本问题上。这意味着在不久的将来会实现必要的技术改进，如小型化的处理能力。这种方法允许我们进行课题研究并得到技术应用结果。因此，我们所开发的决策方法、定制化安装的多代理系统和物流物体分散自主控制的算法均是通过最先进的网络技术实现的。我们始终认为将会实现一个更大的框架，允许物体的交互，并允许我们实现开发的方法在一个大的网络中，它超出了互联网基础设施的使用范围。物联网被认为是我们研究工作互补的一部分，它使物体能相互沟通，而我们研究如何加强物体在完全联网的环境中的行为能力。实施方案清楚地表明，出现的物联网概念与我们的研究结果合并可以创造积极涌现。

8.7　物联网面临的挑战

在物联网大规模应用于协同生产环境之前（例如，每个电子设备的连接），有必要对其进行进一步的研究。本节概述了在构建可靠、安全的物联网时所面临的挑战及其发展动态。

1）数据的真实性、加密以及完整性

目前在互联网中已经使用一些数据加密和验证算法。有必要检验这些算法在物联网中是否可行。特别是物体通信的加密仍然需要进一步的研究。因为要对所有物体的解密密钥进行交换，所以对称加密算法在物联网中不太现实。然而，使用公钥加密并不需要交换密钥，但却要求全面的计算时间——可能超出自治物体可以提供的时间范围或超过其可以提供的能源。

2）授权

物联网将主要用于交流的物体范围内的数据和指令。由于大多数物体是非公开的，因此存在大量的敏感信息和执行力。访问这些信息和指令的可能性，需要身份验证机制，这确保了身份的验证和对需要的人或物体的访问授权。

在协同生产环境中，访问授权是非常重要的，原因是企业的合作伙伴，仍然在法律上独立而且可能会在其他市场相互竞争。读取和执行的权利，需要一个确切的定义，使他们可以为每一个单一的物体和连接到物联网的资源定义。另一种方法是设计一个角色模型，可用于定义用户组的访问授权。

3）数据保护的法律安全

物联网内的数据交换是全面的、国际性的。部分数据将包括敏感信息，对于拥有者来说，数据保护是非常重要的。考虑到在物联网场景的适应性，现有在互联网中使用的方法必须经过检查。为此，有必要对数据内容以及在法律上的国际合作进行进一步研究。

4）可扩展性

数十亿的物体通过物联网通信，这对其技术性基础设施带来一定压力（Commission of the European Communities，2009）。对于数据吞吐量的减少，物联网需要可扩展性机制，从而使数据减少不会导致丢失重要信息。这种机制可以通过聚类方法提供，该机制已经在无线传感器网络的研究中得以开发。然而，传感器节点不同于自治物体或智能资源（例如，运动行为、能源供应、目标），因此有必要进一步研究物联网中的物体聚类。

5）计费和商业模型

物联网的基础设施的发展和运作需要高成本，根据"谁引起—谁负责"原则，要以易于理解的方式分配给受益人。进一步说，有必要确定个人信息的货币价值，这有利于物体之间交换财务评价信息，此数据可用于支持计费模式的发展。此外，物联网将提供广泛的新型商业模式的发展机会，这将像互联网的创新一样提供一些新的服务（与 Amazon、eBay 或 YouTube 进行比较）。

6）数据管理与同步

自治物体和智能资源经常自由移动，他们不具有固定的位置，并且与物联网

是部分断开的。出于这个原因，其需要一个表示复本，以便与物联网永远连接在一起。另一个非常重要的问题是有关数据的存储位置问题，代理在其生命周期中产生很多数据。在脱机时间，物体可以做决策、收集数据或改变状态；发送到物体的复本有可能是新的指令或目标。在先前离线的情况下，重新连接的物体需要在互联网上用这些复本来同步这些变化。此外，对同一物体负责的两个代理（即在物联网内/物体本身）需要对自己的能力以及其授权范围进行预定义，这是有必要的，可以使每个代理在没有相互连接的情况下，具有自主性并避免了不一致的决定。

7）人机通信

虽然机器通过电子接口可以彼此进行迅速沟通，但是人类没有这样的接口。与人沟通，总是需要通过感觉，像视觉、声波或振动/机械信号以及相应的输入。物联网能提供一个更高程度的人机交互。特别是自治物体，可以离线，它的决定可能会引发在其环境中的人类行为（例如，如果一个包裹要加入一个卡车那么雇员就要把它搬到卡车上），它通常不具有与人类沟通的能力。这些问题的解决需要依赖可穿戴技术的发展和对话理解领域的发展，以便实现迅速的、易于理解的和可靠的人机交互。

8）技术改进

物联网在主要的技术支持下已迈出了第一步，但我们仍然有必要对其进行大量的研究，以便实现物体真正的自主性和敏捷性，这些物体囊括了互联网上几乎所有的商品项目。设备的能源供应、能源消耗和托管代理平台等技术还可以实现改进。例如，可以将能量收集技术与开发更小的芯片、消耗更少的能源以及寻找更高的能源效率的软件算法相结合。此外，通信基础设施需要两个主要的改进：一方面，很多地方需要宽带来处理由智能物体带来的日益增加的网络流量；另一方面，无线通信技术是必需的，它消耗更少的能源，而且很容易连接到嵌入式系统，这样可以弥合移动物体和以电缆为基础的物联网之间的差距。

8.8 结　　论

本章致力于研究物联网为合作生产环境所带来的更高的自主性和敏捷性。为此，本章论证了自主控制和敏捷制造概念的相互适用性和协同潜力。对自治物体融入物联网的技术实现和综合进行了讨论，讨论显示了理论可行性，同时也要进行必要的改进。CRC637 例子表现了自主控制和实现过程与资源基本灵活性中细粒度的信息基础设施相结合的潜力。

如前所述，物联网是可实现的。它建立在现有的互联网基础设施之上，囊括了当今的很多技术发展。物联网的初期发展已经取得不小进步，如智能手机、UMTS、LTE 等。

由于物联网的研究与发展对全球化具有重要的意义，本章最后提出的研究挑战需要世界各国的研究机构的共同参与。只有这样，才能开发出物联网的通用标准和方法，避免各国和地区之间的技术壁垒。这样的国际性研究团体需要协调统一学术机构和各行业应用企业的看法，从而推动物联网的进一步发展。合作研究与共同开发是物联网能够被广泛接受和使用的最有效、最有前景的方法。

致　　谢

本项研究作为 CRC637 "自主合作的物流过程——一个范式转变及其局限性"项目的一部分，得到德国研究基金会（German Research Foundation，DFG）的资助。

参 考 文 献

ACEA（2009）Vehicle Scrapping Schemes in the European Union. http：//www. acea. be/images/uploads/files/20090406 _ Scrapping _ schemes. pdf. Accessed 21 May 2010

Bessant J，Francis D，Meredith S，Kaplinsky R，Brown S（2001）Developing manufacturing agility in SMEs. Int J Manuf Technol Manag. doi：10. 1504/IJMTM. 2000. 001374

Böse F，Windt K（2007）Catalogue of Criteria for Autonomous Control in Logistics. In：Hülsmann M，Windt K（eds）Understanding Autonomous Cooperation & Control in Logistics -The Impact on Management，Information and Communication and Material Flow. Springer，Berlin

CERP-IoT（2009）Internet of Things Strategic Research Roadmap. http：//www. grifs-project. eu/data/File/CERP-IoT％20SRA_IoT_v11. pdf. Accessed 21 May 2010

COMMISSION OF THE EUROPEAN COMMUNITIES（2009）Internet of Things-An action plan for Europe. European Commission. http：//ec. europa. eu/information _ society/policy/rfid/grifsdocuments/commiot2009. pdf. Accessed 21 May 2010

EPCglobal（2009）EPCglobal Architecture Framework-Version 1. 3. http：//www. epcglobalinc. org/standards/architecture. Accessed 21 May 2010

European Union（2007）REGULATION（EC）No 715/2007 OF THE EUROPEAN PARLIAMENT AND OF THE COUNCIL of 20 June 2007. Off J Eur Union. http：//eurlex. europa. eu/LexUriServ/LexUriServ. do?uri＝OJ：L：2007：171：0001：0016：EN：PDF. 21 May 2010

Foundation for Intelligent Physical Agents（2002）FIPA standard status specifications. http：//www. fipa. org/repository/standardspecs. html. Accessed 20 June 2010

Fleisch E，Christ O，Dierkes M（2005）Die betriebswirtschaftliche Vision des Internets der Dinge. In：Fleisch E，Mattern E（eds）Das Internet der Dinge. Springer-Verlag，Berlin-Heidelberg

Fleisch E，Thiesse F（2008）Internet der Dinge. In：Kurbel，K. ，Becker，J. ，Gronau，N，Sinz，E. ，Suhl，L（eds），Enzyklopädie der Wirtschaftsinformatik-Online Lexikon. http：//www. enzyklopaedie-der-wirtschaftsinformatik. de/wi-enzyklopaedie/lexikon/technologien-methoden/Rechnernetz/Internet/Internet-der-Dinge/index. html/？search

Frese，E（1998）：Grundlagen der Organisation：Konzepte-Prinzipien-Strukturen. 7th edn. ，Gabler，Wiesbaden

Gehrke JD，Behrens C，Jedermann R，Morales Kluge E（2006）The Intelligent Container-Toward Autonomous Logistic Processes. KI 2006 Demo Presentations. http：//www. intelligentcontainer. com/fileadmin/template/main/files/pdf/gehrke

Demo. pdf. Accessed 31 May 2010

Goldman SL，Nagel RN，Preiss K（1995）Agile Competitors and Virtual Organisations：Strategiesfor enriching the customer. Van Nostrand Reinhold，New York

Gunasekaran A（1998）Agile manufacturing：enablers and an implementation framework. Int JProd Res doi：10. 1080/002075498193291

Hans C，Hribernik K，Thoben K-D（2008）An Approach for the Integration of Data within ComplexLogistic Systems. In：Dynamic in Logistics-First International Conference 2007. Springer，Heidelberg

Hejl PM（1990）Self-regulation in social systems. In：Krohn W，Küppers G，Nowotny H（eds）Self-organization：Portrait of scientific revolution. Springer，Berlin

Hightower J，Boriello G（2001）Location Systems for Ubiquitous Computing. Comput. doi：10. 110910. 1109/2. 940014

Hribernik K，Hans C，Thoben K-D（2009）The Application of the EPCglobal Framework Architecture to Autonomous Control in Logistics. Proceedings of the 2nd International Conferenceon Dynamics in Logistics，Bremen

Hülsmann M，Windt K（eds）（2007）Understanding Autonomous Cooperation and Control inLogistics. Springer，Berlin et al.

Isidore C（2009）GM bankruptcy：End of an era. http：//money. cnn. com/2009/06/01/news/companies/gm_bankruptcy/index. htm. Accessed 21 May 2010

Jedermann R，Lang W（2008）The Benefits of Embedded Intelligence-Tasks and Applications for Ubiquitous Computing in Logistics. In：Floerkemeier C，Langheinrich M，Fleisch E，Mattern F，Sarma SE（eds）The Internet of Things. First International Conference，IOT 2008. Springer，Berlin-Heidelberg

Kärkkäinen M，Holmström J，Främling K，Artto K（2003）Intelligent products：a step towards a more effective project delivery chain. Comput Ind. doi：10. 1016/S0166-3615（02）00116-1

Katayama H，Bennett D（1999）Agility，adaptability and leanness：A comparison of concepts and a study of practice. Int J Prod Res. doi：10. 1016/S0925-5273(98)00129-7

Knirsch P，Timm IJ（1999）Adaptive Multiagent Systems Applied on Temporal Logistics Networks. In：Muffatto M，Pawar KS（eds）Proceedings of the 4th International Symposium on Logistics. Florence

Ludwig B（1995）Methoden zur Modelbildung in der Technikbewertung. CUTEC-Schriftenreihe Nr. 18，Clausthal-Zellerfeld

Mahmoud QH，Yu L（2006）Making Software Agents User-Friendly. Comp. doi；10. 1109/MC. 2006. 239

Mattern E（2005）Die technische Basis für das Internet der Dinge. In：Fleisch E，Mattern E（eds）Das Internet der Dinge. Springer-Verlag，Berlin-Heidelberg

McFarlane D，Sarma S，Chirn JL，Wong CY，Ashton K（2003）Auto ID systems and intelligent manufacturing control. Eng Appl Artif Intell. doi；10. 1016/S0952-1976(03)00077-0

Moore G（1998）Cramming more components onto integrated circuits. P IEEE. doi：/10. 1109/JPROC. 1998. 658762

Morales Kluge E，Pille C (2010) Autonome Steuerung-Intelligente Werkstücke finden selbstgesteuertihren Weg durch die Produktion. RFID im Blick，Sonderausg Brem 1：44-45

Morales Kluge E，Ganji F；Scholz-Reiter B (2010) Intelligent products-towards autonomouslogistic processes-a work in progress paper. PLM 10. 7th International Product Lifecycle Management Conference，Bremen. To appear

第 9 章 物联网综合计费方案

Dieter Uckelmann[1]，Bernd Scholz-Reiter[2]

[1] 德国，不来梅大学，LogDynamics 实验室
[2] 德国，不来梅大学，生产系统规划与控制系

物联网是目前最有应用前景的信息技术之一，可以在供应链管理、产品生命周期管理、客户关系应用以及智能环境等领域得到广泛应用。物联网将会给人们的工作和生活带来极大的便利，甚至有可能为人们带来显著的经济利益。然而，物联网的应用发展却需要一个漫长的过程，这一过程远比人们预期的要长得多。其中一个主要原因是缺乏合理的利润分配模式来平衡利益相关各方的成本和收益。针对这一问题，虽然有人提出了一些应用于物联网特定应用领域的成本分摊与收益分配模型，但是，这些模型都比较复杂，针对性比较强，扩展性较差。为了解决这些问题，本章提出一个新的理念——信息的弹性定价与交易。基于开源计费系统（jBilling 系统）和电子产品代码信息服务（Electronic Product Code Information Service，EPCIS）标准，我们以饮料供应链中的应用为例，开发了一个原型，详细地阐述了信息弹性定价与交易的思想，并介绍在饮料领域中各种不同的信息定价方式。本章为物联网中成本分摊与收益分配模型提供一个更灵活、扩展性更强的解决方案，可以为物联网中新的商业模式开发提供支持。

9.1 引　　言

基于对 RFID 的成本与收益的分析研究，本章主要研究物联网的成本与收益问题。尽管互联的 RFID 只是物联网的一个组成部分，但从成本与收益方面看，RFID 的成本和收益情况在一定程度上可以代表物联网的成本和收益情况。因此，本章的思路是通过研究 RFID 的成本与收益问题来研究物联网的成本与收益问题。事实上，RFID 技术的商业绩效和投资回报率（Return On Investment，ROI）是难以计算的，这个问题已经成为 RFID 技术能否被广泛采用的关键所在。因此，RFID 成本与收益的研究（Schmitt et al.，2008）已经成为当前的研究热点之一。此外，成本收益分析是经济学分析的一个重要问题。调查表明，在已经运用了 RFID 技术的公司中有 81% 使用了成本收益分析方法，而在准备采

用 RFID 技术的公司中则有 87％ 计划使用成本收益分析方法（Seiter et al.，2008）。但是，有关 RFID 成本收益的分析大多都采用了最佳估测的方法（Gille et al.，2008；Laubacher et al.，2006）。

在物联网的成本分析中，需要重点考虑 RFID 和其他自动识别技术。当然，在未来，其他一些技术也需要逐步考虑进来，这些技术包括传感器、执行器、网络基础设施等各种技术。目前，物联网的发展遇到的最大障碍是高昂的成本，包括硬件、软件、整合、维修、业务流程重组、数据分析等。

事实上，很难平衡利益相关各方的成本和收益。有些企业在技术开发与整合方面花费的成本比获取的收益还多，因此造成物联网在某些应用中的成本和收益难以达到均衡状态。针对 RFID 在供应链中的应用，为了解决成本与收益的均衡问题，人们提出利用成本分摊与收益分配的方法。但是，与传统的成本收益分析模型不同，成本分摊与收益分配并不是一个通用的方法（OECD，2007）。

成本收益分析通常会存在以下一些问题。

（1）详细的成本收益分析过程要花费很长的时间；

（2）难以确定、衡量和分析所有物联网相关的成本和收益；

（3）公司不愿意与他人分享收益；

（4）成本分摊与收益分配模型易受双向协商的影响，因而难以得到广泛使用。

在信息交易的基础上，我们可以提出成本分摊与收益分配模型的替代方案。当然，这些信息交易是通过物联网进行的。为此，我们需要设计一个为信息进行定价和计费的方案。在电信行业中，已经存在一些为信息定价和计费的方案，这些方案是电信行业基础设施的组成部分。它涵盖各种不同的服务，如语音服务、短信服务、因特网接入服务、因特网增值服务等。电信行业的计费方案可以在不同企业之间提供计费服务，包括跨国的计费服务。

本章详细阐述物联网成本和收益分析的相关概念，讨论成本分摊与收益分配模型存在的问题。此外，本章还介绍一个技术性解决方案，该方案整合计费系统与 EPCIS，能够实现信息定价和计费。在物联网环境下，投资者需要考虑投资回报率。传统的投资回报率的计算利用了很多估测的数据进行计算，而本章所提出的方案可以根据历史数据和信息价值的真实数据进行计算，从而为物联网提供一种更精确的计费方式。

LogDynamics 实验室以饮料供应链为例，开发了一个原型，以阐述成本分摊与收益分配模型的概念。

9.2 RFID 与物联网的成本

在物联网实施的过程中，会产生很多成本。一些研究经常把物联网和 RFID

混同一谈，但事实并非如此，RFID 只是实现物联网的核心技术之一。尽管如此，对物联网的成本计算仍然可以借鉴 RFID 的成本分析方法。接下来，我们对 RFID 设备的成本进行分析，本节用到的财务数据一部分来源于公开发表的资料，另一部分来源于 2006 年至 2009 年期间，不来梅大学的 LogDynamics 实验室购买设备的实际财务数据。

Agarwal（2001）分析了制造企业实施 RFID 应用的成本，包括 RFID 标签的成本、标签的嵌入成本、阅读器及其安装的成本、系统集成的成本、人员培训和业务重组的成本、方案实施的成本等。Feinbier 等（2008）分析了钢铁行业实施 RFID 应用的成本问题。据此，我们可以推测物联网实施的成本结构，如表 9.1 所示。

表 9.1　物联网实施的成本分析

成本类别	制造企业实施 RFID 应用的成本（Agarwal, 2001）	钢铁企业实施 RFID 应用的成本（Feinbier et al., 2008）	实施物联网应用的成本
1. 移动设备的成本	标签自身的成本；将标签嵌入到产品中的成本	标签成本	移动设备的成本，例如数据载体（如标签）、传感器、执行器、智能物体等设备的成本；移动设备的安装成本
2. 集成设备与软件的成本	标签阅读器的购买成本；在工厂或仓库中安装标签阅读器的成本	阅读器成本；天线、电缆成本；安装成本；配置优化成本；控制器成本；软件平台（中间件）成本	物联网环境中的基础设备的成本，如标签阅读器、网关、控制器、附属部件等设备的成本；设备安装与优化的成本
3. 系统集成的成本	系统集成的成本	对原有系统集成的成本	系统集成的成本，包括新增接口，更新、升级或替换现有系统的成本
4. 培训成本、业务重组的成本	培训成本、业务重组的成本	业务处理（包括业务重新设计、人为因素处理）的成本	培训成本；业务重组、业务流程再造、商业模式创新等方面的成本
5. 应用	实施应用方案的成本	—	实施内部应用方案的成本
6. 组网（技术和组织方面）成本	—	—	在开放环境中，组网的成本，组网需要考虑的因素包括完善的安全性、合理的分层访问控制、多方位的沟通机制、产品数据合同、服务等级协议、标准化的语法和语义、数据转换、同步问题、信任问题等

续表

成本类别	制造企业实施 RFID 应用的成本（Agarwal，2001）	钢铁企业实施 RFID 应用的成本（Feinbier et al.，2008）	实施物联网应用的成本
7. 营运成本	—	维护成本	维护成本； 其他营运成本，包括系统运行（如数据存储和数据分析）、系统扩展与优化的营运成本

在物联网应用中，智能的移动设备是必不可少的。因此，考虑物联网的成本需要首先考虑移动设备的成本。这里的移动设备包括嵌入在产品中的 RFID 标签、传感器、执行器（如信号灯、电源开关）以及各种多功能的智能设备。近年来，随着 RFID 标签的广泛使用，其成本越来越受到人们的关注。在不同的应用中，受智能产品本身的功能、成本等因素的影响，人们对 RFID 标签价格的接受程度是不同的。在 2004 年进行的一项调查中，100 家企业从 RFID 标签的项目级和单元级两个方面，分别回答了他们愿意为 RFID 标签支付的最高价格。在项目级方面，标签最常见的单价是 0.10 欧元或更少；但是在单元级方面，标签单价更高一些也是合理的（ten Hompel et al.，2004）。2008 年，标签的平均单价是 1.13 美元，这个平均数代表的是高频（High Frequency，HF）标准的标签和超高频（Ultra High Frequency，UHF）标准的标签。然而，UHF 标准的智能标签（后文简称 UHF 标签）可以以更低的价格购买到。2009 年，Bremen 大学的 LogDynamics 实验室以仅仅 0.08 欧元的单价购买了同 ISO / IEC 18000 / Amd 1（2006）标准相兼容的 UHF 标签。有坚实金属外壳的 UHF 标签单价常常在 3～7 欧元之间，此种标签成本较高，因为与智能标签相比，此种标签添加了金属外壳，调整了原来的天线设计，且此标签的供给数量较少。IDTechEx（2009）预测，到 2014 年，HF 标签和 UHF 标签的平均单价都只有 0.22 美元。

从上述关于无源 RFID 标签价格的分析可以看出，无源标签的成本是廉价的。有源 RFID 标签的成本比无源的要高昂得多。其最低价格一般在 15 欧元左右，其成本主要由电池和外壳决定；最高价格可能会达到 75 欧元，这类标签的价格之所以如此高昂，主要取决于个别供应商的市场定位。如果供应商生产的标签和阅读器是非标准化的，用户一旦开始采用这种非标准的产品，就需要长期与这家供应商合作，这种合作的成本往往就受制于供应商。事实上，国际标准化组织已经制定了 RFID 标签的标准 ISO/IEC 18000-7（2009），该标准支持频段为 433MHz 的有源空中接口通信。如果供应商提供的产品符合这个标准，那么用户可以选择不同供应商的 RFID 标签。

以美国国防部为例，最初，美国国防部在购买有源标签时都是跟 Savi 公司合作。因为这家公司拥有自己独立的 RFID 标签的知识产权，其他生产有源 RFID 标签的公司必须取得该公司的授权。现在，美国国防部可以从很多公司购买符合标准的有源标签，如 Unisys、Savi、SPEC（Systems and Processes Engineering Corp）、Northrop Grumman 等公司。美国国防部认为他们目前支付的 RFID 标签的价格与以前相比已经削减了一半。有源 RFID 标签的供应商可以采取外包的方式进行生产，例如，Unisys 公司就是通过 Identec Solutions 公司和 Hi-G-Tek 公司这两家外包商来生产有源 RFID 标签的。美国国防部购买的有源 RFID 标签主要用于军用设备，而军用设备的安全性和可靠性要求这些标签还需要遵循相关的军用标准（Swedberg，2009）。因此，也就提高了有源 RFID 标签的成本。

除了上文提到的遵守 ISO/IEC 18000-7（2009）标准的标签之外，还有一些其他类型的有源标签。这些标签工作的频段是 860~960MHz、2.4GHz，甚至在超宽频（Ultra Wide Band，UWB）的范围，同时，这些标签可以提供一些特殊的功能，如位置感应等。目前，有源 RFID 标签已经取得了广泛的应用。因此，在考虑 RFID 标签的成本时，应该综合分析有源标签和无源标签的成本和收益。当然，我们也不能只考虑购买 RFID 标签的成本。在物联网环境下，普适的移动计算需要将传感器、执行器、智能设备等无缝地整合在一起，这种整合的成本也是非常高的。从这个意义上说，在讨论物联网的成本时，移动设备及其安装的成本依然是一个值得探讨的问题。

其次，在物联网的实施过程中，我们需要考虑集成设备和软件的成本，如阅读器、天线、电缆、控制器、其他相关硬件和软件及其安装成本。事实上，RFID 阅读器套件的成本是相当低廉的，大约只有 50 欧元。这样的套件包括一个带有 USB 接口的 HF 阅读器、样品标签和相应的应用软件。这些新的 RFID 产品开始只是将 RFID 技术运用到智能家居环境中的娱乐而已；之后，这些技术才逐渐用于工业生产和商业领域。目前，在美国与 ISO/IEC18000-6c 标准兼容的带有 4 个天线的阅读器的成本已经低于 1000 美元，而在欧洲这样的产品的价格通常在 1300~2500 欧元之间。一些研究（Feinbier et al.，2008）认为，阅读器的价格是与功能密切相关的。事实上，与功能相比，阅读器的价格与公司的定位、销售策略以及经销商的情况有更密切的联系。通常，UHF 天线价格在 80~300 欧元之间，天线电缆的价格大约在 10~30 欧元之间，手持的 RFID 专用数据终端的价格通常在 1000~4000 欧元之间。

RFID 打印机的价格通常在 1000~3000 欧元之间。当然，这些打印机并不能自动贴标[①]，具有自动贴标功能的打印机的价格会更高。除了上述硬件之外，

---

① 打印机的自动贴标功能，指打印机将标签打印出来，同时能够自动粘贴在相应的物品上的功能。

在物联网的实施过程中，还需要一些其他的硬件设备，如支持阅读器和天线的配件等。为了避免发生错误读取的情况，一些零售商会考虑在不同的货物入口之间使用大型的金属屏蔽物。当然，最新的设备甚至会采用智能过滤机制。物联网中网关的安装和配置的成本也相当的高昂。此外，在 RFID 应用部署之前，需要进行现场调查，每次调查的成本大约为 1000 欧元（Feinbier et al.，2008）。当然，在一些恶劣的环境中，如在钢铁厂中，安装 RFID 应用实施的费用甚至高达20000 欧元（Feinbier et al.，2008）。对于标准的 dock-door 设备而言，这些成本确实相当高，由此可见，设备安装的成本不可忽视。

在实际应用系统中，控制器和中间件的作用是管理底层硬件，同时为应用程序提供这些底层硬件的接口。有些情况下，中间件可以分为两类：一是与硬件相连的中间件，二是与应用程序相连的中间件。此时，中间件也可以被看做第 3 个成本类别（系统集成成本）的一部分。

在物联网的实施中，我们需要考虑的第 3 类成本包括原有系统、中间件的集成成本，以及现有系统的升级成本。其中，中间件可以是免费的软件，如 Fosstrak- system①，也可以是由软件提供商提供的商业软件，如 IBM、Oracle、SAP②、Seeburger③、Savi④ 和 REVA⑤。当然，中间件的集成成本还需要考虑必要的安装成本。在物联网中，中间件不仅能连接企业内部的应用程序，还可以在企业、终端用户和公共机构之间实现多方位的通信（参见第 6 类成本）。

此外，我们还需要考虑应用程序的更新成本，这些应用程序包括企业资源计划（Enterprise Resource Planning，ERP）、供应链管理（Supply Chain Management，SCM）、产品生命周期管理（Product Lifecycle Management，PLM）等系统。

物联网实施的第 4 类成本包括项目组、终端用户的培训成本以及业务重组的成本。由于物联网涉及各种不同的技术，如自动识别技术、传感器以及数据分析处理技术等，而项目实施人员和用户需要掌握这些技术的基本知识，因此，有必要对这些人员进行相应的培训。此外，物联网可能引起用户对隐私和安全问题的担忧，由此引发的用户抵制可能会直接造成相关项目的彻底失败。为了帮助用户消除这种担忧，需要对其进行相应的培训。

业务重组的成本源于两个方面：一是革新传统管理方法的成本，如业务流程再造的成本；二是使用新的管理方法的成本，如商业模式创新的成本。因此，业

---

① www. fosstrak. org。

② www. sap. com。

③ www. seeburger. com。

④ www. savi. com。

⑤ www. revasystems. com。

务重组可能需要进一步对基础设施进行投资。例如，为优化汽车的配送流程，Ford Cologne 公司（德国）基于 RFID 和自动访问技术，建立了一个"环岛"式的配送中心，该中心将汽车配送到船舶、火车、拖车等渠道和仓库（Harley，2008）。据估计，构建这样一个配送中心的成本会超过 RFID 基础设施的投资成本。上述例子阐述了单一流程优化的投资，并没有涉及大幅度的组织变革，但新的商业模式可能需要广泛的组织变革。

第 5 类成本是实施新的内部应用方案的成本。这些新的应用方案可以充分发挥物联网的潜力。实施内部应用的成本包括：

（1）标准软件（如 PLM 系统、SCM 系统）的成本；

（2）专用软件的成本；

（3）软件安装、定制、培训等方面的成本。

这些应用程序可以作为物联网的接口，为数据录入、检索、分析、规划、预测等提供服务。

在物联网环境下，企业需要与用户、政府机构以及其他企业进行交流与合作。因此，这方面的成本是物联网实施需要考虑的第 6 类成本。在物联网中，中间件技术能够为不同的参与者提供一些信息交流与合作的方式。但是，在这方面可能还需要考虑进一步投资。例如，在零售行业中，供应商需要考虑电子数据交换（Electronic Data Interchange，EDI）基础设施的投资。目前，EDI 是商业领域中最先进的数据交换技术，即便是 EPCglobal 也难以取代 EDI。这类大型设备的相关软件的投资是相当巨大的，其成本可能在数万欧元到数百万欧元之间。此外，供应商还需提供相应的 Web 接口，以便于访问物联网中的信息资源或提供信息，这方面的成本也是需要考虑的。

为更好地促进物联网参与各方之间的交流与合作，需要解决以下几个方面的问题。首先，物联网企业有必要与合作伙伴、供应商和客户进行协商，协商的内容包括相关的数据要求和服务等级。其次，为实现机器之间（Machine to Machine，M2M）的通信，物联网需要为数据提供明确的语法格式和语义描述。最后，在物联网环境中，需要特别关注信任和安全问题。

第 7 类成本包括系统维护、运行、改善和升级等营运成本。硬件和软件需要定期进行维护和更新，每年在这方面的花费约占硬件和软件成本的 10%～15%。与其他成本相比较，维持基础设施运转的电力成本通常很低。然而，由于绿色IT①理念变得越来越重要，因此物联网也需要考虑这一理念的要求。最重要的是，为了提供高质量的数据，劳动力的成本是需要考虑的。而这些费用是难以计

---

① 译者注：绿色 IT 是指能达到国际或某国确定的节能、环保标准的信息技术和产品。这些标准要求相关产品或技术必须符合节能、低污染、低辐射、有利于分解和回收等多种条件。

算的，因此，这部分成本在成本分析中往往会被忽略。除了基础设施正常运转的费用外，也需要考虑日常工作的开销。这些日常工作包括数据存储、数据分析，以及系统改进和系统升级等。

AMR Research 早期的研究表明，一个年产量为 5000 万箱的易耗品（Consumer Packaged Goods，CPG）制造商，为全面实施 RFID 应用，在系统集成、供应链管理软件、数据存储与数据分析等方面的总成本高达 1300 万～2300 万美元（McClenahen，2005），如表 9.2 所示。

表 9.2　CPG 全面实施 RFID 系统的预计成本（McClenahen，2005）

成本类型	预计成本
标签和阅读器	500 万～1000 万美元
系统集成	300 万～500 万美元
现有供应链管理软件的改造	300 万～500 万美元
数据存储和数据分析	200 万～500 万美元
总额	1300 万～2300 万美元

然而，据一项对 137 家沃尔玛供应商的调查显示，为实施 RFID 应用，最初花费的平均成本只有 50 万美元（Incucomm，2004）。Hardgrave 等（2006）认为有三个原因会造成理论研究估计的成本和实际的成本的差距很大，理论研究估计的成本偏高。第一，这些被调查者认为一些供应商只安装了有限的设备。但是，随着 RFID 技术的应用越来越广泛，未来需要安装的设备会逐渐增多。第二，被调查者认为 RFID 的成本在下降，而且这种趋势会持续下去。但是，随着物联网的进一步实施，需要的设备数量会持续增加，其成本也会不断增加。可以预计，实施物联网的总成本将远远高于仅仅部署 RFID 的成本。第三，被调查者认为系统实际部署的费用比预期的要低。但是，他们可能仅仅考虑到相关设备有限的整合层次，例如采用"即拍即发"方式[①]进行整合。事实上，物联网需要更深入地整合公司员工和多方利益相关者，因此将导致系统部署的总成本上升。第四，被调查者认为数据的存储成本远低于 McClenahen 假定的成本。但是，他们一方面可能仅仅考虑到有限的整合范围，另一方面也错过了创造收入的机会。

不管成本是 50 万美元，还是 2300 万美元，投资者都需要衡量相应的投资回报率。

RFID 应用的费用可以使用不同的支付方式，这主要取决于 RFID 应用所处

---

① 译者注：即拍即发（slap and ship）方式，就是供应商雇人把写好内容的 RFID 芯片拍在包装箱或者托盘上，然后直接发给沃尔玛等商家，很少或者根本没有与自己的 IT 系统集成。

的不同阶段。一项关于 RFID 支付方式的调查发现，在 100 多家参与调查的公司中，大多数公司更倾向于使用以目标协议为基础的支付方式，只有少数公司选择以标签的数量、数据量、处理次数或者阅读次数为基础的可变支付方式（Bensel et al.，2009），如表 9.3 所示。

表 9.3　针对 RFID 实施与运作的首选支付方式（Bensel et al.，2009）

	响应量	数据量	处理次数	按阅读次数收费	一揽子工作量（工作包）	目标协议	固定的月度付款	一次性支付
总是适合我（权重因子 2）								
实施阶段	12	0	0	0	19	26	2	12
营运阶段	17	0	2	2	5	22	7	7
通常情况适合我（权重因子 1）								
实施阶段	12	3	5	2	21	30	5	12
营运阶段	10	12	7	5	12	17	12	5
中立态度（权重因子 0）								
实施阶段	9	7	15	10	21	14	17	15
营运阶段	19	12	12	12	28	21	19	21
不太适合我（权重因子−1）								
实施阶段	19	26	17	20	14	5	14	7
营运阶段	14	14	14	16	7	7	9	12
毫不适合我（权重因子−2）								
实施阶段	48	64	63	68	25	25	62	54
营运阶段	40	62	65	65	48	33	53	55
权重结果/平均数								
实施阶段	−0.79	−1.51	−1.38	−1.54	−0.05	0.27	−1.29	−0.79
营运阶段	−0.50	−1.26	−1.33	−1.37	−0.81	−0.12	−0.89	−1.03

　　设备的使用情况包括 RFID 标签的使用数量、数据量、处理次数或者阅读次数等。选择以设备的使用情况为基础来进行定价的公司很少，其原因之一，可能是 RFID 设备的使用情况难以度量和计费。在 RFID 应用的营运阶段，相对于实施阶段而言，更多的公司选择以设备使用情况为基础的收费方式。但是，在这个阶段，以目标协议为基础的定价方式仍是公司的首选，其次才是以响应量为基础的定价方式。

　　据此，我们可以推测，实施 RFID 应用的公司不愿采用以设备使用情况为基础的定价方式，原因可能是缺乏集成的计费解决方案。因此，构建一套合理的综合计费方案是很有必要的。

9.3 RFID 与物联网的收益

针对供应链中的 RFID 应用的收益情况，目前已经有很多的研究。在大多数情况下，人们通常把信息技术的基础设施（如 EPCglobal 网络）所带来的收益也隐含地考虑在 RFID 应用的收益中。针对 RFID 应用带来的收益系统化分析，Baars 等（2008）分析了四种不同的方法。

（1）收集 RFID 应用的相关收益并进行分类研究。相关的研究有 Agarwal（2001）和 Li 等（2006）。

（2）根据 RFID 应用对收益影响的不同层次进行分析研究。如，RFID 应用的短期收益和长期收益，信息性收益和商业变革的收益，已发生的收益和潜在可能的收益（Bovenschulte et al.，2007；Hardgrave et al.，2008）。

（3）从受益者的角度进行分析收益，这类研究通常考虑到多方参与者的利益（Bovenschulte et al.，2007；Hardgrave et al.，2008）。

（4）利用已有的评估系统（如平衡计分卡），对 RFID 的收益进行分类研究（Schuster et al.，2007；Scholz-Reiter et al.，2007）。

根据研究的需要，有时研究者会综合使用几种不同的方法对 RFID 的收益进行分析研究（Hardgrave et al.，2008）。在本章中，我们着重从受益者的角度分析 RFID 应用和物联网应用的收益问题，这里的收益者可以是制造商、供应商等，也可以是用户。

根据 Wong（2002）、Hardgrave（2008，2007）等的研究，我们分析了相关各方的收益情况，其中还分析了对社会所带来的收益情况。但是，由于服务提供商和基础设施提供商的收益不是直接从物联网应用中获取，而是通过销售、服务和新的商业机会获取的，因此这里我们没有分析他们的收益情况。

共同的收益，即所有利益相关者都能获取的收益。

（1）减少产品损失：减少因错位、变质、盗窃而导致的产品损失。

（2）更好的信息共享方式：产品的相关数据可以在物联网中交换与共享，从而使利益相关各方受益；避免由纸质信息转换成电子信息时所出现的各种问题；大幅度减少手工录入数据的人力成本。

（3）获取补偿性收益：通过其他利益相关者提供的收益，包括成本收益的共享、研究项目的赞助、额外的津贴、优惠券、信息（如销售数据）等。

通常企业可以通过如下方式从物联网中获得相关的利益。

（1）提高库存量、运输量等相关数据的准确性：例如，利用物联网的相关技术，可以发现实际的库存数量与估计的库存数量之间的偏差[①]。

（2）减少后续故障：不准确、不完整的信息可能导致企业决策者制定错误的决策[②]。通过物联网，可以避免或者减少这种现象。

（3）加快对意外事件的响应速度：及时地响应意外事件，以避免严重后果的发生。

（4）改善资产管理方式：更好的资产管理有利于减少资产库存，减少资产损失，促进运输整合，减少能源消耗，改善逆向物流服务。

（5）提高产品周转效率：物联网技术可以更准确地使用库存管理方法，如先进先出（FIFO）的管理方法等来保证存货的有效周转。例如，先进先出的库存管理方法可以有效地促进易坏食品的销售（Hardgrave et al.，2008）。

制造商和供应商的收益可以通过如下方式从物联网中获得收益。

（1）产品跟踪：在物联网中，制造商可以跟踪原材料、半成品的库存状态、以及生产状况等。

（2）质量控制：确保产品的生产质量。

（3）保证供应/生产的连续性：通过不断改进的材料跟踪技术来保证供应/生产的连续性。

（4）遵循法律法规和相关规定：符合大型零售商的条款要求（Aberdeen，2007）以及法律法规的要求。

经销商、第三方物流以及内部的配送部门和物流部门的收益主要来源于以下两个方面。

（1）改善物料处理效率：通过物联网的自动识别等技术可以节省货车装载或卸载的时间，可以节省收据管理[③]、直接转运[④]管理、海关清算管理等的费用，可以缩短交货间隔期、减少时延和人为失误，可以提高存货周转率、仓库收货效率和装卸工作效率。

（2）提高空间利用率：通过使用 RFID 技术获取更准确的数据，可以有效地减少产品暂存的空间，避免将不宜放在一起的产品放在一起（如危险物品的存放[⑤]），从而提高仓库空间的合理性和利用率。

---

① 一项对 141 家企业的调查显示，有 70％的企业估计，企业的真实数据和 IT 数据的偏差高达 10％，有 13％的企业甚至认为更高，达到 10％～30％。

② 作为一个例子，为避免不准确的信息造成的不良后果，沃尔玛企业减少了 10％的不必要的手工订单（Hardgrave et al.，2008）。

③ 如果能够采用批量阅读的技术，那么，货车装载和卸载货物的次数可以减少 13％，间接管理费用可以减少 70％，开具货物收据的时间可以节省 90％（Grote，2006）。

④ 直接转运（cross docking），指货物到达时不进入储存阶段而直接从入库站台运往出库站台发运给正在等待的货车，然后送给特定的顾客。

⑤ OPAK 项目对不兼容产品解决方案进行了相关的研究（Schnatmeyer，2007）。

零售商的收益主要来源于以下五个方面。

（1）提高顾客服务水平：通过使用 RFID 技术，可以简化结账、支付等流程，改善促销管理方式。

（2）降低库存：物联网可以提供更准确的库存数据，减少缺货情况的发生，也可以降低库存量。

（3）减少缺货情况的发生：通过 RFID 技术跟踪商场中产品的销售状况，零售商可以根据实际销售情况及时进货，从而大大减少缺货情况的发生①。

（4）改善促销方式：通过 RFID 技术和物联网的相关技术，可以实现促销商品在商场的及时上架②。

（5）售后服务：在售后服务方面，RFID 技术可用于产品授权、产品维修和产品认证等服务。

消费者的收益主要来源于以下四个方面。

（1）访问产品的特定信息：例如，通过车辆标识，可以获取车辆的历史记录信息等。

（2）获得主动参与的机会：例如，通过物联网应用可以获得新产品的 beta 测试③、产品评级、实地考察等机会。

（3）售后服务：如自动更新和修理、实时的安全警告、产品召回、公共服务。

（4）智能家居及休闲应用：如通过物联网可以提供居室监控、智能设备、智能玩具等服务或产品。

社会的收益主要来源于以下四个方面。

（1）消费者的安全与保护：如食品安全、健康安全以及环境安全监控。

（2）公共安全：如避免恐怖袭击、海关安全。

（3）贸易促进：遵守 UN/EDIFACT 标准④，以促进贸易合作伙伴间的交易。

（4）基础设施优化：如道路、公共交通运输等基础设施的优化。

---

① 通过使用 RFID 标签技术来改善在架货物的处理方式，沃尔玛声称已经将缺货率减少了 30%（Hardgrave et al.，2006）。其他公司则声称他们将缺货率减少了 10%～50%，并使销售额增长了 7.5%至 25%（Laubacher et al.，2006）。

② Procter 和 Gamble 预测，通过促销商品在商场的及时布置，销售额可以平均增长 20%（Collins，2006）。

③ 译者注：Beta 测试是一种验收测试。所谓验收测试是指软件产品完成了功能测试和系统测试之后，在产品发布之前所进行的软件测试活动，它是技术测试的最后一个阶段，通过了验收测试，产品就会进入发布阶段。

④ 译者注：UN/EDIFACT 标准，是一组国际化的 EDI 标准，由"联合国贸易数据交换目录（UNT-DID）"发布。

上述这些收益的产生离不开物联网技术的支持。在物联网没有全面开展的情况下，一些生产工作，如生产活动中的质量控制，也可以正常进行。但是，利用物联网，可以促进信息共享，从而改善这些生产活动的效率。从上述对物联网收益的分析中，我们可以看出物联网应用的获益者很多。但不幸的是，他们难以获得与投入成本相吻合的收益。此外，在物联网中，一些利益相关者不能通过独自开展业务来获取收益，只有通过与他人合作才能获取收益。

在物联网中，我们需要考虑哪些收益可以测量。虽然可测量的收益通常是指财务方面的，但是有一些非财务的收益也是可以测量的，比如客户满意度等。收益的测量方式可能会受特定项目的影响，例如，在一些公司的某些项目中，收益便不能通过测量时间的方式来进行测量。

9.4　成本分摊与收益分配

上述两节对物联网中的成本和收益分别进行了详细地分析，从上述分析可以看出，对于物联网参与者而言，其成本和收益并不均衡。成本分摊与收益分配模型的目标正是为了实现物联网中成本和收益的均衡分配。在这方面，已经有一些针对 RFID 应用的研究（Riha，2009；Hirthammer et al.，2005；Bensel et al.，2008；Wildemann et al.，2007）。为使 RFID 得以广泛应用，关键的工作之一是要解决在多种复杂情况下的收益与投资的分享问题（Schuster et al.，2007）。Hirthammer 等（2005）对非盈利性企业的成本分摊与收益分配的定义如下。

"成本分摊与收益分配是一个系统的激励体制，其目标是促使公司与公司之间形成一个网络体系，来联合运作合作项目。这类项目并不能给公司带来直接的收益……合作项目需要参与各方共同努力，旨在改善网络体系中的活动流程或优化其中的资源配置。"

Riha（2009）对这一定义进行了拓展，以适用于其他类型的企业。

"成本分摊与收益分配是一种在网络体系中实现活动流程改造的方法。它以利益相关各方在项目参与中所涉及的总成本分析为基础。该方法要求在网络体系中，所有的利益相关方之间进行成本和收益的再分配，并且彼此知道此分配策略所带来的正面和负面影响，进而使这些利益相关各方实现双赢。因此，成本分摊与收益分配提供了一种在网络范围内进行流程优化的激励。"

据此定义，为实现双赢，利益相关者之间需要公开相应的成本和收益，这样便于成本的分摊和收益的分享。然而不幸的是，公司通常不愿意公开他们的成本和收益。

实施成本分摊与收益分配模型是一个复杂的工程。Hirthammer 等（2005）建议，成本分摊与收益分配模型的实施需要不同的机构参与，包括公司的董事会、调解机构、独立监事等。Hirthammer 等（2005）认为，成本分摊与收益分配流程可以由以下 7 个步骤构成。

（1）通过审计对网络体系中的流程进行详细地分析；

（2）通过标杆管理法①找出网络体系中的缺陷；

（3）制定全面的战略和目标，采取相应的行动，减少缺陷的不良影响；

（4）成本分摊与收益分配：

①计算成本；

②计算收益：

　　a. 计算财务性收益；

　　b. 计算非财务的收益；

　　c. 评估总收益；

　　d. 计算收益份额。

③成本的分摊。

（5）实施步骤（3）规定的内容；

（6）控制；

（7）建立反馈机制，使系统动态地适应外部环境的变化。

在大多数情况下，实施这样的系统安装和维护的相关费用大于所能获得的收益。因此，虽然有很多计算成本和收益的方法，但是成本分摊与收益分配模型都没有得到更广泛地认可和使用。

通常，成本分摊与收益分配模型最严重的一个缺陷是：其试图寻找一个"公平的"方案来实现成本和收益之间的均衡，而不是借助市场力量来实现成本收益均衡。Hirthammer 等（2005）建议由调解员来解决争端，但这种方法不适用于当今快速变化的信息时代。

信息技术的基础设施能够支持对信息、数据、活动流程等进行自动处理，这样的基础设施以信息供需关系为基础，有助于自由竞争，因而其应用前景也非常广泛。

9.5　技术性框架——将计费功能整合到 EPCglobal 网络中的框架

正如第一章所述，将计费功能整合到 EPCglobal 网络中是解决物联网的成本

---

① 译者注：标杆管理法是一项有系统、持续性的评估过程，企业通过将自己的产品、服务、生产流程与管理模式等同行业内或行业外的领袖型企业作比较，借鉴与学习他人的先进经验，改善自身不足，从而提高竞争力，追赶或超越标杆企业的一种良性循环的管理方法。

分摊与收益分配问题的可行方案之一。为实施此方案，LogDynamics 实验室整合了两个开源系统——Fosstrak[①] 系统和 jBilling 系统[②]，进行原型测试。jBilling 系统是一个开源的计费系统，主要用于电信企业。LogDynamics 选择 jBilling 系统原因有三个：一是由于 jBilling 系统是一个免费的系统，企业不需要进行前期的软件投资；二是因为它是开源的，允许自由修改；三是由于它与 Fosstrak 系统的兼容性很好，允许与 Fosstrak 系统进行紧密地整合。

在技术方面，Fosstrak 系统和 jBilling 系统的共同点是都使用 Tomcat 作为 Web 服务器，区别在于所使用的关系型数据库不同：Fosstrak 系统使用 MySQL 数据库，而 jBilling 系统使用 Hypersonic 数据库。事实上，由于 jBilling 系统可以使用 MySQL 作为数据库，因此，在未来整合的系统中，可能会淘汰 Hypersonic 数据库[③]。在整合的系统中，需要满足如下两个条件。

（1）整合的系统应该有一个综合的登录界面；

（2）选定的 EPCIS 事件应当转化成 jBilling 系统的购买订单。

用户的每一次缴费都对应 jBilling 系统中的一个采购订单[④]。对用户的收费项目包括订阅费、采购费、税收以及利息。

图 9.1 说明在计费时，Fosstrak 系统和 jBilling 系统之间的交互过程。会计记账程序是由事件触发的，比如，当贴有 RFID 标签的货物通过监控门时，就会触发相应的记账程序（如图中 1a、1b 所示）。

当满足条件的事件发生时，比如在记录可回收运输物品的押金时，就触发了一个计费过程。此外，计费过程也可以由查询付费信息触发（图 9.1 中 2）。通过 jBilling 系统的应用程序接口（API）可以检查用户的访问权限，包括对用户账号的可用性检查（图 9.1 中 3c），这是 Fosstrak 认证过程的一部分（图 9.1 中 3a）。为了方便地完成认证，LogDynamics 实验室在 Fosstrak EPCIS 查询界面上新增了综合的用户登录选项。

目前，该综合计费系统只实现了一些简单的认证功能。我们希望未来该系统能够支持更复杂的安全认证功能。为便于使用，在此原型中，两个系统使用同样的登录名和密码。如果输入的数据为空，jBilling 系统就会给出一个 API 异常警告（jBilling，2010）。正常情况下，jBilling 系统会返回不同的整数值，这些数值的含义如表 9.4 所示。

---

① 译者注：Fosstrak（Free and Open Source Software for Track and Trace）是一个完全按照 EPC-Global 规范进行实现的开源 RFID 平台，详见 www.fosstrak.com。

② www.jbilling.com。

③ 第一次使用 MySQL 数据库对 jBilling 系统进行测试时，出现了一些错误。因此，要想完全整合两个系统的数据库，还需要进一步测试。

④ 为了简单起见，这里的采购订单是指存在于 jBilling 系统中的订单。

计费过程

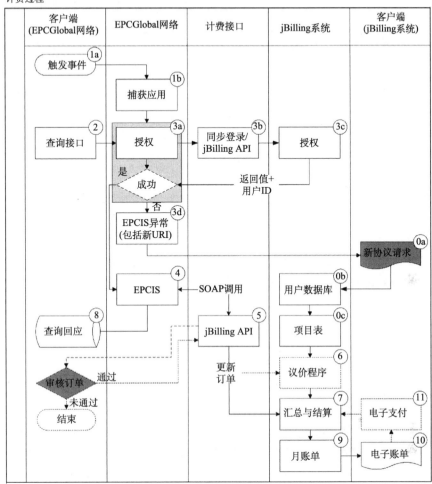

■需人工交互(可选)

图 9.1 Fosstrak 系统和 jBilling 系统之间的计费过程

表 9.4 jBilling 系统认证程序的返回值（jBilling，2010）

整数	值
0	用户认证成功。说明用户可以进入系统
1	证书无效。说明用户输入的用户名或密码错误
2	账户锁定。说明用户多次输入的用户名或密码错误，账户被锁定
3	密码失效。说明证书有效，但密码已经失效，用户登录前需要更改密码

用户 ID 将订单和特定的账户进行关联。如果 jBilling 系统中不存在有效的合同，那么该综合计费系统就会把 jBilling 系统的 API 异常转换成相应的 EP-CIS 异常，并指向一个新的采购协议请求的 URI（如图 9.1 中 3d 所示）。新的采购协议包括价格信息、财务选项（如首选的支付服务）和支付选项（如按月支付）。如果新协议涉及个性化的服务等级协议①和信息质量的详细说明，那么，该系统将更适合在物联网环境中运行。该协议存储在 jBilling 系统的客户数据库中（如图 9.1 中 0b 所示），将用于后续步骤中给定用户的价格计算。我们希望在未来的版本中，通过 jBilling API 能够在 EPCIS 系统中创建、更新和删除新的 jBilling 用户。因此，作为最终用户，我们无需了解这两个不同系统的实现细节。

用户认证成功之后，系统开始处理 EPCIS 查询请求。EPCIS 会向 jBilling 系统发出 SOAP② 调用请求（如图 9.1 中 5 所示）。此时，在认证处理阶段的用户 ID 可以用于对订单和 jBilling 账户进行关联。系统中的订单创建和更新模块会将 EPCIS 事件转换成相应的 jBilling 订单。根据用户与供应商事先约定的协议，可以调用相应的议价程序（图 9.1 中 6）来实现动态议价。在 jBilling 中，如果商品的价格都已经明确，并且用户没有要求调整价格，那么该程序模块就不需要被调用（jBilling，2010）。

接下来，jBilling 系统会更新账户信息（如图 9.1 中 7 所示）。根据不同的计费情况，系统可能需要对最终用户的费用进行审批。比如，如果信息通信费不是按照包月的方式购买的，系统就必须审核用户的实际费用。最后，jBilling 系统会将查询和处理结果返回给用户，并更新用户的账户信息。在商业中，企业通常会按月结算相关的费用，并对客户当月产生的费用开具发票（如图 9.1 中 9 所示）。传统的计费方式可能会产生很多问题，如录入错误等，并且需要很多人力成本。为避免这些问题，最好的解决方式是采用电子账单（如图 9.1 中 10 所示）和电子支付（如图 9.1 中 11 所示）的方式。在 jBilling 系统和 EPCIS 的登录界面上（如图 9.2 所示），用户还可以查询到以前的发票信息。发票可以通过电子邮件或传统的邮政服务发送给最终用户。

上述计费方案可以在各行各业中推广应用。为说明该原型的具体应用情况，LogDynamics 实验室以饮料行业为例进行详细说明。计费系统需要处理各种不同类型的事件，信息查询事件只是其中的事件类型之一。在饮料领域，综合计费系统需要处理如下一些类型的费用：基于使用次数的费用、装运工具的押金、基

---

① 译者注：服务等级协议是关于网络服务供应商和客户间的一份合同，其中定义了服务类型、服务质量和客户付款等术语。

② SOAP 是一个标准的 WEB 服务协议，用于在分布式环境中交换结构化信息。

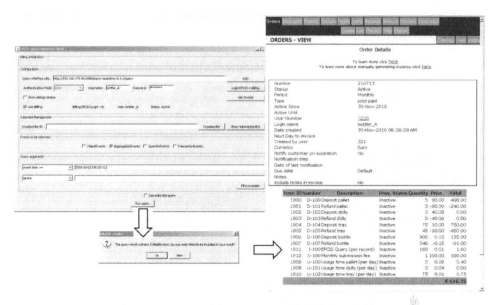

图 9.2 Fosstrak 系统和 jBilling 系统的综合登录流程

础设施的初始化成本。客户使用的任何可计费服务的事件都可与计费系统进行交互。根据用户与供应商事先约定的协议，该系统中的议价程序能够区分不同的事件，并能够计算相应的价格。

为了便于说明，我们以一个简化的饮料供应链为例。在系统中，可以使用EPCglobal 网络来跟踪商品在后勤部门、灌装车间、批发部门、零售部门之间的流动状态，如图 9.3 所示。后勤部门向灌装车间提供装运工具（如货物托台、手推车、托盘），灌装车间将包装好的饮料放在货物托台上，并将他们运送至批发部门。在产品线终端，批发部门将不同的装运工具收集到一个货物托台上，然后将此托台运送给零售部门，同时从零售部门收回装有空瓶的货物托台，并将其送回灌装车间，灌装车间对这些货物托台再次装载，或者将损坏的托台送回后勤部门进行维修或处理。综合计费系统要计算的成本包括饮料成本、基于使用次数的装运工具的成本、装运工具的押金、预定的包月费用和基于使用次数的信息访问费。表 9.5 列举了不同的成本类型、相应的 EPCIS 事件和相应的定价方式。

表 9.5 列举了一些不同的定价方式。这些费用产生的来源主要有：产品（如饮料成本）、装运工具（如 RFID 的押金、按次使用的费用）、开户（如新用户开户的基本费用）、基础设施出租或租赁（如 RFID 阅读器的出租费或租赁费）、每月的信息访问，其中，每月的信息访问包括标准查询、信息订阅和其他额外需要

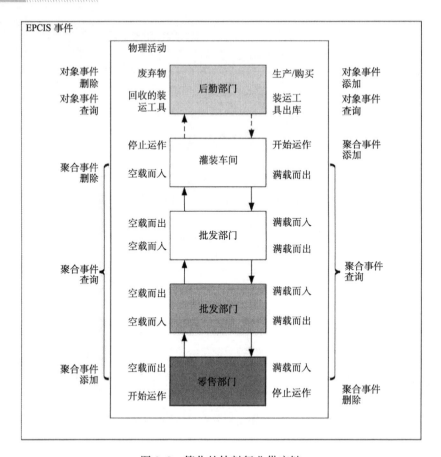

图 9.3　简化的饮料行业供应链

表 9.5　饮料行业场景中面向 EPCIS 定价的不同选项列表

成本类型	事件/计算	定价方式
饮料价格	如灌装车间货物出库 (AggregationEvent：OBSERVE)	每个托台，饮料的价格
押金（托台、手推车、托盘、饮料瓶）	如灌装车间结束生产 (AggregationEvent：ADD)	每个事件，固定费用
退还的押金（托台、手推车、托盘、饮料瓶）	如灌装车间结束生产 (AggregationEvent：DELETE)	每个事件，固定费用
基于使用次数的费用（托台、手推车、托盘）	如零售部门出库货物 (AggregationEvent：OBSERVE) 零售部门入库货物 (Aggregation-Event：OBSERVE)	每天，按次使用付费

续表

成本类型	事件/计算	定价方式
初始费用（可选）	账户创建	一次性固定费用
每月的信息技术基础设施的出租费或租赁费（可选，如对于 RFID 阅读器的出租费或租赁费）	初始合同，合同期限（如 12 个月）	每月，一定比例的采购成本
每月的信息访问费	初始合同，合同期限（如 12 个月）	包月费用
额外的查询费	合同之外的查询	每个事件，按次使用付费

付款的服务。显然，该综合计费系统仅仅是将计费系统和物联网应用（如 EP-CIS）相互整合的一个例子而已。虽然如此，该综合计费系统依然可以说明：在计费系统中，除了依据实体产品的计价方式外，还可以实现灵活的计价方式。当然，实际的计价方式还与产品的商业模式密切相关。

上述提到的是企业内部的计费方案，与之类似，物联网中的第三方计费服务提供商也能够提供计费服务。但不幸的是，第三方计费服务提供商通常对每次交易都要收取一定的费用（如 0.15 欧元），该费用对于低值的查询操作相对来说还是比较高的。借助 EPCglobal 网络提供信息服务的企业，每天都可能会有成千上万个需计费的低值的查询事件。然而，因为这些小事件可以通过定期计费（如包月方式）方式进行合并处理，不必再为每个事件单独计费。因此，如果能够证明将计费系统和物联网应用相互整合的计费方式确实能够实现盈利，那么第三方计费服务提供商就可能改变他们的定价模式，以更好地参与市场竞争。企业内部计费方案的另一个优势是可以更灵活地进行动态议价，可以对内部应用进行更紧密地整合。但是，企业内部综合计费系统的安装成本和维护成本也是不容忽视的。

9.6 结 论

本章详细地介绍了物联网的成本和收益，并且对成本分摊与收益分配模型的概念进行了评价。另外，本章还提出了一个技术方案，将计费系统整合到物联网中，从而实现物体流、信息流、财务流三者的同步。此外，为了验证成本分摊与收益分配的概念，LogDynamics 实验室开发了一个原型，该原型将开源计费系统 jBilling 与 Fosstrak 系统整合在一起，其中 Fosstrak 系统是一个遵守 EPCglobal EPCIS 标准的开源系统。本章以饮料行业为例，详细地描述了该原型。

该原型将计费系统与 EPCIS 进行整合，能够提供对信息访问进行计费的服务。在物联网环境中，信息可以在市场中自由地交易。该原型也可以用来替代传统的分摊与收益分配协议。该原型还可以收集信息价值随时间而变化的历史数据。这样，对未来投资回报率（ROI），就可以根据信息价值的真实值进行计算，而不是根据估测值来计算。因此，这是非常关键的。

为使人们认可成本分摊与收益分配模型，并将其推广使用。我们认为不能操之过急，需要采取循序渐进的方法来实施相应的应用。第一，企业出于对自身业务发展的考虑，可能会尝试某些物联网的相关应用。例如，为了区分不同部门的信息技术基础设施成本，企业可以运用本章提出的综合计费方案。第二，受限的网络可以采取相关应用。例如，闭合回路的 RTI 应用可以采用本章中饮料行业所使用的综合计费方案。第三，物联网中的开源系统为企业带来了新的机遇，不仅可以解决一些当前的问题，如无法准确计算 ROI 等问题，而且能够应用于新的商业模式中。

致　　谢

感谢 Mark Harrison 和 Jeanette Mansfeld 为物联网的综合计费方案提出的建设性意见。

参 考 文 献

Aberdeen（2007）Winning RFID Strategies for 2008. http：//www. barco. cz/data/download/rfid/Winning _ RFID _ Strategies _ for _ 2008 _ Aberdeen. pdf. Accessed 1 November 2009

Agarwal V（2001）Assessing the benefits of Auto-ID technology in the consumer goods industry. http：//www. autoidlabs. org/uploads/media/CAM-WH-003. pdf. Accessed 11 November 2009

Baars H，Sun X，Strüker J，Gille，D（2008）Profiling Benefits of RFID Applicationshttp：//aisel. aisnet. org/cgi/viewcontent. cgi？ article=1262&context=amcis2008. Accessed 4 November 2009

Bensel P，Fürstenberg F（2009）Partnerintegration im Rahmen von RFID-Projekten. In：F Straube（ed），RFID in der Logistik-Empfehlungen für eine erfolgreiche Einführung. Universitätsverlag der Technischen Universität Berlin，Germany

Bensel P，Günther O，Tribowski C，Vogler S（2008）Cost-Benefit Sharing in Cross-Company RFID Applications：A Case Study Approach. Proceedings of the International Conference on Information Systems（ICIS 2008）Paris，France

Bovenschulte M，Gabriel P，Gaβner K，Seidel U（2007）RFID：Prospectives for Germany. http：//www. bmwi. de/BMWi/Redaktion/PDF/Publikationen/rfid-prospectives-for-germany，property = pdf，bereich = bmwi，sprache=de，rwb=true. pdf. Accessed 7 November 2009

Collins J（2006）P&G Finds RFID 'Sweet Spot'. RFID Journal. http：//www. rfidjournal. com/article/articleview/2312/1/1/. Accessed 25 May 2010

Feinbier L，Schittko L，Gallais G（2008）. The benefits of RFID for slab-and coil-logistics. http：//www. accenture. com/NR/rdonlyres/20C9A517-C0E4-40D8-81A9-60FAC76CC735/0/Accenture_Metals_The_Benefits_of_RFID. pdf. Accessed 16 November 2009

Gille D，Strücker J（2008）Into the Unkonwn-Measuring the Business Performance of RFID Applications.

In: Golden W, Acton T, Conboy K, van der Heijden H, Tuunainen, V (eds.) 16th European Conference on Information Systems (ECIS 2008). Galway, Ireland

Grote W (2006) RFID-eine Technologie mit hohem Nutzenpotenzial. In: Nagel K, Knoblauch J (eds) Praktische Unternehmensführung, 62. Subsequent delivery. OLZOG, Munich, Germany

Hardgrave BC, Miller R (2006) The Myths and Realities of RFID. Int J Global Logist Supply Chain Manag 1: 1-16. doi: 10. 1. 1. 113. 5565

Hardgrave B, Riemenschneider CK, Armstrong DJ (2008) Making the Business Case for RFID. In: Kreowski HJ, Scholz-Reiter B, Haasis HD (eds) Dynamics in Logistics. doi:10. 1007/978-3-540-76862-3_2

Harley S (2008). Shipper 's eFreight vision: RFID technology in vehicle logistics at Cologne vehicle operations plant. http://www. euro-case. org/documents/HARLEY. pdf. Accessed 16 November 2009

Hirthammer K, Riha I (2005) Framework for cost-benefits sharing in logistics networks. http://publica. fraunhofer. de/documents/N-35547. html. Accessed 7 November 2009

IDTechEx (2009) RFID market forecasts 2009-2019. http://www. idtechex. com/research/articles/rfid_market_forecasts_2009_2019_00001377. asp. Accessed 1 November 2009

Incucomm (2004) Wal-Mart's RFID Deployment-How is it Going? http://www. incucomm. com/releases/Wal-Mart%20Jan%202005%20Status%20-%20Executive%20Summary. PDF. Accessed 7 December 2010

ISO/IEC 18000/Amd 1 (2006) Information Technology − Radio Frequency Identification for Item Management-Part 6: Parameters for Air Interface Communications at 860 MHz to 960 MHz, Extension with Type C and Update of Types A and B

ISO/IEC/18000-7 (2009) Information technology − Radio frequency identification for item management−Part 7: Parameters for active air interface communications at 433 MHz

jBilling (2010) The Open Source Enterprise Billing System-Integration Guide. http://www. jbilling. com/files/documentation/integration_guide. pdf. Accessed 20 May 2010

Laubacher R, Kothari S, Malone TW, Subirana B (2006) What is RFID worth to your company? Measuring performance at the activity level. The MIT Center for Digital Business. ebusiness. mit. edu/research/papers/223%20Laubacher_%20APBM. pdf. Accessed 15 November 2009

Li S, Visich JK (2006) Radio Frequency Identification: Supply Chain Impact and Implementation Challenges. Int J Integr Supply Manag 2: 407-424. doi:10. 1504/IJISM. 2006. 009643

McClenahen JS (2005) Wal-Mart's big gamble. IndustryWeek. http://www. industryweek. com/articles/wal-marts_big_gamble_10055. aspx. Accessed 15 November 2009

OECD (2007) Radio Frequency Identification (RFID) Implementation in Germany: Challenges and Benefits. doi:10. 1787/230687544816

Riha I (2009) Entwicklung einer Methode für cost benefit sharing in Logistiknetzwerken. https://eldorado. tu-dortmund. de/handle/2003/26103. Accessed 15 November 2009

Schmitt P, Michahelles F (2008) Economic Impact of RFID Report. http://www. bridge-project. eu/data/File/BRIDGE_WP13_Economic_impact_RFID. pdf. Accessed 15 May 2010

Schnatmeyer M (2007) RFID-basierte Nachverfolgung logistischer Einheiten in der Kreislaufwirtschaft. Dissertation. University of Bremen

Scholz-Reiter B, Gorldt C, Hinrichs U, Tervo JT, Lewandowski M (2007) RFID-Einsatzmöglichkeiten und Potentiale in logistischen Prozessen. Mobile Research Center Bremen. http://www. mrc-bremen. de/fileadmin/user_upload/mrcMobileResearchCenter/RFID. pdf. Accessed 24 November 2009

Schuster EW, Allen SJ, Brock DL (2007) Global RFID: The Value of the EPCglobal Network for Supply Chain Management. Springer, Berlin, Germany

Seiter M, Urban U, Rosentritt C (2008) Wirtschaftlicher Einsatz von RFID-Ergebnisse einer empirischen Studie in Deutschland. http://www.ipri-institute.com/wissen_verbreiten/research_paper.htm. Accessed 7 November 2009

Swedberg C (2009) DOD Tests, Buys New ISO 18000-7 Tags From Four Companies. RFID Journal. http://www.rfidjournal.com/article/print/5317. Accessed 16 November 2009

Tajima M (2007) Strategic Value of RFID in Supply Chain Management. J Purch and Supply Manag 13: 261-273. doi: 10.1016/j.pursup.2007.11.001

ten Hompel M, Lange V (2004) RFID 2004: Logistiktrends für Industrie und Handel. Praxiswissen Service UG, Dortmund, Germany

Thiesse F, Condea C (2009) RFID data sharing in supply chains: What is the value of the EPC network? Int J of Electron Bus 7: 21-43. doi:10.1504/IJEB.2009.023607

Wildemann H, Wahl P, Boeck B (2007) NutzLog-Vorteilsausgleich-Nutzenverteilung. http://www.forlog.de/pdf/ForLog_ZB07.pdf. Accessed 7 November 2009

Wong CY, McFarlane D, Ahmad Zaharudin A, Agarwal V (2002) The intelligent product driven supply chain. IEEE International Conference on Man and Cybernetics Systems 2002. http://ieeexplore.ieee.org/stamp/stamp.jsp?tp=&arnumber=1173319. Accessed 20 May 2010

第 10 章 物联网商业模式

Eva Bucherer[1]，Dieter Uckelmann[2]

[1]瑞士，圣加仑大学，SAP 研究所 eva. bucherer@sap. com
[2]德国，不来梅大学，LogDynamics 实验室 uck@biba. uni-bremen. de

物联网为商业发展提供了新的网络环境，这种互联的网络环境不仅可以加速商业转型的步伐，也能够从根本上促进商业模式的变化。当然，物联网中还存在许多潜在的商业机遇，有待进一步发掘。本章基于商业模式和商业模式创新的概念，探讨物联网中"技术发展和经济价值创造"的问题（Chesbrough et al.，2002）。物联网中的价值创造和收入创造是本章讨论的中心话题。我们认为，在物联网中，信息是价值创造的主要来源。为考察信息在商业模式中的影响，本章借鉴 Moody 等（2002）提出的七个"信息法则"，并将其应用于对物联网的商业模式的探讨中。据此，本章列举商业模式的四种典型场景，并利用 Osterwalder 等（2009）提出的商业模式框架，形象、直观地对这四种商业模式的场景进行描述。商业模式框架、物联网中信息价值创造的基本规则以及所列举的例子三者共同构成一套可供借鉴的方法，以帮助业内人士在从事物联网业务时，对其所在领域的商业模式进行分析和革新。

10.1 引　言

因特网的出现从根本上改变了产品与服务的营销方式，并催生了一系列新的商业模式。同样，新兴的物联网也具备促使商业模式转型的巨大潜力。由于物联网的发展正处于初始阶段，目前这些潜力并未得以充分挖掘，但随着物联网的逐步普及，这些潜力会不断释放出来。在这个过程中，设备部件的微型化和成本的不断降低是物联网普及的必要条件。

每一个可唯一识别的物体，在网络中都有其虚拟表示，物联网能够实现物体与其虚拟表示之间的关联。目前，物联网的商业应用通常集中在流程优化与成本降低上，主要包括公司内部业务和整个价值链两个方面。在所有可能的场景中，产品生命周期管理、客户关系管理以及供应链管理最为典型。新的商业应用模式，也称为智能技术和智能服务，则更多地集中在价值创造上（Fleisch et al.，2005）。本章在电子商务商业模式和传统商业模式的研究基础上，提出对物联网商业模式的新看法。本章设想的商业应用场景包括产品即服务（Product as a Service，PaaS）、提高终端用户参与（需要整合社会平台）、实时商务分析和决策，这些设想的场景需要从经济学角度重新进行思考。新应用模式关注点的变化将对企业应用物联网的方式产生重大的影响。因此，以成本为中心的商业模式必然会被以价值为中心的商业模式所替代。从长远来看，为实现可持续发展的商业模式，物联网中的信息需要得到相应的财物或非财物的回报，这种回报要超过获取信息所需的成本（参见第 1 章）。

本章基于商业模式的概念，从经济学角度对物联网展开讨论，认为物联网中的技术创新确实会对经济和商业产生影响。此外，技术创新还具有改革现有商业模式和创造新的商业模式的潜力。本章中，我们将采用典型案例对此进行详细叙述。

随着大众参与物联网的积极性、物联网的开放性以及可扩展性与安全性的不断增强，个体用户参与的数量在逐步增加，企业、用户之间的障碍也在逐步消除。以分享经验和发表个性化见解为目的的社会网络将被整合到以商业为中心的应用中去。人们可以借用物联网上已有的数据、页面表现形式及功能服务接口，采取混搭模式[①]和终端用户编程的方式在物联网中创建新的业务流程和服务。新应用的成功越来越依赖于"有效的"商业模式，而不是浪费金钱。

本章的结构安排如下：10.2 节概述商业模式和商业模式创新的研究现状，首先介绍一个商业模式框架，以及该框架描述商业模式中的主要组成部件。10.3 节考察物联网中的价值创造，详细讨论新商业模式中所要考虑的信息流和产品流之间的差异。本节还讨论与信息相关的经济学因素，如信息提供商和信息流等，以及物联网中可能会出现的产品和服务。在前几节研究的基础上，10.4 节列举了物联网商业模式的典型场景，并讨论了为了帮助企业在物联网中实现盈利，应该如何配置商业模式。最后，10.5 节对全章进行总结，并展望未来的研究前景。

10.2　商业模式和商业模式创新

"商业模式"一词产生于 20 世纪后期，近年来逐渐被学术界采纳，这一领域的相关研究也逐步开展起来。因此，"商业模式"实际上是一个"相当新的概念"（Morris et al.，2006）。"商业模式创新"是指创造新的商业模式，或者是指改

---

① 译者注：在 Web 应用开发中，混搭技术是指利用来自多个不同站点或者应用程序的数据、页面表现形式和应用接口来构建新服务的方法。利用混搭模式，可以快速创建满足用户需求的新业务流程，目前 Yahoo、Google 都提供开放的 API 供其他网站使用。

造现有的商业模式。这两个术语在下文中将有详细论述。

10.2.1 商业模式

长期以来，关于企业的研究都集中在企业所处的行业（Porter，1980）和企业所需的资源（Barney et al.，2001；Wernerfelt，1984）两个方面。出于对外部环境条件的关注，商业模式的研究仅仅被视为对传统研究内容的替代或补充。早在1988年，Sampler就呼吁对传统的价值链进行重新定义。在技术进步的巨大影响下，不断变化的竞争环境催生了一系列新的商业模式。事实上，影响企业经营状况的因素有很多，如技术进步、服务导向、数字化产品、企业之间日益密切的合作关系以及因此形成的商业生态系统[①]，这些因素使企业边界变得越来越模糊[②]。因此，商业模式必须从整体上进行分析，需要涵盖每个方面。通过为企业业务创新的设计和实施提供合理一致的方法，商业模式可以增强企业的竞争实力。随着电子商务的出现，特别是在dot.com时代，商业模式日益流行起来，而现有框架和理论不足以处理所有传统商业中新出现的情况（Chesbrough et al.，2002）。当然，"商业模式"的思想和原则并不是全新的，有关其思想和原则，参见（Drucker，1954）[③]所述以及（Hedman et al.，2003；Morris et al.，2005）中的战略管理概念。

每种商业活动都由几个核心的要素组成，其中包括三个基本要素：价值主张、分销渠道和客户，这些要素可以解释企业如何生产与销售相关的产品或服务。因此，每个商业活动都有一种商业模式作为基础，即使很多时候商业模式没有被明确提出来。

虽然"商业模式"一词在研究和实践中广泛使用，但尚无统一定义（Morris et al.，2005）。目前，使用最为广泛的定义是由Timmers（1988）提出的。他把"商业模式"定义为"产品、服务和信息流的体系结构……"，包括所涉及的参与者、参与角色，以及收入来源和所有为参与者创造的潜在价值。

根据商业模式已有的定义及其特点，如果只考虑企业的核心要素和这些要素之间的相互关系，可以将商业模式定义为"企业复杂性的抽象"。这一定义便于

---

① 译者注：商业生态系统指以组织和个人（商业世界中的有机体）的相互作用为基础的经济联合体，是供应商、生产商、销售商、市场中介、投资商、政府、消费者等以生产商品和提供服务等为中心组成的群体。

② 译者注：企业边界指企业以其核心能力为基础，在与市场的相互作用过程中形成的经营范围和经营规模。企业边界理论告诉我们，可以在两方面拓展企业的边界，一是通过拓展新的业务来形成范围经济，二是通过兼并等方式来达到规模经济。但是，在现实中，企业与市场之间的边界变得愈加模糊和不可辨认，越来越多的企业通过与其他企业的合作来拓展企业边界。

③ 我们的业务是什么？我们的客户是谁？客户价值是什么？我们的业务会是什么？（Drucker P F. The Practice of Management. New York：HarperCollins，1954：51）

对商业活动进行分析和阐述。另外，作为业务创新与转型的出发点，商业模式越来越受到重视，同时，商业模式可以用作协调"技术发展和经济价值创造"的手段（Chesbrough et al.，2002）。在物联网领域，商业模式是技术发展和商业发展相结合的关键所在。

商业模式可以定义为由部件、部件之间的联系及部件动态变化三者共同构成的体系（Afuah et al.，2000）。部件就是具体商业模式的要素。如同"商业模式"一词本身的定义，不同的研究人员提出的关于"部件"的概念也是千差万别的。

接下来，我们的工作将围绕 Osterwalder 等（2009）提出的框架展开，该框架被称为"商业模式画布"。其适用性已经在实践中得到验证，并为大量的研究工作所引用（Chesbrough，2009）。

图 10.1 所描述的商业模式框架包括商业模式的四个主要维度，即价值主张、客户、财务结构和关键部件。这四个维度相互联系，相互影响。

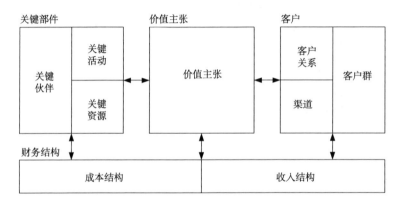

图 10.1　商业模式框架（Osterwalder et al.，2009）

价值主张确定给客户提供的是什么，当然并不仅仅是产品和服务；它描述满足客户的哪些需求，详细阐释所提供的客户价值的定量（如价格或者服务质量）和定性（如品牌、设计、成本/风险控制）内容。在物联网领域，我们把物体的原始数据以及所有经过集成和处理的信息视为价值主张的核心内容。

客户维度主要是指公司关注的客户群，以及相关分销渠道和客户关系。客户群定义公司所服务的不同人群，客户群有不同的类型：大众市场与缝隙市场、单一化市场与多元化市场、单边平台市场或多边平台市场。同一家公司（如信用卡公司）同时服务两个或两个以上相互依赖的客户群就构成一个多边平台的客户群。公司可以分别通过不同渠道接触其客户，包括直接渠道和间接渠道、自有渠道和社会渠道等。渠道存在于产品生命周期的不同阶段，如价值主张的创造、客户对价值主张的评价、购买、交付及售后服务等阶段。客户关系常常是由所采用的分销渠道决定的。客户关系可以是很松散的（如自助服务、自动服务），也可以是很紧密的（如个人服务、社区服务、合作创造）。

财务结构包括收入和成本两个维度。收入结构描述收入产生的源头和方式。这里，不同类型的收入来源可以分为：资产出售、使用费、会员费、贷款/出租/租赁、许可费、经纪佣金以及广告费（见 10.3.2 节）。成本结构描述商业模式固有的、最重要的成本因素（包括可变成本和固定成本）。商业模式可以是由价值驱动或成本驱动的（成本领先战略与差异化战略）。企业可以利用规模经济或范围经济的方式来缔造一个成功的商业模式。

关键资源、关键活动及关键合作伙伴是企业的基础部件。关键资源是指商业模式正常运作所必需的资产，可以是人力、物力、智力和财力。关键活动是指企业最重要的活动，这些活动是指价值主张的创造、提供和销售。关键活动包括生产、问题解决、相应的网络平台开发与维护等。关键合作伙伴是指商业模式所依赖的供应商和合作伙伴（如战略联盟、外包合作伙伴、合作创造等）所形成的关系网络。

10.2.2 商业模式创新

在实践中商业模式创新的作用越来越重要。据 2008 年 IBM 的一项调查表明，受访的 CEO 中，有 98％的受访者宣称他们的公司会在未来三年内进行商业模式创新。其中，准备进行大规模商业模式创新的占 69％，准备进行适度商业模式创新的占 29％。在快速变化的时代，为了保持竞争优势，公司需要在每个方面改变自己并实施创新。仅对产品和工艺的创新是远远不够的（Chesbrough，2007），新的商业环境需要公司全面改革其业务方式。

外部因素如技术的创新、竞争的加剧、市场的变化以及法律法规的变化，都可以看做商业模式创新的主要导火索（IBM，2008；Linder et al.，2000）。通过商业模式创新，企业可以与竞争对手拉开差距，取得竞争性优势。通过寻求新的机会，企业可以获得率先发展的优势。

"当商业模式被外界变化破坏时，通常是无法重新纠正的，必须构建一个新的商业模式。"（Morris et al.，2005）

然而，一旦现有的商业模式被破坏，就难以改变其方向。因此，我们建议采用一种前瞻性的方法，通过此方法，商业模式创新可以积极地获取市场份额或进入新的市场。

商业模式创新有助于整合公司内部的创新活动："对于创新而言，如果缺乏企业范围内的总体整合，创新活动往往会零散地分布于不同的场合和不同的职能。虽然也有局部、渐进的创新最佳实践，但是在这种情况下，商业模式创新缺少管理的框架。在商业模式的创新中，管理框架有助于在企业内部创造新的竞争

规则。"(Venkatraman et al.，2008)

商业模式创新的普遍缺乏看上去是对目前商业模式创新中有关产品创新或服务创新的歧视，我们需要对商业模式创新的特点进行研究，也需要更详细地描述出来，正如 Venkatraman 等（2008）所述。

"我们需要更全面地创新，即创新整个商业模式，包括客户价值主张、经营模式、管理流程、不同合作伙伴的角色和责任，其中，这些合作伙伴有共同的激励机制和决策权。"

根据 Hauschildt（1997）提出的关于创新的定义，我们把商业模式创新看做一个崭新的、定性的商业模式产生的过程，这个新的商业模式与以往的商业模式具有明显的差别。商业模式的一个或多个关键元素及其相应的内部关系往往会发生很大的变化。由此产生的商业模式，可能是渐进的改进方式，也可能是激进式的革新方式。表 10.1 列出一些采用激进式革新的商业模式，并取得成功实施的公司。

表 10.1　传统业务与商业模式创新

公司	传统业务	商业模式创新初期的业务	未来的发展方向
Amazon[①]	图书交易	网上购物 自动分销模式 协同过滤	购物门户 数字化（mp3，书籍） 终端（Kindle） 移动支付 亚马逊 WEB 服务（包括支付）
eBay[②]	分类广告 跳蚤市场 拍卖	在线拍卖	购物门户 支付服务（PayPal）
Google[③]	黄页	超文本网络搜索 优先级的广告	终端（Android） 视频（YouTube） 地图（Google 地图） 基于 Web 的软件（如"Google 文档"） 数字化书籍 支付服务（Checkout）
Apple iTunes[④]	音乐商店	音乐数字化 终端（iPod、iPhone、iPad） 应用程序（APP）	视频、报纸

①　http://www.amazon.com。

②　http://www.ebay.com。

③　http://www.google.com。

④　http://www.apple.com/itunes。

这些公司成功建立在技术创新（如因特网）与服务创新的基础上，这些服务（如在线商城或在线拍卖）替代了传统的商业服务。在实体货物运输中，快速、灵活的物流服务显然优于传统观念的物流服务。借助于因特网技术，越来越多数字化的音乐、书籍、视频允许实现即时交付。这些企业成功的另一个关键因素是使用了广泛接受的支付系统（如 PayPal 和 Checkout）。购物门户网站亚马逊和 eBay 业务的大幅度增长正是得益于上述因素。最近商业发展有明显倾向于移动业务的趋势，在该趋势中，利用移动业务可以随时随地访问数字内容。Google 的 Android，亚马逊的 Kindle 和苹果公司的 iPod、iPad 和 iPhone 正是移动平台和网络服务进一步整合的成功案例。可以预期，基于物联网的全新商业模式将以类似的方式改变和替代一些传统的商业方法。

10.3　物联网的价值创造

一个典型的商业交易可以定义为由实体产品、信息流和资金流组成（Alt et al.，2002）。当然，商业交易的对象不仅可以是实体产品，也可以是服务。然而，在物联网中商业交易总是会和实体产品有联系。产品流包括订单处理过程，即接受订单后的原料采购、存储，到产品生产，并把产品销售给消费者的过程。信息流包括信息处理过程，如订单处理、供应链管理和产品生命周期的数据分享等过程。

物联网可以对这些不同的流进行协调，可以提供更高层次的可见性和控制机制。而且，在物联网中，信息本身也是价值创造和价值主张的重要来源，这包括有些只能通过物联网技术获取的信息，同时还包括现有信息和实体产品之间的联系。

传统观念认为，资金流唯一依赖于产品价格；信息没有价格之说，且通常认为是免费的。这种观念显然把信息的成本隐含在产品价格之中。但是，人们不愿意为信息付费的状况可能随着时代的发展而逐渐发生改变。比如，根据一项有 15000 多名消费者参与的调查，在 B2C 市场中愿意为数字产品付费的人已经增加到了 88%（Kruger et al.，2008）。尽管数字产品（如软件、票务、旅游、歌曲和视频）和信息的含义不能等同，但是很明显的一个变化是社会已经接受因特网作为一个商业交易平台的事实。当然，除了直接对信息支付费用外，也应该考虑一些其他方式增加信息收入。通过信息来增加收入的方法在物联网中具有极大的潜力，对于 B2B 企业来说也如此。增加信息收入的方式很多，如广告或者鲜为人知的免费增值等。免费增值的概念源于免费和额外费用这两个词，其含义是指为消费者提供免费的基础服务，但通过额外的增值服务创造收入（Anderson，2009）。

10.3.1　信息法则

从产权来看，信息本身可以被视为一种资产，但其价值却难以量化。数据的获取、加工和维护需要组织资源的持续投入。持续投入的硬件和部分软件成本比较容易计算，但信息价值通常无法反映到资产负债表中。事实上，利用软硬件技术从原始数据中加工得到的信息就是一种产品。信息的成本主要不在于软硬件，而在于向信息系统贡献数据所需要的人力，其薪水通常隐含在相关部门的预算中。因此，我们确实需要一种信息的估值方法（Moody et al.，2002）。

Moody 和 Walsh 在 2002 年定义了七个"信息法则"，解释了与其他资产相比的信息特征（Moody et al.，2002）。从这些法则可以推导出物联网的价值创造模式。物联网时代新商业模式和定价模式的信息法则如下。

信息法则 1：信息可以无限共享，其价值不会因共享而有所损失。

物联网能够促进利益相关各方对产品信息的访问与共享。通过收费访问的方式，在物联网中可以实现信息的商业化。当信息访问的累计收入超过信息获取的成本时，就会达到一种双赢的局面。因此，随着信息访问量的不断增加，信息使用的边际成本就会降低。

信息法则 2：信息的价值随着使用次数的增加而增加。如果无人使用，信息就没有任何价值。

信息成本主要发生在数据收集、存储和维护等环节，信息使用的边际成本却非常小。物联网能够为日益增长的信息共享和使用提供便利，当然，人们应该重视信息的存在状态，可以使用"信息资产登记器（information asset register）"来登记信息（Moody et al.，2002），从而方便人们对信息进行查询与访问。

另外，决策者应该具备充分理解和使用信息的能力，以便从中获取最大的利益。因此，物联网不仅需要整合已有的成功商业应用，也需要整合有助于信息可视化、信息分析、信息决策的新工具。如果采用按次收费的信息访问模式，用户每次提出信息访问请求，就需要缴费。因此，信息法则 2 就能够充分发挥其效用。

信息法则 3：信息具有易逝性，会随着时间贬值。

物联网提供信息的实时性可以确保信息的高价值。与此同时，在物联网中跨生命周期的信息访问也是具备商业价值的应用之一。因此，产品的历史信息会保存下来，其价值甚至会随着时间推移而增加。在按次收费的价格模式中，信息的价格会随着时间的变化而变化，如同信息价值会随时间变化一样。

信息法则 4：信息的价值随着准确性而增加。

Moody 等（2002）指出"在商业环境中，100％准确的信息是难以获取的"。物联网提供针对现实世界的更精确的观察视角，因而有助于实现"细粒度管理"。物联网中的自动识别技术有助于避免人工输入数据的错误，因此，要求相应的产品信息同样需要高水平的精确度。在电子数据交换（Electronic Data Interchange，EDI）中，产品数据协议是一种数据质量标准的常用手段。定价模型可以建立在服务等级协议①和信息准确程度的评估基础上。

信息法则 5：不同信息的整合能够提高信息的价值。

例如，电子元件的识别码如果不与其固件版本号码、使用历史记录等相结合，价值就会非常低。从这点来说，少量标识符和编码方法的标准化可以给信息整合带来较高的价值（Moody et al.，2002）。从本质上看，物联网就是把不同信息源和特定的物体联系起来的"纽带"。这为第三方数据整合和信息服务提供商创造了商业机会。不同的信息提供商之间的数据分享有利于提高集成数据的价值。当然，终端用户的参与和合作可以进一步提高物联网中信息的总价值。此外，免费增值模式提供的基本信息是免费的，但要想获得更丰富的信息或者集成的信息，那就需要额外付费。

信息法则 6：信息越多未必越好。

在一定的水平范围内，信息越多，信息的价值就会越大，但当提供的信息超过信息处理的能力（即信息超载）时，信息的价值就会降低。物体和相关信息之间的联系把信息和特定的物体相连接，使得物联网中的信息消费更加便利。信息的筛选、个性化、定制化和预处理能进一步地减少信息超载的可能性，使信息更适合用户的个性化需求。商业机会还存在于信息定制化和预处理等方面，例如警报信息。

信息法则 7：信息不会消耗。

有一些信息可以自动生成，如对信息进行总结、综合或者分析的时候会产生更多的信息。物联网中有许多有价值的信息源，例如传感器、用户、软件代理商和商业智能软件等。

共同创造可以提供一种双赢的合作模式，在这种模式中，用户如果可以通过

---

① 译者注：服务等级协议（Service Level Agreement，SLA），是指提供服务的企业与客户之间就服务的品质、水准、性能等方面所达成的双方共同认可的协议或契约。

对数据分析进一步丰富信息的内容，那么就可以实现信息的免费访问。如果企业可以对多种数据来源进行访问，并采用数据挖掘的方法对这些数据进行分析，那么企业可以因此而获取更多的商业机会。

物联网能提供更好的信息获取、信息处理与信息共享的能力。借助物联网的这种能力，通过对传统商业模式的改造，公司可以获得更多的商业机会。在这些商业机会中，物联网提供的信息并不能直接产生收益。因此，物联网不仅仅为商业提供技术，也为商业提供机会。下面列出这些新的商业机会给商业模式带来的主要影响。

10.3.2　物联网的价值创造

如上所述，信息是价值创造的主要来源，也是物联网领域价值主张的一个重要部分，特别是当可以获得的详细信息越来越多时，更是如此。信息可以直接与物体（或者产品）相关联。物体的使用状况、当前状态和位置都是可以跟踪的，相关的信息可以通过物联网发布和访问，这就出现了新的价值主张，例如向顾客提供更多的有关产品的数据（如碳足迹），或者基于实际使用情况的产品和服务的准确账单（如租车、可回收的运输物品（Returnable Transport Items，RTI））。

以下是构成价值主张的必要条件。

（1）提供正确的信息。

通过唯一的标识符把信息和实体产品联系起来，确保产品信息的正确性。

（2）以合适的粒度。

较高的信息粒度，能够保证对物体更清晰的认识。

（3）恰当的环境。

①高准确度的信息；

②从各种来源收集信息，例如标签、传感器或者嵌入式系统等；

③进行信息的关联分析、整合和深入的分析，以便对物体提出新看法；

④定义良好的语法和语义。

（4）在恰当的时间。

①信息的时效性；

②允许对实时信息和历史数据进行访问，有针对性地进行商业分析；

③基于实时的物理事件，作出实时智能决策的能力。

（5）在网络的任何地方。

①在线访问和可能的离线使用；

②移动访问。

（6）以适当的价格。

①价格透明度；

②对计费服务的较低额外费用，价格应该是为信息而支付，而不是为基础设施而支付。

在物联网中，我们需要从财务方面重新考虑新的价值主张。从历史上看，关于成本的讨论在物联网中占有主导地位。标签、传感器、反应器、阅读器和软硬件的成本是很容易计算的。但是，投资回报率（ROI）相对不那么容易计算。其原因在于，企业增加的利润仅仅占全部收入的很小部分。

因此，在物联网中，收入来源在形成新的资金流方面占有非常重要的地位。信息的价格和其他的收入、红利抵消了所提供的基础设施和信息形成的成本。按次使用的计费方式需要获取使用次数的数据，需要对数据进行测量和收集。订阅费的计费方式是一种更容易的方式，它可以替代按次使用的计费方式，或者可以将这两种方式相结合，通信行业就是如此。信息经纪人因经纪佣金获取的收入也可以包含在此框架内。而广告是另外一种形式的收入，但是需要和物联网进行人工交互，在单纯的 M2M（Machine to Machine）环境中广告并非是有效的商业模式。

考虑到信息的测量、收集和计价机制可以整合到未来的物联网结构中（参见第 9 章），实体产品和信息可以分开计价，因此信息和产品价格的"脱钩"，可以促进新的商业模式的产生。

实体产品的交换是沿着价值链传递的，且通常以消费者为结束点；而在物联网中，信息的交换则超出这个范围，包括各种不同的参与者。为了充分理解物联网中的信息交换就需要考虑信息流和有关的参与者。图 10.2 描述了物联网中的信息提供者以及它们之间的信息流。

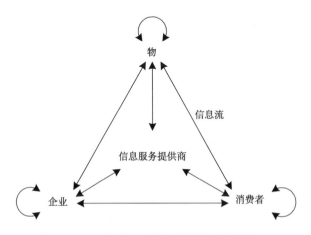

图 10.2　物联网的信息提供者和信息流

根据不同的信息源，相应的参与者包括物品、消费者、企业和一种特殊形式的企业——服务提供商或者信息服务提供商。它们之间的信息交换可以描述为一种三角关系。信息流可以是直接传递的，例如从物到物、从企业到消费者或者从消费者到物；当然，也可以是间接传递的，例如信息通过信息提供者从物传递给企业，信息通过物从一个企业传递给另外一个企业。物包括通过传感器、数据处理单元和驱动器来传递他们的识别码和状态的产品。其他信息是由企业和消费者来提供。这就包括了来自信息系统的信息（如 ERP 系统）或者人工输入的信息（如产品等级）。信息服务提供商聚集了各种不同来源的信息。另外，他们可以通过整合数据来增加数据的价值。

在物到物（包括 M2M）的关系中，我们必须记住拥有这些物品的公司和消费者。但是与经典的 B2B 和 B2C 相比，物到物的信息渠道需要不同的接口。

客户关系可以根据信息流来进行分类，这里的信息流包括单向、双向和多向信息流。物联网能够支持多向信息流，但是几乎没有应用可以完全实现其潜在价值。另外，自我服务和自动操作在客户关系中起着重要作用。

问题是如何为信息交换的利益相关者创造双赢的局面？对不同的商业模式场景进行研究不仅能够回答这个问题，而且有助于理解企业或者信息服务提供商将新的机遇付诸商业实践的方式。

10.4　物联网的典型商业模式场景

基于上述讨论结果，这一节主要阐述物联网几个典型商业模式场景。物联网的应用领域远非我们的想象所及。其中，制造业、物流业、服务业和维修维护业中产品的流程控制和质量控制仍然是可行的应用方向。此外，还有很多新兴的应用领域值得考虑。针对数据提供、终端用户编程以及自主服务实施三个方面的终端用户整合，将会把物联网推上一个新的台阶，到那时，物联网就不仅仅是一个单纯的 B2B 平台。

下面论述的典型场景包括支持 PaaS 的物联网技术应用、信息服务提供商在物联网中的角色、终端用户的整合、实时商务分析和决策制定所创造的机遇。借助上述商业模式框架，本节阐述了在物联网环境中，企业如何通过商业模式的配置实现盈利。

10.4.1　场景 1：产品即服务（Product as a Service，PaaS）①

从提供产品到提供服务的转变是商业模式创新的主要趋势。不但软件公司不

---

① 译者注：产品即服务（PaaS），厂商提供给客户的不再只是单一的产品，而是包括与产品相关的一系列服务，如本节所提到的"车队管理"计划。

再只是销售软件许可权，而是转变为提供软件即服务（SaaS）[①]，而且越来越多的制造业也加入到这一潮流中来。为应对低成本制造之间不断加剧的竞争，制造和供应专业建筑机械的国际巨头 Hilti 公司[②]，推出一项"车队管理"计划。根据这项计划，客户不需要购买任何建筑机械。相反，Hilti 公司为它的客户提供相应的建筑工具以及相应的维修等服务，客户只需按照合同缴纳月租费。低廉的预投资、免费维修、灵活库存、更低的故障率、最先进的工具，这些都会使客户受益匪浅（Johnson et al.，2008）。更进一步来说，定价方案甚至可以基于所提供的服务质量来确定，其中不乏广为人知的实例，如按每月使用小时支付的租赁（Power By the Hour，PBH）[③] 或基于绩效的物流（Performance Based Logistics，PBL）。因此，为提供更好的计价方式，企业服务质量应该是可度量的。

1. 现状与挑战

如今，由于不恰当的定价模式，以及缺乏服务质量的度量方法和支付方式，商业模式向 PaaS 的转型显得困难重重。当前有些实施方案比较零散，难以进行整合。

2. 解决方案

物联网为 PaaS 的实施创造了必要的条件。传感器能够对产品进行跟踪和定位。此外，产品的使用次数及使用状态（如车辆行驶的速度）都可以准确地记录下来。公司可以使用传感器监控产品、部件和工具的使用状况，以便提供合适的维护维修服务。开放的物联网基础平台，可以整合不同的产品和服务。

3. 场景分析

以车辆租赁行业使用物联网的场景为例，如 Daimler 公司实施的汽车共享计划 Car2Go[④]。到目前为止，基于时间的收费方式通常依据汽车类型和耗油量进行计费。在未来物联网中，定价方式能以汽车精确使用情况为依据，其计算方式可以根据汽车实际的排放量、速度、加速度、载重、路况或其他的可度量因素进行。物联网技术可以把当前的单位成本、总成本、当前排放量及平均排放量等相

关数据直接反馈给司机，这将为租赁者提供更友好的汽车使用环境。加油费、保险费及通行费等所有服务费都包括在汽车使用费中。第三方供应商可以通过物联网远程监控汽车的状况，并能对汽车发出的紧急信号作出反应。最后，可以通过物联网对车辆进行跟踪和定位，这样，还车时无需将其送回汽车租赁站，而可以把它放在第三方服务场所（如加油站）进行清洗和外观检查。长远来看，即便是外观检查也能通过相应的视频系统自动进行。汽车租赁的商业模式如图 10.3 所示。

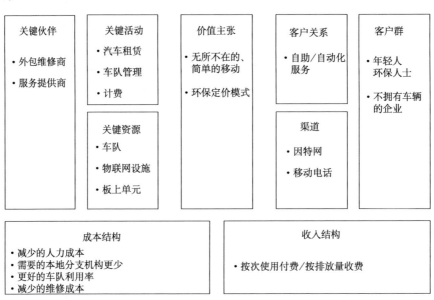

图 10.3　汽车租赁的商业模式

　　与传统的租车模式相比，这样的汽车租赁模式可以实现自动化的自助服务，可以减少对子公司和员工数量的需求，从而降低固定成本。当然，物联网会产生新的成本，尤其是物联网基础平台的使用成本。通过外包服务，可以实现对车辆状态的监控，进而实现即时修理、减少维修成本、缩短故障时间、提高营运收入。

10.4.2　场景 2：信息服务提供商（Information Service Providers，ISP）

　　当信息以可度量的方式进行计费时，信息服务提供商的新商机会应运而生。企业信息技术部门就会告别以成本投入为主的时代，进入盈利的时代。物联网相关的数据就可以存储在数据中心，并得到相应的处理。此外，信息服务提供商还能够对物联网中各种不同的信息进行聚合与处理，从而提供更高的信息价值。
　　在物联网中，随着样本量的增加、信息收集成本的下降、信息分析即时性的提高，信息服务提供商可以彻底改变原有的市场研究方式。在防伪领域的应用是信息服务提供商的应用场景之一。我们知道造假的现象普遍存在于消费品市场中，因此产品防伪的问题是至关重要的。在服装、饰品，甚至是药品等领域，冒牌货以真品的形式出售给消费者，不仅给消费者带来经济损失，而且造成其他恶劣的影响。

1. 现状与挑战

迄今为止，对大多数产品而言，产品标识的不可篡改性尚无法实现。大多数情况下，产品的标识还限制在对产品种类进行标识的水平上，无法实现对每一件产品的不同标识。EPCglobal 网络可以实现在价值链中对具体产品进行识别和跟踪。然而，EPCglobal 网络基础设施的配置和维护的费用非常之高，而且也缺乏对产品数据共享的激励机制。

2. 解决方案

通过将产品信息与产品本身的关联，物联网可以为上述问题提供解决方案。同时，物联网有助于实现各方的信息共享，尤其是将计费作为物联网的核心功能时，能够进一步促进信息的共享。

3. 场景分析

为了打击假冒伪劣行为，制造商所需的服务可以由独立的第三方信息服务提供商来提供。信息服务提供商提供的信息旨在核实相应产品的来源，以便检测其真伪。在本节的案例中，信息服务提供商专门核查部件，这些部件来自机械及设备制造业，以及汽车行业等。因此信息服务提供商需要与诸多相应的制造商和制造商的商业伙伴展开合作，并向制造商及制造商的商业伙伴提供所需信息。作为部件的买家或部件的安装者，客户可以通过物联网向信息服务商提交请求。另一个重要的客户细分市场是海关领域。核查产品可以以序列号为基础。信息系统汇集了不同源头的信息，通过信息查询系统，信息服务提供商可以查出序列号是否有效，零部件是否已被其他客户使用，以及零部件在价值链中经历的环节和产生的效果。

对信息服务提供商提供的信息而言，有着两种不同的定价模式：按次使用付费方式和对客户收取订金的方式。一个类似的场景是奥网（Original1）公司[①]，这是一家由诺基亚、SAP 和捷德公司（G&D）共同组建的合资公司。这两种定价模式本都可以通过 EPCglobal 网络得以实现，但在具体实施时，也存在两个问

---

① http://www.original1.net/。

题：一是相应基础设施的成本问题，二是缺乏共享数据的激励机制。这两个问题都可以通过整合计费和结算能力的方式加以解决。一方面服务提供商需要以合适的成本（或者非财务利益）获取信息，当然，这个价格应该具有一定的吸引力；另一方面，服务提供商也需要以合适的价格将信息提供给客户，这一价格自然要高于整合处理信息的成本，以便获得相应的回报。物联网反伪场景的商业模式如图 10.4 所示。

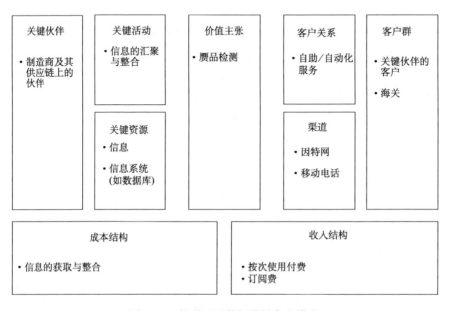

图 10.4　物联网反伪场景的商业模式

　　和传统的商业模式相比，虽然物联网中的商业模式看上去没有太大区别，但是物联网中服务提供商的价值主张却与传统的商业模式大相径庭，其价值主张必须借助于物联网的唯一标识技术和计费模式才能实现。物联网中最重要的成本因素是信息（或数据）的获取和聚集，以及所需信息系统的购买和维护。

10.4.3　场景 3：终端用户的参与（End-user Involvement）

　　物联网提供了一个新的平台，用户可以投身到合作创造的过程中去。"生活实验室"使部分用户群体参与到产品和服务生命周期各阶段的开发中去。同时，物联网将产品生命周期中所有的用户联系起来。在 B2C 环境中，那些洞悉物联网应用潜力的企业将会成为新商业模式的领头羊。

　　追逐利益的天性促使相关利益的各方参与到物联网的价值共创活动中。物联网中的综合计费方案可以实现商家和终端用户之间信息无缝地双向流动。目前，由于缺乏综合的计费系统，公司需要使用现金抵用券、电子优惠券、奖券和免费赠品来激发终端用户参与的积极性。现有可使用的服务包括 Stickybits[①] 和 my2cents[②]，其他可使用的服务包括对产品评论的支付计划，该计划执行的前提是需要对用户的评论进行评级审查。Ciao 公司[③]为其用户提供小额利益。当用户对公司产品进行积极地评价时，公司便会回馈给用户 0.5 便士作为鼓励（Ciao，2009）。当然，公司也会提供一些其他非财务上的利益，比如提供个性化的产品。有时，终端用户的积极性也会因为物联网提供的自我展示机会而受到激发。在物联网中，为了确保用户参与的积极性，隐私数据的保护是一个至关重要的问题，因此安全策略和隐私策略，以及用户自由选择权利，都是物联网中的强制性要求。

在 B2B 场景中，作为一种激发参与热情的普遍手段，财务惩罚也是强制性要求，通过财务惩罚可以防止违规行为的发生。

1. 现状与挑战

迄今为止，大多数产品的信息收集、购买和评价之间的相互关联尚未建立。在这方面，亚马逊公司领先一步，其用户乐于获取相关产品信息，在购买产品后愿意对所购买的产品进行评价。即便如此，Amazon 仍然缺乏对产品的唯一标识，因此，在电子设备上安装的不同固件带有不同的标识，就可能产生不同的评价，而这些不同的评价也难以区分。

2. 解决方案

通过物联网，信息可以和具体的产品相关联。此外，特别是把近场通信（NFC）和条形码阅读器软件集成到带有摄像头的手机中之后，对产品的自动唯一识别的使用率会大幅度提高。同时，图像识别和声音识别技术也是物联网重要的创新。

3. 场景分析

利用手机，终端用户能够提供或获取销售点（如大型超市）产品的相关信息。RFID 芯片或条形码都支持对产品信息的提供或访问。超市为用户提供商品的信息，如产品的成分和历史价格等。此外，用户可以获取与实际产品相关的信息，如产品的碳足迹等。用户可以在家通过手机或者互联网输入产品的其他信

---

① 　www. stickybits. com。

② 　www. my2cents. ca。

③ 　www. ciao. de。

息，如对产品的评价等。作为回报，超市可能会给终端用户提供一定的现金奖励。

为了使服务更具有个性化，客户可以创建一个有关自己的喜好和需求的配置文件。超市可以结合这个配置文件，有针对性地告知客户当前的促销活动，为用户购买新产品提出建议，或提醒用户食物的保质期等。客户提供的信息既可以与其他客户分享，为其他用户购买产品提供帮助，也可以用于公司的商业分析。通过分享自己的信息，客户可以获得奖励积分，此奖励积分可用于购物折扣。超市的商业模式如图 10.5 所示。

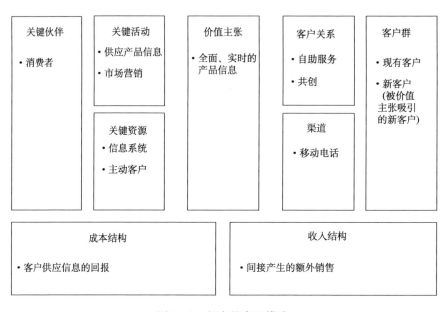

图 10.5　超市的商业模式

上面提到的商业模式是超市更高层次商业模式的一部分。该商业模式的特殊性在于其收入是通过销售量增加而产生的。有效的激励措施是成功刺激终端用户参与的基础，这种激励措施与终端用户的交易目的息息相关。低端产品的提供商可能对产品评价没有兴趣，只有高端产品的提供商才有兴趣了解竞争对手的产品情况。终端用户的付出要与增加的收入相吻合，只有这样才能提高用户的兴趣。即便用户愿意为额外的信息付费，低端产品的提供商依然无法采取较好的激励措施。例如，根据经验，用户愿意为有机食品和符合质量标准的产品多支付一点费用。利用物联网，用户可以立即获取产品的精确信息，而不只是看贴在产品上的合格标签，很多时候，这种标签并无多大意义。

10.4.4 场景4：实时商务分析（Right-time Business Analysis）和实时决策制定（Right-time Decision Making）

在生产中，实时通常是指在数毫秒内记录事件并作出响应的 M2M 系统。在物流中，没有确切的时间限制。传统物流花费的时间一般都比较长，经常会导致几天甚至几周的耽搁，与之相比，目前的物流所耽搁的时间不过是几个小时甚或是几分钟，这样的情况仍然可以认为是实时的。实时需要做定性的评价，而不是定量的评价。及时辨认过时的信息，可以实现主动响应而不是被动反应。因此，使用实时的业务分析并及时作出决策是更合适的。一个商务事件的发生和响应之间的时间差受到多种因素的影响，包括获取数据的时间、数据分析的时间及作出决策的时间等（Hackathorn，2004）。对于每个企业而言，实时的商务分析能力是必需的。其原因在于实时的商务分析能力是制定敏捷管理战略的基础。在物联网中，易耗商品是实时商务分析的热门研究问题，尤其是在容易导致质量发生变化的运输领域。以当前货物的状态和最佳保质期为依据，就可以将相应的管理策略运用到运输领域。作为 CRC637"自主合作的物流过程——一个范式转变及其局限性"项目的一部分，智能卡车和智能容器已应用于实践。在具体的应用中，采用了多种不同的技术，如 RFID、传感器的集成、通信设施和基于软件代理的分布式决策制定等（Jedermann et al.，2007）。这些基于自治策略的场景尚未接入物联网，一旦将物联网和这些自治策略的场景进一步整合，物流的敏捷程度就会再上一个台阶，达到更高的水平。

1. 现状与挑战

如今，大部分实时商务分析和决策制定都限制在内部流程和双向业务关系上。对易耗商品而言，人工现场测试和可视化检查很普遍，但这些并不能提供实时监控或实施主动战略。

2. 解决方案

对跨越供应链和产品生命周期的实时访问和实时分析而言，物联网可以提供便捷的手段。在经营场所或物联网的任何地方，都可以利用智能物体获取数据，从而便于数据分析。实时模式的可行性和数据分析的及时性，能够确保实现实时敏捷管理策略。

3. 场景分析

以智能卡车为例。智能卡车中融合了多种不同的技术获取相关的信息，对这些信息的整合，可以增加信息的价值（见 10.3 节信息法则五），促进物联网基础设施的应用。卡车向物联网传递数据，并获取实时的回应。一些简单的任务，如导航和动态路由，可以不通过物联网获取。但是更复杂的任务，如实时跟踪和状态监测，将在很大程度上受益于物联网。

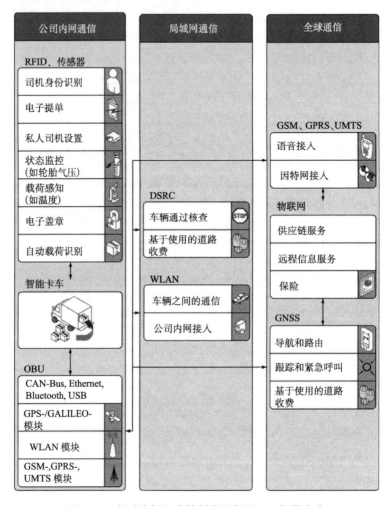

图 10.6　实时分析和决策制定的例子——智能卡车

　　信息的价值会随时间贬值（见 10.3 节信息法则三），商业模式很大程度上需要考虑及时从信息中获取利益。但是响应时间越快，所需的基础设施成本就可能越高。因此，商业模式的目标是获取主动（敏捷）反应和所需基础设施成本之间的最佳平衡。由此可见，对商业事件而言，最快的响应时间不见得能够获得最好的效果。

图 10.7 智能卡车的商业模式

10.5 结 论

Moody 和 Walsh（2002）认为"在企业的所有资源（人员、财产、资产、信息）中，信息可能是最难管理的"。截至目前，物联网已经帮助人们解决了一些问题，如准确的信息发现以及随时随地的访问。但是从商业角度看，信息是否真的因为自身价值而成为公司的核心资产？这个问题仍然悬而未决。

本章论述了商业模式、商业模式创新的概念以及它们同物联网的关系，阐述了信息价值及与其相关的特定"法则"。此外，本章还详细地考察了物联网的价值主张及其对已有的或新的商业模式所产生的影响。商业模式的概念有助于从整体上把握全局，可作为识别商业模式创新机遇的工具。基于上述场景，我们可以推测，合适的商业模式是物联网的主要驱动力，可以促进企业融资，开拓新市场，获得新收入来源。

本章研究了商业模式创新在物联网中的地位，对新商业模式的用户认可度并没有涉及。目前，很多商业模式，如"智能冰箱"等，都以失败告终。究其根本，正是由于缺乏终端用户的认可。当然，也有部分原因是数据的不一致性和介质故障。这些问题可以通过未来的物联网技术逐步克服。从这个意义上说，不同的技术必须使用通用的接口和标准。当然，用户需要花费时间去适应物联网的新技术和新机遇。移动网络和电子商务的成功花了很多年的时间，而且截至目前也仍然没有将其全部潜力充分发挥出来。同样地，物联网要获得用户的认可，也需要花相当长的时间。其先决条件之一就是物联网中的自动识别设备要更加易于使用。目前，装有条码阅读软件的手机可以使用摄像头识别相应的物品标签，但是其读取性能较差。即便是近场通信技术，也难以达到普遍适用的地步。如果能够较好地解决这些技术难题，并找到能够实现利益各方双赢的合适的商业模式，那么企业和用户的距离就会逐渐缩短，商业相关的各方都能从物联网的商业模式中获得更大的利益，得到更好的发展。物联网也会因此而拥有更加广阔的发展前景。

参 考 文 献

Afuah A，Tucci C (2000) Internet business models and strategies：Text and case. McGraw-Hill Higher Education，New York

Alt R，Zbornik S (2002) Integrierte Geschäftsabwicklung mit Electronic Bill Presentment and Payment. In：Weinhardt C，Holtmann C （eds) E-Commerce：Netze，Märkte，Technologien，Proceedings zur Teilkonferenz der Multikonferenz Wirtschaftsinformatik 2002. Physica，Heidelberg

Amit R，Zott C (2000) Value drivers of e-commerce business models. INSEAD Working Paper. Fontainebleau，France

Anderson C (2009) Free：The Future of a Radical Price. Hyperion，New York

Baatz E (1996) Will your business model float?. WebMaster Magazine 10

Barney J，Wright M，Ketchen DJ (2001) The resource-based view of the firm：Ten years after 1991. J of Manag 27：625-641. doi：10. 1177/014920630102700601

Chesbrough H (2007) Business model innovation：it's not just about technology anymore. Strategy & Leadership 35：12-17. doi：10. 1108/10878570710833714

Chesbrough H (2009) Business Model Innovation：Opportunities and Barriers. Long Range Planning.

Chesbrough H，Rosenbloom RS (2002) The role of the business model in capturing value from innovation：evidence from Xerox Corporation's technology spin-off companies. Ind Corp Chang 11：529-555

Ciao (2009) Earning money-Earn money by writing reviews. http：//www. ciao. co. uk/faq. php/Id/2/Idx/5/Idy/1. Accessed 5 Mai 2010

Drucker PF (1954) The Practice of Management. HarperCollins，New York

Fleisch E，Christ O，Dierkes M （2005） Die betriebswirtschaftliche Vision des Internets der Dinge. In：Fleisch E，Mattern F (eds.) Das Internet der Dinge. Springer，Berlin，Heidelberg

Hackathorn R (2004) Real-Time to Real-Value. Information Management Magazine. http://www. information-management. com/issues/20040101/7913-1. html. Accessed 10 May 2010

Hauschildt J (1997) Innovationsmanagement. 2nd edn. Vahlen，München

Hedman J，Kalling T (2003) The business model concept：theoretical underpinnings and empirical illustrations. Eur J Inf Syst 12：49-59. doi：10. 1057/palgrave. ejis. 3000446

IBM (2008) Global CEO Study-The Enterprise of the Future. http：//www. ibm. com/ibm/ideasfromibm/us/ceo/20080505/resources/IFI _ 05052008. pdf. Accessed 10 May 2010

Jedermann R，Behrens C，Laur R，Lang W (2007) Intelligent Containers and Sensor Networks Approaches to apply Autonomous Cooperation on Systems with limited Resources. Springer，Berlin，Heidelberg

Johnson MW, Christensen CM, Kagermann H (2008) Reinventing Your Business Model. Harv Bus Rev 68: 50-59

Kim SH, Cohen M, Netessine S (2007) Performance Contracting in After-Sales Service Supply Chains. Manag Sci 53: 1843-1858. doi:10. 1287/mnsc. 1070. 0741

Krüger M, Leibold K, Smasal D (2008) IZV9-Internet Zahlungssysteme aus der Sicht der Verbraucher. http://www. iww. uni-karlsruhe. de/reddot/download/izv9_Endbericht_v2. pdf. Accessed 24 November 2009

Linder J, Cantrell S (2000) Changing business models: surveying the landscape. Working Paper, Accenture Institute for Strategic Change. http://www. accenture. com/NR/rdonlyres/0DE8F2BE-5522-414C-8E1B-E19CF86D6CBC/0/Surveying_the_Landscape_WP. pdf. Accessed 1 May 2010

Moody D, Walsh P (2002) Measuring the value of information: an asset valuation approach. In: Morgan B, Nolan C (eds), Guidelines for Implementing Data Resource Management. 4th edn. DAMA International Press, Seattle USA

Morris M, Schindehutte M, Allen J (2005) The entrepreneur's business model: toward a unified perspective. J Bus Res 58: 726-735. doi:10. 1016/j. jbusres. 2003. 11. 001

Morris M, Schindehutte M, Richardson J, Allen J (2006) Is the business model a useful strategic concept? Conceptual, theoretical, and empirical insights. J Small Bus Strateg 17: 27-50

Osterwalder A, Pigneur Y (2009) Business Model Generation. A Handbook for Visionaries, Game Changers, and Challengers. OSF

Porter ME (1980) Competitive strategy techniques for analysing industries and competitors. Free Press, New York

Sampler J (1998) Redefining industry structure for the information age. Strateg Manag J 19: 343-355. doi: 10. 1002/(SICI)1097-0266 (199804) 19:4<343::AID-SMJ975>3. 0. CO; 2-G

Timmers P (1998) Business models for electronic markets. J Electron Market 8: 3-8. doi:10. 1080/10196789800000016

Uckelmann D, Isenberg MA, Teucke M, Halfar H, Scholz-Reiter B (2010) An integrative approach on Autonomous Control and the Internet of Things. In: Ranasinghe DC, Sheng QZ, Zeadally S (eds) Unique Radio Innovation for the 21st Century: Building Scalable and Global RFID Networks. Springer, Berlin

Venkatraman N, Henderson J (1998) Real strategies for virtual organizing. Sloan Management Review 40 (1):33-48

Venkatraman N, Henderson JC (2008): Four vectors of business model innovation: value capture in a network era. From Strategy to Execution: Turning Accelerated Global Change Into Opportunity. Springer, Berlin

Wernerfelt B (1984) A resource-based view of the firm. Strateg Manag J 5: 171-180. doi:10. 1002/smj. 4250050207

第 11 章　欧洲 DiY 智能体验项目——物联网个人应用的破冰之旅

Marc Roelands[1]，Johan Plomp[2]，Diego Casado Mansilla[3]，Juan R. Velasco[3]，Ismail Salhi[4]，Gyu Myoung Lee[5]，Noel Crespi[5]，Filipe Vinci dos Santos[6]，Julien Vachaudez[6]，Frédéric Bettens[6]，Joel Hanqc[6]，Carlos Valderrama[6]，Nilo Menezes[7]，Alexandre Girardi[7]，Xavier Ricco[7]，Mario Lopez-Ramos[8]，Nicolas Dumont[8]，Iván Corredor[9]，Miguel S. Familiar[9]，José F. Martínez[9]，Vicente Hernández[9]，Dries De Roeck[10]，Christof van Nimwegen[10]，Leire Bastida[11]，Marisa Escalante[11]，Juncal Alonso[11]，Quentin Reul[12]，Yan Tang[12]，Robert Meersman[12]

[1] 比利时，安特卫普，阿尔卡特朗讯-贝尔实验室

[2] 芬兰，赫尔辛基，芬兰技术研究中心

[3] 西班牙，马德里，阿尔卡拉德埃纳雷斯大学

[4] 法国，ENSIE

[5] 法国，巴黎，国立电信研究院

[6] 比利时，蒙斯，埃诺大学

[7] 比利时，蒙斯，Multitel asbl 研究中心

[8] 法国，巴黎，泰利斯

[9] 西班牙，马德理大学

[10] 比利时，鲁汶 CUO

[11] 西班牙，毕尔巴鄂，欧洲物种研究所

[12] 比利时，布鲁塞尔，STARLab 实验室

在物联网环境中，用户自创的应用会面临各种各样的挑战。对于这一点，DiY 智能体验项目（DiY Smart Experiences，DiYSE，ITEA2 08005）组的成员都有切身体会。目前，环保应用是一个备受关注的领域。本章首先以环保应用为例，对物联网 DiY 进行介绍。本章主要讨论了 DiYSE 体系架构技术，主要包括：①物联网框架底层组成，包括传感器、执行器和中间件等设备；②语义技术在设备与服务交互中的重要作用；③服务框架和应用创建过程中的各种需求。此外，本章还探讨了智能空间中可能存在的各种交互，这种交互可能会出现在物联网的体验环境中或者用户体验的过程中。概言之，本章的内容涉及两个层面：一是实现物联网 DiY 所需要的底层技术，二是基于物联网的创新社区和实体交互等。

11.1 DiY 社会：驱动、目的和角色

伴随着"DiY 社会"潮流的出现（von Hippel，2005），可以预见在未来的社会中，任何人都能成为造物主。在 DiYSE 项目推进过程中，DiY 运动将会成为其发展的一个起点，本章将讨论这一运动发展的广阔背景。

看上去，创造事物的想法可能并不是什么新鲜事。从人类文明的开始，人们就一直在创造事物，这可以追溯到史前时代。那时，在可供使用的原材料十分匮乏的条件下，人们就创造了一些简单而实用的工具。从那时起，创造事物的过程开始不断地演变，随着社会的发展，创造过程也越来越复杂（Sterling，2005）。在现代社会生活中，我们看到技术的发展是影响我们创造、使用和感知事物的重要因素之一。特别是今天，利用各种计算机系统，我们可以创造很多非常复杂的产品，当然，这些产品不是每个人都能够从头开始创造的。为了把一个电子计算机系统合并到一个目标物体中，需要深奥的专业知识来开发相应的系统，整合各种各样的硬件和软件元素。

在现今各种物品愈加复杂的背景下，如何提升人们的创造能力，去创造更有价值的物品是 DiY 社会的重要挑战。这些物品的用途会超出供应商预期的用途范围。这些创造活动将最终开启物品定制化（即允许用户定制实际产品或者电子产品）的新时代。在理想情况下，物品创造过程应该把技术创新和物品制作有机结合起来，同时，在 DiY 社会中，人们可以自由地创造各种物品，来提高生活水平。人们创造物品的方式与每个人的内在个性特征在一定程度上存在必然联系，这些特征包括个人的背景、意图、专业知识和动机等。

当然，在下一代"制造业"生态系统完全实现之后，人们会看到这一切都将变成现实。而这些愿景的实现主要取决于：在所涉及的所有参与者之间能否找到一个多边"双赢"且可持续发展的平衡。这将最终决定其对经济的冲击，并对社会产生的显著影响。

11.1.1 DiY 的演变

最近，DiY 作为一种社会现象，又一次成为一个新的研究热点。在这一节中，我们将回顾 DiY 的发展历史，从中寻找一些重要因素，依据这些因素，我们可以推测在未来社会 DiY 的发展方向。

11.1.1.1 DiY 的发展历史

纵观 DiY 发展的历史，其在各种各样的活动中都曾经发挥重要作用。自史前至今，人们一直在创造各种物品。回顾有关物品创造的演化过程，我们会发现

与 DiY 相关的几个重要因素，这些因素对今天如何开展 DiY 活动有非常重要的意义。比如，在中世纪时，出现了可以自由买卖物品的交易市场，并且建立了社区来分享和学习各种技能（Sennet，2008）。当时，大多数物品创造是由各行业中的熟练工匠组织在一起完成的。如果一个人要"学习"如何创造物品，就需要跟随一个师傅去学习；在这个过程中，"师傅"传授技能给一个或多个学徒。

从那时起，这种技术传承的方式随着社会发展而不断演变。社会中各行业的技能知识更多的是广泛分布在群众当中，而不是局限于单个人或单个群体之中。目前，一提到 DiY，人们会自然联想到商店销售家居装饰材料或者自己翻修房屋等事物。

11.1.1.2　DiY 的发展前景

随着计算机的发明，特别是互联网的出现，DiY 这个词语已经有了新的含义。首先，借助各种专题网络社区交流平台，分享和讨论各种 DiY 活动变得非常容易（Dormer，1997）。其次，越来越多的人选择自己创造电子产品，包括硬件和软件。这些事实促使技术越来越普及，而且通过自己动手制作工具，人们可以在很多方面提高生活质量，而不仅仅是从物品功能层面获益。

11.1.2　人们为什么要自己创造物品

对于很多人来说，一个难以理解的问题是为什么人们热衷于自己创造物品？这个问题至少可以从两个方面来解释。一方面，DiY 可以看做一种动机心理学现象。一个人基于内在动机做某件事情，比如，某人想自己解决生活中碰到的问题，他可能想节约成本或者基于其他某种原因[①]。另一方面，DiY 可以看做由各种不同的层面推动的，这依赖于个人或 DiY 活动参与者的背景，即所谓的"人学逻辑"（people logic）的类型。例如，一个人想定做鞋子与自己动手制作鞋子，这就是两个不同层面的事件。

11.1.3　DiY 驱动：人的动机

在某些时候，人们决定自己创造物品，而不是从商店里购买成品，其背后的主要驱动力是他们的创造活动与亲手创造的物品之间的关系。以室内装饰为例，Elizabeth Shove 这样描述如下的动机类型，"房屋装饰是居住者想让房屋在别人

---

① 在 DiY 活动中，人们投入很多的时间、精力去创造一件物品，因此可以节约成本。然而，在很多情况下，各种心理因素是人们自愿参与 DiY 活动的主要因素，这些因素包括"对创作的物品的所有权"、"创造激情"等各种心理动机。这意味着解决同样的问题，为 DiY 而付出的努力通常要比购买成品要高很多。成本节约和心理动机是促进 DiY 社会活动发展的两个同时存在的因素。

眼里留下美好的印象，就其本身而论，它变成了炫耀幸福生活的一种方式。而且，参与者通常看重的是最终的结果，并不看重实际执行过程中具体的工作任务以及自己动手完成工作这件事情本身"（Shove et al.，2007）。自己动手使人们在更深层次上认识和联系物品，而不仅是停留在物品的功能层面。von Hippel（2005）也提到"一个物体不仅是一个材料物品，也是一个为你所喜欢的技术与社会关联的载体"。这指出了人与物体之间的关系是多么的微妙。人与物体之间的这种情感连接是对一个人热衷于某种事物的意义的阐释，而这个意义就是通过DiY活动激发产生的。

11.1.4　人学逻辑：不同层面的动机

对于不同的人来说，参与DiY活动的动机各有千秋。不同的人对DiY这个概念的看法和理解，与他们的个人经历、技能和经验息息相关。人们的思维习惯是影响其参与DiY活动的关键因素，这一点有助于我们理解人们参与DiY活动的各种动机，人的思维习惯是参与DiY活动的关键因素。人们在决定是否在某些活动中采用DiY的方式时，通常取决于其对某一个主题的思维习惯。下面我们利用Mogensen介绍的"人学逻辑"对这个问题进行阐述（Mogensen，2004）。

（1）产业逻辑：这种思维方式大多都是直接明确的、严肃的。对具有这种思维方式的人，需要采取一些小措施，促使其对DiY产生兴趣。例如，在墙上安装一些装置，给他们一种满足感。

（2）理想社会逻辑：在理想社会中，人们创造物品，是为了把自己展现给他人欣赏。从这种角度来思考DiY活动，人们通过参与某一产品的深入加工，可以激发"这是我自己做的"的满足感。比如，自己去选择颜色和材料制作一双鞋。

（3）创造者逻辑：创造者渴望根据自己的需求，从头开始创造一些物品。比如，某个人愿意制作一台发电风车为自己的房屋提供电能，那么，他就可以阅读发电风车的制作指南，来制作发电风车。

这些逻辑也许需要扩展，才能涵盖DiY活动的每个方面。无论如何，根据人们的不同思维习惯，去引导他们参与物联网的各种DiY的活动是促进物联网DiY活动发展的有效方法。

除了人们的思维习惯之外，经济约束因素是影响人们DiY的另一个基本因素。事实上，对于不同的参与者来说，做同样一件事，DiY可能会省钱，也可能会花钱更多，这取决于参与者的不同动机和思维习惯。这会为商家创造商机，多年来不仅为各种专业厂商所采用，也在富有创造力的业余手工艺界产生广泛影响。

然而，电子产品的不断普及和成本的降低，以及互联网的无线接入技术的不断发展，为物联网向基础经济平台的发展准备了条件。DiY 可能会改变产品制造的游戏规则，很多产品和方案需要具备对外提供定制和交互功能的特性，而不是只为消费者提供单一的功能。实际上，这也正符合未来研究所（Institute For The Future，IFTF)[①] 的未来发展蓝图（IFTF 2008）的规划。类似于其他市场的演变，企业家可能会在这种新的生态系统——物联网 Web 2.0 中扮演重要的战略角色。同时，可以发展成一种清晰的率先行动的优势，就像苹果公司的 iPhone 应用软件商品网站。

环保意识是一个受到社会广泛关注的热点问题，同时也与人们提倡的节约意识密切相关。在下面的章节，我们将把它作为物联网 DiY 活动的典型应用领域进行详细阐述。

11.1.5 环保应用——物联网 DiY 的典型应用案例

在物联网环境中，DiY 创新应用在很多领域中都能产生重大社会经济影响，其中环保应用就是一个非常典型的领域。在该领域中，能源节约型的基础设施是重要组成部分。在 DiYSE 智能体验项目中，为了提高社会意识，城市大众消费型的社区建设需要充分利用用户产生的污染数据，同时也可能需要考虑相关的安全问题。

另一个典型的应用场景是利用智能设备实现对能源消耗的有效监控，达到既可以高效利用能源，同时又能提供舒适的生活的目的。本节中，我们将讨论把 DiY 概念应用到这个典型应用领域。

11.1.5.1 DiY 物联网中的能耗

随着物联网的出现，不同的智能物品之间可以实现互联。网络已经从最初简单地提供信息，逐步演变成为各种类型应用的最重要的平台，这一平台包含了各种互联的设备和物体。同样地，网络上的社区团体逐步开始利用物联网的"物品互联"的功能开展各种活动。我们相信未来这一趋势会得到蓬勃发展。在这一发展趋势下，人们越来越多地开始利用信息技术和其他技术相结合来提供跨领域综合服务。

在一些涉及生态主题的跨领域综合服务应用中，对于物联网智能体验能否变成现实而言，获取能量和降低功耗是相当重要的因素。当前技术发展尚无法完全满足一些新兴的低功耗的要求。各种新型的、高效的、压缩能量储蓄装置，比如燃料电池、聚合电池等，以及各种能量生产装置、能量传输方法或利

---

① 译者注：1968 年，兰德公司（RAND Corporation）的部分研究人员在福特基金会的资助下成立未来研究所（IFTF），其目的是在民用和商业领域推广先进的研究成果，为未来发展建设奠定基础。

用能量转换的采集技术的开发，将对各种自主的无线智能系统的实现起着至关重要的作用。

在 DiYSE 项目中，我们指出可以通过该项目让人们切实地体会到能源利用领域中环保意识面临的挑战，或者向人们介绍各种网络连接设置中的智能设备，培养人们的 DiY 思维习惯。如果能够实现上述目标，那么我们有理由相信会达到这样的效果：消费者自觉监视各自的能耗状况，并且越来越清楚地了解生活习惯与能耗之间的关系。这样一来，不仅人们能为能源供应商提供各种房屋、建筑、车辆的能耗指标，而且，随着 DiY 活动的发展，它还能为民众提供合适的参与方法，让大家分享好的实践体验，以及他们出于节约能源的考虑而亲自设计硬件或者软件的小技巧，最终达到促进社会环保意识的目的。同样，能源供应商可以与客户进行充分交互，既能为客户提供更加节能环保的商品，同时又能进行合理定价。如此一来，洗衣机、烘干机等能源消耗型电器的销售市场将会得到进一步的开发。在 DiYSE 项目中，有很多针对智能物品的服务创新技术的研究与开发。随着这些技术的发展，用户可以享受到更多的应用服务，如能耗峰值的跟踪与检测，在易忘记关闭的电器正在运行时及时提醒用户等，甚至各种更复杂的应用。满足个性化需求是大众市场接受这些应用的最重要的因素。

11.1.5.2 环保应用中的 DiY 约定

在家居应用环境中，如果每个智能物品都能理解互操作协议，那么当前用于针对单独的需求开发专用系统的模式将会被淘汰。不仅如此，在这种交互的环境中，无须预先设置任何"高端"解决方案，因为先验的跨系统的交互操作标准将会被建立起来，从本质上更加开放统一的系统——以 DiY 物联网的方式，激励居民积极地参与建设一个环保型的社会。以房屋为例，其中消耗能源最多的是为保持适宜的室内温度而采取空调降温和热水供暖。在这方面，存在节约能源的巨大潜力。如果能充分降低这方面的能耗，会对环境产生积极的影响。目前，越来越多的家庭参与到精心设计的"自我配置"DiY 活动中，利用这种 DiY 活动，人们的房屋就可以得到精细调控，甚至可以根据各自偏好进行个性化设计，使每个人的满意度达到最大，但又能将能耗控制在期望的范围内。另外一个例子是有关汽车里电子设备的使用。在汽车里安装智能设备能有效地管理和调节汽车的能耗。最佳行车路线的规划可以减少行车里程，而在汽车里安装的控制系统能够在行驶过程中更有效地利用能源，最终达到减少汽车尾气排放和空气污染的目的。为了增强公民意识，可以为大家提供定制体验的方法，甚至可以为相关的网络社区提供相关的资料。

针对在 DiYSE 应用中设想的各种应用场景，图 11.1 显示了围绕生态环保和能源高效利用的应用概况。针对家居和建筑应用环境，各种设备都可以用来进行能源管理，如节能控制插座、智能计量器、家庭自动化控制器；而在车辆应用领域，车辆可以利用各种导航设备、安全装置达到节约能源的目的。

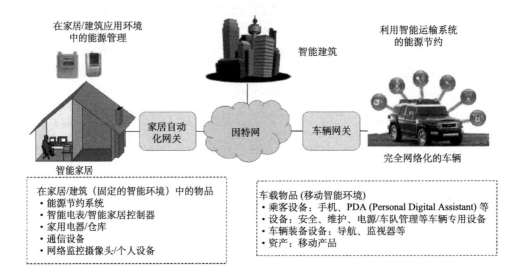

图 11.1　能源高效利用的环保应用

事实上，建立智能家居和智能建筑需要集成各方面的因素，包括服务、应用、设备、网络、系统等，需要把这些因素很好地综合集成起来才能创建一个智能的环境空间，让环境空间变得安全可控、可交互、休闲舒适、可与外界其他智能空间集成、可接入。特别地，智能建筑通过采用一系列的技术使得建筑的设计、建造和控制更加高效，能够适用于各种不同的建筑（GeSI[①] and The Climate Group，2008）。例如，房屋管理系统（Building Management Systems，BMS）能根据主人的需要运行供暖和制冷系统，或者当房间内的人都离开时，利用软件关闭房间内的所有电脑和显示器。房屋管理系统数据还可以用于发现提高功效的其他方法。

因此，各种概念和方法的出现可能使建筑和家居中的能源效率得到不断优化，利用智能建筑控制使成本收益率得到很大提升。以下是这方面的几个应用示例。

（1）智能/自动光照控制。房屋主人进家门之前，自动打开房间灯光系统，这样既安全又能营造舒适的家庭氛围；当主人离开时，自动关闭相应的灯光设

---

① 译者注：全球电子可持续发展行动（Global e-Sustainability Initiative，GeSI），GeSI 致力于信息和通信技术的可持续发展。

备；甚至人们可以在离开家或者办公室之后，远程设置这些灯光设备。

（2）家居供暖的自动调节。实现能源节约的最大化，与此同时人们也可以远程调控室内温度。

（3）多媒体/娱乐控制。实现娱乐设备系统与家庭活动相配合，让人们感到舒适，而不只是家里的摆设，且人们能远程访问它。

在以上的例子里，家庭或者办公室变成了一个具有物联网DiY能力的智能空间，人们可以在这个空间里自行设计资源配置，使得房间中专业（半专业）的家庭自动化配置更容易实现，同时社区"群众智慧"可能会带来无法预料的改进。

交通运输也是物联网的一个典型的应用领域，其是温室气体排放的主要来源之一。随着高速宽带通信使用的推广以及下一代移动通信服务的大量普及，可以更好地协调各种不同的工作，以便最大程度地减少能量的消耗。虽然通过发展智能运输系统（Intelligent Transport Systems，ITS），在运输领域应用信息通信技术最需要关注的事情是安全性，但智能运输系统的管理效率也可以减少运输对环境的影响。目前在这一领域，产业界考虑的相关应用（ITU-T，2008）有以下几个方面。

（1）提升导航或者车辆调度能力。考虑可供选择的路线，尽可能主动应变，减少实际旅行时间和能耗。

（2）采用停车导航系统。有效缩短停车时间。

（3）实行道路收费方案。比如，伦敦采用拥堵费来调节交通，鼓励大家在高峰期时，乘坐公共交通。

另外，车辆可以承担移动环境污染传感检测的任务。同时，在智能电网中，电动车辆在能量存储、生产和消费等方面，起着非常重要的作用。

综上所述，人们参与物联网DiY的积极性有很大的提升空间，可通过丰富的DiY个性化提供更多的灵活性，以便使人们积极参与其中，通过分享个人数据或者设备，主动担负移动/固定环境污染传感的任务。再如，如果汽车供应商启动汽车信息系统，并连接到社区车辆驾驶传感（和其他）应用系统，那么就可以使导航系统方面拥有独特的卖点。随着汽车市场的进一步发展，这可能会变成汽车销售中必不可少的特色。

11.1.5.3 建立环保意识型DiY应用的条件

鉴于环保应用的可能范围，同时也为了让人们的期望在DiY活动中尽可能变成现实，我们需要考虑许多不同层次的需求，包括以下几个方面。

（1）日常生活物品易于安装和集成。在家居应用环境中，日常生活物品要易于安装和集成。可以通过本地或远程两种方式，实现监测和控制的目的，特别是能耗的智能监控功能。

（2）公共 IP 网络数据的连接和访问。服务或者应用中包含的所有对象都能直接或间接地实现。

（3）设备。设备虚拟化、安装和供应。

（4）有意义、具有全球唯一标识的物品。允许把各种设备与相关功能连接起来，并允许把来自原始传感数据的有意义的信息与明确的数据来源相关联。

（5）查找和发现。根据属性和功率，自动地查找和发现合适的、可用的家用电器。

（6）基于 Web。基于 Web 的信息处理、通知服务和可视化服务。

（7）个性化。各种关联服务的个性化，要考虑相关的信息，如个人家庭能源概况和场景。

（8）创建工作流。支持创建工作流程，承担上述讨论的所有活动。

（9）安全访问。通过互联网，安全访问限制或分享个人和家庭的数据。

（10）基于标识的用户管理系统。

上述提到的这些需求，可以抽象为任何物联网应用层设计需要满足的一般条件，这也是 DiYSE 项目力求达到的目标。此外，本章讨论在 DiYSE 项目中一些特定的解决方案，强调这些条件与多种应用案例相关。

11.1.5.4　制定环保应用 DiY 的相关技术和标准

虽然建筑领域的能源高效利用有益于环境的可持续发展，但民众在实施这一主题的 DiY 创建过程中，仍然存在技术上的问题；特别是在开始阶段，项目将所有相关的非 IT 专业人群包括进来，会增加很多难度。因此，必须为节能建筑找到一种方式，来传播和提升优秀的技术实践经验——DiY 社区现象的一种典型要素——提升非专业技术人员对有用技术的接受程度。

在上一节，我们已经介绍了很多环保意识的例子，通过采用一些适当的措施，就可以加快这方面的发展。这些措施主要包括：为各种智能物体和相关应用，制定标准化的、通用的和特定交互操作性的协议，从而使用户不必了解底层技术。

为此，我们需要考虑一些现存的技术和标准，将其充分利用在物联网 DiY 活动中，作为优先发展的战略地位。这些技术和标准如下。

（1）Web 技术。Web 技术包括信息的处理、通知和呈现，也称为混搭技术，这些技术能够很容易地应用于物联网，从而构建一个基本的交流平台，其功能类似于建筑自动化控制和智能家居领域实现能源高效利用时所依据的平台。实际上，在这些技术的影响下，人们提出了早期物维网的定义，其中基于 REST 的协议是实现物理混搭技术的前提（Guinard et al.，2009）。

（2）物联网和设备应用编程接口（Internet of Things and device application programming interface）工作组。该工作组的很多成员是各种国际标准化组织的成员，在不同的标准化组织中发挥着举足轻重的作用。这些标准化组织包括：互联网工程/研究任务组（Internet Engineering/Research Task Force，IETF①/IRTF②）、国际电信联盟-电信标准化部门（International Telecommunication Union- Telecommunication Standardisation Sector，ITU-T）③、万维网联盟（World Wide Web Consortium，W3C）。

（3）服务部署、服务生命周期管理和设备管理。服务部署、服务生命周期管理和设备管理的标准联盟，比如开放服务网关协议（Open Service Gateway initiative，OSGi）④联盟、通用即插即用（Universal Plug and Play，UPnP）论坛⑤，以及家庭设备配置和功能抽象领域的数字生活网络联盟（Digital Living Network Alliance，DLNA）。

（4）除此之外，欧盟物联网研究组（Internet of Things European Research Cluster，IERC)⑥在欧洲有很多项目在努力探究和制定物联网领域的各种标准和互操作协议。在这个背景下讨论的主题，如物品唯一标识符，起源于早期的物流和供应链管理中的物联网应用。当把环保应用扩展到 DiY 项目实施中也会涉及这一问题。特别地，物联网中的命名和寻址也是欧洲电信标准化协会（European Telecommunications Standards Institute，ETSI）机器交互通信技术委员会（Technical Committee on Machine to Machine Communication，TC M2M）的工作内容。

（5）云计算最优化技术。在智能电网领域，云计算最优化技术可以在物联网中得到独特的应用和结合，因为能源需要依据容量和消耗需求的分布进行"发送"，需要在客户与能源管理运营商之间进行双向的实时信息交换。

---

① 互联网工程任务组（IETF）的主要任务是负责互联网相关技术标准的研发和制定，是国际互联网领域具有一定权威的网络相关技术研究团体。详见 http://www.ietf.org/。

② 互联网研究任务组（IRTF）由众多专业研究小组构成，研究互联网协议、应用、架构和技术。其中多数是长期运作的小组，也存在少量临时的短期研究小组。各成员均为个人代表，并不代表任何组织的利益。详见 http://www.irtf.org/。

③ ITU-T 是国际电信联盟管理下的专门制定远程通信相关国际标准的组织。详见 http://www.itu.int/ITU-T/index.html。

④ 开放服务网关协议（OSGi）是用来开发和部署模块软件程序和库（library）的 Java 框架。详见 http://www.osgi.org/。

⑤ 通用即插即用论坛成立于 1999 年，由九百多家涉及计算、印刷、网络、移动产品等领域的龙头企业联合倡议发起。详见 http://www.upnp.org/。

⑥ 欧盟物联网研究组（IERC）是由欧洲物联网领域各研究群体构成，共同商讨欧洲物联网技术研究和开发工作。详见 http://internet-of-things-research.eu/。

11.2 DiY 服务创建框架的基础：传感器-执行器技术和中间件

为了将 Web 2.0 领域的自主创建特性应用到物联网中，DiYSE 项目最基本的目标是，非专业用户能够通过物联网轻松地查找公共设备或者分享自己的设备（自己购买或者 DiY 制作的设备），同时，能够通过组合或者混搭各种设备的功能，建立个性化的物理环境，而不论系统对这些设备是否有先验的知识。在这个过程中，需要涉及数量和种类众多的设备。这些设备使用不同的"语言"，在移动、电池、计算等方面都有各自特定的限制，并且提供各种不同的用法，即使是同一类设备，对不同的用户在不同环境也会有不同的规定，而且在不断发展变化。

传统的计算方法无法处理如此复杂的问题。因此，作为上面提到的 DiYSE 项目的展望，本节探讨在 DiY 服务创建环境中，如何来处理异构设备类型的即插即用连接，如何理解新设备的功能，如何解读这些设备产生的数据。

11.2.1 设备集成

下面几节介绍提升设备驱动的方法，即如何对各种异构设备类型做第一层抽象；同时也介绍 DiYSE 网关，为资源访问受限的设备做代理服务。最后，我们讨论对查找到的设备进行识别和寻址的方法。

11.2.1.1 第一层抽象：异构设备寻址

一个 DiY 创建系统应该可以支持传统设备，我们不能假设未来设备需要遵守任何特定的标准，所以唯一可行的解决方案是让系统能够接受任何设备接口，并且接口要用所有机器可以理解的公共"元语言"来描述。

在每个计算机操作系统中，存在一个常用于计算机外围设备的抽象机制，即设备驱动。它只包含操作系统与设备进行通信所需要的编程接口，而隐藏了在一个设备类里的具体实现差异。然而，设备驱动中并不包含有关设备各种不同使用方式的任何信息。

比如，用户可能想使用任天堂 WiiMote 控制器和手柄来控制变焦摄像机。对于人类来说，这个交互作用在概念上似乎非常简单直接；但在技术上，除非有特定的软件支撑，否则，对于非专业用户是难以实施的。对人类来说，似乎这两种设备都可以"说"指向一个给定的方向，但是机器需要借助额外的技术知识才能实现。例如"得到指定方向"或"转方向"等动作含义的信息，需要它们的自动匹配，这些内容在任何情况下都需要人来提供。目前，尚不存在可以发现这些动作之间逻辑关系的计算机算法。

在 DiYSE 项目中，有一个解决方案：在设备的增强型驱动中嵌入设备的功能知识，因此即使没有底层编程的干涉，机器也能够理解这些内容。在上面的例子中，可以为任天堂 WiiMote 驱动扩展信息，如"可以控制方向"，反之，摄像机应将"方向可受控"作为增强驱动的一个属性。在本章后面的讨论中，我们提到的语义推理机制将使用这类的概念信息，以帮助用户描述设备间的交互作用。这样，在概念上讲得通的同时，也保证了技术上的可行性和很好的描述性。无须开发专用的软件就可以使我们所渴望的设备交互变得可行。例如，在最基础的脚本中，甚至不考虑其上的应用创建环境中高层语义的推理能力，对连接 WiiMote 和相机的系统发出简单明了的请求，就能默认达成直观预期交互的自动实现，即依靠 WiiMote 控制相机的方向。像这种最基础的脚本，行为创建可以像定义一个 Lego 拼装玩具吊车控制一样简单，这样的控制操作不需要事先设计为固定功能，仅需从增强型设备驱动中获得一些基本语义注解就可以实现。

利用这个方法，由于设备异构性而导致的复杂问题就可以得到初步解决。先不说更高级的水平，就说在这个初级阶段，非专业用户不会再遇到类似初级的技术细节或者兼容性方面的障碍。

除此之外，在物联网应用 DiY 创建环境中，Web 社区可能是最有潜力成为物联网 DiY 生态系统的重要组成部分。Web 社区的出现，可以推动和丰富增强型驱动的创建。这样，应用范围将会不断扩展，包括新型的支持设备和公布使用现有设备的新方法。

11. 2. 1. 2 实现资源受限型设备的数据连接

尽管利用 IPv6 协议把智能物品连接到云计算已经取得良好的进展，但可以预见，未来许多资源受限型设备在某一或者多个方面将依然仅支持专门协议——不过也经常进行标准化工作，这些协议都是专为资源受限型设备而设计的。比如，对于无线传感网节点、ZigBee[①]、蓝牙外设而言，虽然硬件费用跟内存大小和处理器有关，但其能耗量也是非常重要的因素。

这样的资源受限型设备同时也是 DiYSE 环境中所要考虑的关键因素。DiYSE 项目考虑利用中间网关协议，以通用的方式将这些设备提供给整个架构使用，这些设备的 IP 地址是可查找的，也可以接入本地或者全局的 IP 网络中进

①　译者注：ZigBee 是基于 IEEE 802.15.4 标准的低功耗个域网协议。根据这个协议规定的技术是一种短距离、低功耗的无线通信技术。这一名称来源于蜜蜂的八字舞，由于蜜蜂（bee）是靠飞翔和"嗡嗡"（zig）地抖动翅膀的"舞蹈"来与同伴传递花粉所在方位信息，也就是说，蜜蜂依靠这样的方式构成了群体中的通信网络。其特点是近距离、低复杂度、自组织、低功耗、低数据速率、低成本。主要适合用于自动控制和远程控制领域，可以嵌入各种设备。简而言之，ZigBee 就是一种便宜的、低功耗的近距离无线组网通信技术。

行数据的检索、控制和设备管理。像这样的 DiYSE 网关，暂且这样称呼，需要一个灵活的抽象层来隐藏底层的网络技术异构性，同时又能支持快速、无缝的设备部署。并且，这一层次将要求设备要有唯一标识，要有透明的互操作能力以及远程设备查询、控制和监控能力。图 11.2 显示了一个 DiYSE 网关的主要组成模块。

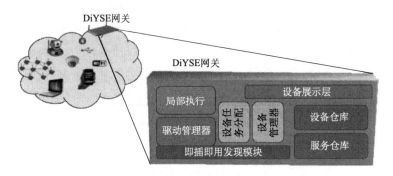

图 11.2　DiYSE 网关功能的主要组成模块

（1）发现模块，用于查找需要接入的设备；

（2）安装和执行增强型驱动的方法；

（3）连接设备的记录日志，用于追踪本地执行以及下行设备的运转。

对通过 IP 直接连接到云的设备来说，也许要提供中间件的等价功能，这将通过我们称为 DiYSE 云网关的概念来实现。

在下一小节中，将深入探讨与受限设备相关的一些问题，如安装、注册和集成等。在下文中，我们将这些设备称为节点。

11.2.1.3　从硬件到设备描述

如前所述，我们曾经考虑利用增强型驱动来解决各节点高度异构的问题。特别是对每个新型设备来说，设备制造商或者专业开发人员可以提供合适可用的驱动软件，这些软件最终可以自动安装在本地 DiYSE 网关上，从而为设备功能和交互操作范围提供一定的描述，以便用户或者其他设备参考使用。

对这种自动的驱动安装来说，DiYSE 网关会触发一个驱动查找操作，在不同的知识库里，利用从新节点提取到的唯一特征元数据，如设备类型、厂商、硬件 MAC 地址等进行查找。对同一硬件家族设备所具有的基本操作功能集合的管理是相对方便的，此外，要管理特殊的功能操作可能需要特定的操作句柄。例如，特定的夜摄功能，只有特定类型的云台变焦摄像机才具备。

对于将大量设备集成到云计算中，更进一步的要求是设备识别和寻址能力。

对于这一要求，有很多可选的解决方案。比如，可以使用常用的语法规则，如将统一资源标识符（Uniform Resource Identifier，URI，RFC 3986[①]）作为永久且唯一的标识符包含到设备描述中；也可以采用别的方式，比如每个节点分配一个IPv6 地址；甚至可以在网络地址之上使用应用层标识符，如对等网络（Peer to Peer，P2P）标识符或动态 DNS 等。可能有些节点无法存储或者计算其标识符，针对这些节点的操作，需要在连接 DiYSE 网关时执行。

在 DiYSE 结构体系中，设备发现服务也是完全可以实现的，这需要通过提供安装节点的能力和服务的高层描述来实现。为了便于查找，越来越多的设备可以通过直接嵌入通信协议（比如 UPnP、DPWS[②]或 DLNA[③]）。但是，目前我们已有的多数设备，都与这种自描述机制不相容或者根本没有装备这种机制。因此，需要 DiYSE 网关利用增强型驱动把节点功能和属性映射到公共描述语言，如 DPWS，以实现对连接节点的描述，并且显示设备和服务的功能，通过互联网将事件发送到局域网之外。

11.2.2　物联网 DiY 中的中间件技术

中间件是一种能够将硬件、操作系统、网络追踪、应用绑定到一起的软件基础设施，可以提供运行环境，支撑多种功能，比如多应用协调、标准化系统服务（如数据聚集、控制和管理政策），并具备自适应、高效资源处理的机制。为了使各种简化功能装置（Reduced Functionality Device，RFD）协调工作，中间件支撑是最基本的要素。比如，DiYSE 节点很有可能是资源受限型设备，会使用各种不同的通信标准，如 IEEE 802.15.4、ZigBee、Z-Wave[④]、Bluetooth 和6LoWPAN[⑤] 等。

中间件技术将 RFD 作为一般应用服务，在 DiYSE 项目中我们可以分为如下

[①]　统一资源标识符（Uniform Resource Identifier，URI）是一个用于标识某一互联网资源名称的字符串。该种标识允许用户对网络中（一般指万维网）的资源通过特定的协议进行交互操作。详见http://www.ietf.org/rfc/rfc3986.txt。

[②]　DPWS 是关于网络设备的一个 Web 服务协议精简子集。为提高设备之间的协作性，DPWS 提供对常见设计问题的详细解决方法，定义传输消息的概要格式和技术细节。详见 http://docs.oasis-open.org/ws-dd/ns/dpws/2009/01。

[③]　DLNA（Digital Living Network Alliance）由索尼、英特尔、微软等发起成立，旨在解决个人计算机、家用电器、移动设备在内的无线网络和有线网络的互联互通，从而保证数字媒体和内容服务的无限制共享和增长。目前成员公司已达 280 多家。详见 http://www.dlna.org/home。

[④]　译者注：Z-Wave 是一种新兴的基于射频的、低成本、低功耗、高可靠、适于网络的短距离无线通信技术。工作频带为 908.42MHz（美国）～868.42MHz（欧洲），采用 FSK（BFSK/GFSK）调制方式，数据传输速率为 9.6kbit/s，信号的有效覆盖范围在室内是 30m，室外可超过 100m，适合于窄带宽应用场合。

[⑤]　译者注：6LoWPAN 即 IPv6 over IEEE 802.15.4，为低速无线个域网标准。

几类。

（1）低层服务。

包含与硬件交互时所需要的重要的、集中使用的功能，如实时管理、通信和环境发现管理。

（2）高层服务。

为初级水平应用提供支撑，更适合于不同的场景，其功能包括查询、节点内的服务配置和命令。

（3）跨层服务。

提供高低层混合的功能，比如推理、轻量级代码执行环境和安全控制等。

（4）控制服务。

提供中间件核心功能，包括组件部署、生命周期管理、内部组件事件通信，利用软件组件容器、事件服务管理等技术来实现。

就像 DiYSE 中研究的那样，对于在 RFD 设备中采用中间件技术，将面向服务的计算（Service Oriented Computing，SOC）范式转化为无线传感器和执行器网络是非常有趣的研究挑战之一。对于互操作平台和网络服务系统的装配和部署，SOC 方法有广泛的应用前景，当然还应该满足智能环境的典型需求，比如轻量级的业务逻辑优化，以避免重复计算和减少电池消耗量。

在 DiYSE 框架中，为了评估资源配置较低的设备性能，如处理器能力、内存容量、带宽和电池寿命，以 RFD 为基础的方法已经在无线传感网中得以实施。如图 11.3 所示，为了给未来终端用户应用提供更高级别的传感器服务，在传感网中，将由特定的节点完成服务合成和管理任务。为此，需要为各类传感器节点定义不同的角色，如 Broker、Orchestrator 和 Trunk Manager 等。

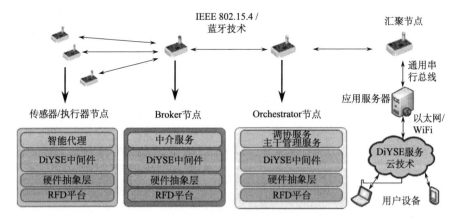

图 11.3　DiYSE 中 WSAN 的网络架构和中间件

Broker 节点代表无线传感网与外部网络之间的接口，它们接收每个传感器提供的各种简单服务的语义描述。这些服务使用轻量级注释语言描述，比如服务映射描述（Service Mapping Description，SMD），其中一端负责接收来自另一端外部网络的各种服务请求。Orchestrator 节点负责实施虚拟传感服务范式。它们利用那些原始服务的语义描述，把提供的简单服务合成为潜在复杂而精致的复合服务。服务控制平面由 Trunk Manager 负责实施，它执行与服务状态监管相关的各种任务，比如自配置、自适应和自恢复，以便提升服务的可用性和网络的弹性。

11.3 语义互操作：DiY 活动的需求

在前面几节已经讨论过，DiY 应用中一个非常关键的需求是支持不同底层通信协议的设备间的交互操作。满足这一需求，可以实现设备和传感节点的 Ad-hoc 合成与匹配，这也是 DiYSE 结构体系的目的所在。为解决这一问题提出的基于本体的解决方案，不仅能为数据交换提供语义支持，而且能用于描述设备本身，甚至能为应用中组合各种设备提供必要的方法。即以 Web 为基础对各种设备的服务层进行组合，甚至可以在智能空间中随时随地创建相应的服务组合。

本节首先介绍计算机科学中有关本体的一些概念，然后通过实例说明在物联网创建环境中，如何利用本体来实现语义交互操作，这也是 DiYSE 研究的内容。

11.3.1 本体论

本体论作为一门学科，是哲学的一个分支，研究宇宙中存在的事物本质（Smith，2003）。更确切地说，本体论是一门科学，目标是基于各种事物的相似点和不同点，对事物进行详尽的、权威的分类。所谓详尽是指为宇宙中目前存在的一切事物提供解释；所谓权威是指每种类型的事物都应该包含在某个分类中。从这个意义上说，本体论学科试图解决的问题是"事物的共同特征是什么？"

在计算科学中，一个本体通常定义为"对概念进行明确的形式化的规范"（Studer et al.，1998）。更明确地讲，一个本体是一个工程规范，由以下内容组成：①一个关于某一特定的领域词汇表；②一组明确的假设，指该领域词汇表中术语的特定含义。这组假设通常用一元和二元谓词来表达，概念和相互关系也都通过这些谓词来表达。在其最简单的形式中，一个本体定义了一种与分类学联系相关的概念分层。然而，在更复杂的情形下，在概念之间可以表达一些附加的联系，以便约束它们的特定含义。因为本体表达某一个领域的知识，所以需要在一个群体中形成共识，以便对其概念达成普遍一致的意见。

在过去二十年中，人们已经开发多种用以表示本体的语言。如简单 HTML

本体扩展（Simple HTML Ontology Extension，SHOE）（Luke et al.，1997），用于为具有语义的 Web 页面作注释；而本体交换语言（Ontology Exchange Language，XOL）（Karp et al.，1999）主要用于生物信息学领域的本体交换。万维网联盟已经公布了多种推荐方案来表达 Web 上的本体内容。例如，资源描述框架（Resource Description Framework，RDF）（Miller et al.，2004）允许用户描述不同 Web 资源之间的关系，而 Web 本体语言（Web Ontology Language，OWL）（van Harmelenand et al.，2004）对 RDF 词汇进行了扩展，并通过形式语义来表达精确的含义。

11.3.2 本体论工程方法学

在过去的二十年中，出现了若干本体论工程方法学。Gruninger 和 Fox（1995）在知识推理的启发下，提出一阶逻辑的方法。该方法通过标识一组预设的情景，从中抽取一些表征自然语言能力的问题，随后，这些问题被用做本体中术语、公理的甄选和形式化的主要参考依据；最后，通过证明原始问题能够得到解决来评估本体。通过这种方式，能力问题用于决定本体的范围和合理性。1995年，Uschold 和 King 提出了一种方法，利用在企业本体获取的经验知识，为系统互操作建立本体；而 Methontology（Fernandez et al.，1997）建立了软件开发领域的主要原则和知识工程方法，并在开发的原型基础上，提出了本体生命周期的问题。CommonKADS（Schreiber et al.，1999）是一般意义上的知识工程方法学，用来设计和分析知识密集型的结构型系统。一个知识工程师，如企业里的风险分析师，或者某一本体论领域的知识工程师，能用它来察觉和扩展新知识，扩展方式可以通过以现有知识资源为基础进行，也可以通过克服知识获取瓶颈来实现。

另一方面，建立基于本体的方法和应用（Developing Ontology Grounded Methods and Applications，DOGMA）框架是一种形式化本体工程框架，其灵感来自于各学科的知识规律，比如数据库语义学和自然语言处理（De Leenheer et al.，2007）。尽管 DOGMA 部分吸收了其他方法论最佳实践的精华，但又和这些具体的方法不同，它在概念的词汇表示及概念间的联系和语义约束之间进行严格的分离。这种分离使其具有高度的可重用性和设计扩展性，从而易于本体的工程设计。通过分离，问题的复杂性已经被分化，因而很容易实现一致性。从更深层次来讲，自然语言领域的术语定义和术语分组已经合并。以自然语言知识为基础，领域专家和知识工程师可以利用普通语言概念来交流和获取知识。因此，领域专家不需要处理和学习新的知识范式，例如不需要描述他们在 RDF 或者 OWL 领域的知识。实际上，单是获取知识的复杂性就已经非常困难了。借助于这种方法，终端用户就可以用他们理解的术语来描绘所研究的领域。一旦完成这种初始处理过程，本体得以形式化之后，DOGMA 工具就能对要求的范式输出信息。例如，像 lexons 的简单语言学结构，可以转换成 RDF 三元组，使得数据（事实）可以合理地利用。这也是链接开放数据（Linked Open Data，LOD）项目[①]的研究内容之一。

含义演变支持系统（Meaning Evolution Support System，MESS）是 STARLab 实验室开发的用来支撑社区驱动本体的方法学和工具（de Moor et al.，2006）。其好处在于允许领域专家自己获取含义，同时，标记相关的共同点或不同点，所以每次迭代处理都得到一个可用的、可接受的本体。因此，它提供了一种高效的、以社区为基础的方法学来处理相关问题。图 11.4 显示了如何通过三个不同群体之间的交互来创建领域本体知识，三者分别称为领域专家、核心领域专家、知识工程师。领域专家是某个知识领域的专业人士；核心领域专家对跨越多个组织的知识领域有深入理解；知识工程师对表达和分析形式语义都有精湛的专业知识，负责协助领域专家和核心领域专家完成本体知识创建、确认和演化。

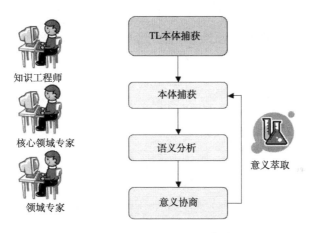

图 11.4 DOGMA-MESS 迭代处理

11.3.3 本体工程在物联网中的应用

本节将讨论三种基于本体的服务，它们使物联网 DiY 应用创建中所需要的三种不同领域的互操作成为可能。

11.3.3.1 知识集成与共享

随着 Web 从单纯的文档仓库转变成高度分散式的平台，各种新型资源可以

---

① http://linkeddata.org/。

很容易地进行检索和分享。Web 作为物联网的一部分，通过 IPv6 能够实现日常生活物品的寻址（Sundmaeker et al.，2010），同时，服务网络也可以使服务很容易地实施、消费和交易。

然而，日益增加的数据、服务和设备的多样性，意味着它们无法实现协同工作。其原因在于其中的大多数都是针对特定的、不同的应用领域而单独设计的。因此，为了使知识对用户和服务来说透明易懂，需要开发满足下面两个条件的形式化和精确的词汇表：①定义社区共享的概念；②易于机器处理。

图 11.5 展示了一个语义层如何推动 Web 上的知识集成与共享。例如，依据 FIPA① 设备本体规范（device ontology specification）② 中关于设备的注释，用户可以根据设备的功能来检索设备，如智能手机。类似地，Eid 等（2007）提出了一个用于检索诸如 GPS 或者温度之类传感数据的本体，它由三个部分组成。

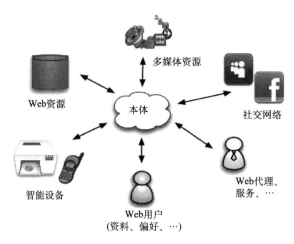

图 11.5　基于本体论的知识集成和共享

（1）高层合并本体（Suggested Upper Merged Ontology，SUMO)③（Niles et al.，2001），是由 IEEE 提出的较高层次的本体，用来提升互操作性、信息搜寻和检索、自动推理和可扩展性。

（2）传感器层次本体（Sensor Hierarchy Ontology，SHO)，包括数据获取单元、数据处理和传输单元等模块。

---

① 译者注：FIPA（The Foundation for Intelligent Physical Agents）是一个由活跃在 Agent 领域的公司和学术机构组成的国际组织，其目标是为实现异质的代理和代理系统之间的互操作而制订相关的软件标准。

② http://www.fipa.org/specs/fipa00091/PC00091A.html。

③ 译者注：高层合并本体（SUMO）是由 IEEE 标准上层知识本体工作小组创建的。这个工作小组的目的是开发标准的高层知识本体，这将促进数据共享、信息查询和检索、自动推理和自然语言处理。

（3）传感器数据本体（Sensor Data Ontology，SDO），依据一定空间或时间内的观测数据，来描述传感器周围的环境。

另一个例子，Web 服务建模本体（Web Service Modelling Ontology，WSMO[①]）提供了 Web 服务的核心元素概念化的框架。例如，Web 服务组件提供了一个词表，用于描述 Web 服务的功能、接口、内部工作原理。反过来讲，这些内容能帮助人们查询服务及其使用（基于环境的参数设置和数据转换）和调解（服务的构成及有效组织）。

11.3.3.2 基于本体的检索

DiYSE 项目的目标是构建一个基础框架，借助这个框架，人们可以创建和交换各种应用（以软件组件的形式），包括普适计算、智能感知等。实际上，这些应用可能来自许多软件库，并且其形式多样。例如，根据运行软件的设备类型，可以对这些组件建立索引或者标记。当然，不同的软件库极有可能用不同的术语建立索引。

作为解决这些问题的方案，基于本体的检索应运而生。索引用本体的术语表达，而本体解释和隐藏了其背后的不同知识库。以上方法的优点在于用户可以基于明确的词语检索信息，因而当解释查询和反馈时实现了交互式操作。例如，社区可以定义软件组件功能的本体，用来注释自己开发的软件组件，以便于实现互操作；其优势在于用户可以通过输入社区本体词汇检索现有的解决方案。如果 DiY 用户检索到已有的解决方案，他就可以直接复用或者扩展这个方案来解决其他问题；当然，DiY 用户也可以上传自己的解决方案，供社区中其他成员使用。

在 DiYSE 中，基于本体的检索需要服务于两种不同类型的用户：技术型用户和非技术型用户。技术型用户极有可能利用技术术语来定义硬件或者软件组件的功能，而非技术用户则希望利用易于理解的非技术术语来描述。因此，出现了语义"翻译"方法的研究，其主要解决技术和非技术术语之间的转换问题，以便在物联网上实现一个真正的 DiY 生态系统。

11.3.3.3 情境感知计算

人们要面对的另一个挑战是：研究在应用中适应周围环境的动态变化的方法，以便让这些应用在运行时自动适应周围环境，这对移动分布式计算来说是一种挑战，特别是在具有很多传感器的环境里，这种挑战尤为明显。因此，情境感知计算（Schilit et al.，1994）研究的重点是收集用户信息，如状态、位置、参

---

① http://www.wsmo.org/。

数选择、属性；其次是环境因素，包括光照条件、噪声级别、网络连接、周边物体、甚至社会状况。这些信息将用于调节应用的行为，以满足用户的需求和选择。

在 DiYSE 框架中，情境管理的语义支持主要通过两个核心因素实现：情境本体和情境模型。

情境本体提供真实世界物品特征的一个概念抽象，而情境模型则提供对环境知识的访问。例如，iHAP 本体（Machuca et al.，2005）提供了一个词汇表，用于表达：①空间分布情况描述；②参与者描述；③情境特征描述；④服务描述；⑤如智能交通、智能家居或公共建筑等智能环境中的设备描述。基于 iHAP 本体，代理者或者用户能够通过交互操作，提供在动态变化的智能环境中的情境感知服务。

总之，本节讨论本体工程方法学中三个方面的内容：知识集成与共享、基于本体的检索和情境感知计算。这三个方面的内容对物联网来说是非常重要的，特别是对物联网中的 DiY 活动尤为重要。这些方面在 DiYSE 项目的研究中都有所涉及。从本质上看，本体为社区中达成协议提供了一种方法，是社区中内在的事物，也是 DiY 社区中高效共享和创建活动必不可少的一环。当软件代理以某种一致的方式，使用同样的词汇表访问这些本体时，该软件代理便与同一社区中其他代理共享相同的知识。因此，这种基于社区的共享方式，可以实现代理间无缝地交互操作。换句话说，本体工程的基本原则是"自主性"（Meersman，2010），把很多工程优势共享给应用创建者和专业人士，甚至是偶然的 DiY 用户。

此外，很多其他通用的本体工程技术也激起了大家的兴趣，从而在物联网中得以推广。人们从不同的角度展开对本体技术的研究，并取得一些研究成果，如本体建模（Spyns et al.，2002；Baglioni et al.，2008）、本体查询（Loiseau et al.，2006）、本体推理（Baglioni et al.，2008）、注释（Kim et al.，2005）和匹配（Tang et al.，2010）等。

11.4 DiYSE 服务框架

在连接传感器和执行器硬件的网络顶层，由传感器抽象中间件和语义标注统一抽取的 DiYSE 服务框架，提供了很多服务层的功能，反过来需要为其上的应用创建层提供支持。这样，专业开发者和非技术终端用户通过合作创建和部署物联网应用，都可以影响智能空间的建设和框架服务的功能开发，包括应用的构建、部署和执行，特别是自适应和个性化应用功能，以及在各自环境中的各种功能。

DiYSE 服务框架在整个 DiYSE 结构体系中处于较高层次，如图 11.6 所示。

从图中可以看出，根据所涉及的识别设备、应用领域和物联网技术，这一服务框架可以区分为三个主要功能模块。我们将在下面几节逐一讨论。

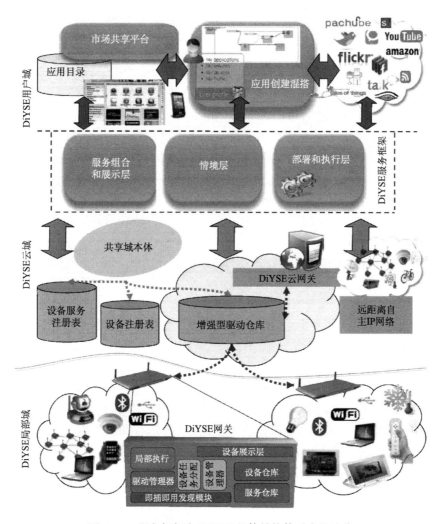

图 11.6　服务框架在 DiYSE 整体结构体系中的地位

11.4.1　情境层

在 DiYSE 框架的情境层之下，我们把情境和个性化的组件聚集在一起，为其上的应用和应用创建环境提供服务。特别地，其中的最相关的三项功能如下。

1）用户资料和个性化

用户资料是结构化的数据记录，其中记录与用户相关的信息，包括身份、特点、能力、需求、兴趣、偏好、行为历史记录及其未来行为的预测。因此，这些可以用来提供个性化的用户情境感知服务推荐，并在服务使用中，从用户群体和环境意识中收集相关用户的特征。

2）物理情境信息建模

在面向服务的环境中，环境背景信息是一个非常重要的相关特征。特别是在智能环境中，我们希望环境中的各种服务能够智能工作，能从周围环境中获悉或者预见所要发生的事情。一般来说，为了设计出情境感知服务，建立一个有效的情境模型是至关重要的。Strang 和 Linnhoff-Popien（2004）针对普适计算的一些非常重要的情境建模方法做了进行评述，这些方法包括关键值模型、标记方案、图模型、面向对象的模型、基于逻辑的模型和基于本体的模型。如前所述，DiYSE 选择基于本体的模型来表示情境信息。本体有一个非常重要的特点，就是它不仅能提供一个统一的方式表示模型的核心概念，还能够对子概念和事实进行详细说明。这些方法有助于情境知识在普适计算系统的共享及重用。

3）推理

在 DiY 应用研究中，另一个关键问题是根据环境背景和用户信息进行推理，即允许利用发现的信息来推理获得新知识。建立物联网应用的最终目标是使服务和周围环境智能化，更符合用户的个性化期望。因此，最根本的挑战是如何从高度动态的、异构的周围环境中获取代表性的不完整的情境数据，并推断出正确可靠的结论。

11.4.2　服务组合和展示层

在 DiYSE 框架中，服务组合和展示层将涉及的功能进行归类，在界面上显示面向用户的工具列表，使大家能够访问各种不同的可用服务和服务组件。这些内容由 DiY 社区中的参与者提供，也就是除用户之外的第三方组织和专业人士提供。它包含以下功能。

1）服务开放

提供统一的服务接口和服务组件，供不同层次的用户、专业人士和第三方组织使用（Blum et al.，2008），这是 DiYSE 创建过程中最基本的要求。这就使不同类型的用户可以在不同的层次进行服务发现、创建和发布。此外，如实例化、相关异常处理、认证和授权、分层功能展示、配置和服务用户接口等功能，在 DiYSE 创建活动中都是必不可少的。

2）语义引擎

语义引擎根据 11.3 节中讨论的语义交互方法，通过抽取设备、服务和参与者之间交互的语义转换，来提供服务展示功能。为此，需要利用一组共享的本体知识库。

3) 协调与合成

作为 DiYSE 创建过程中的关键部分，服务动态混合和复合服务的合成与协调是必不可少的。服务的组合与协调不仅要利用情境层和个性化层，还要利用语义引擎，与服务展示功能紧密交互，注册新的组合应用（ESI，2008）。

11.4.3 执行层

在 DiYSE 框架中，执行层的主要目标是以动态情境感知的方式来执行组合应用和分布式应用。

这一层的主要挑战之一是建立一个运行时机制，管理所有相关的情境数据，包括用户资料、用户情境，甚至多方面的环境背景、传感器数据流、环境中各种设备的加入和退出事件。此外，环境中的各种设备无缝地连接在一起。在 DiYSE 活动中，需要各种不同的交互，所以需要在较低层来设计设备层转换机制。下面的章节会讨论设备层的转换机制。

目前，人们已经提出一些基于 DiY 的执行方案，包括利用软件所提供的灵活配置功能，定义工作流中那些在运行时容易改变的部分（Bastida et al.，2008）。在工作流执行之前，可以根据相关情境参数，对其可变的部分进行实例化。

在执行层，需要进一步考虑潜在运行组件实例的语义解析，以及这些语义解析随周围环境变化的动态适应能力。

11.4.4 DiYSE 应用创建和部署

DiYSE 项目的主要目标是为非专业用户提供可利用的各种可用设备和服务组件，便于其利用周围环境和用户情境，创建自己的物联网应用。在 DiYSE 活动中需要包括如下几个阶段。

1) 传感器、设备或执行器的安装

在这个阶段，最大的挑战是在对设备、驱动和服务进行注册时，动态注册所有需要的设备信息，为用户提供直观的操作界面。在理想情况下，不需要任何不必要的干预。11.2 节讨论了 DiYSE 中为此在硬件和网络层面上提供的支撑。

2) 用户的应用设计

在这个阶段，用户依据自己的用户资料和情境，考虑周围环境的可用性，创建、配置和构建（部分）新的应用。很明显，这个阶段的最大挑战是如何根据用户的专业水平，在合适的抽象层次，为其提供合适的工具。同时，设备交互的确认或仿真模拟及设备数据也是设计中非常重要的因素。这在一定程度上与 11.3 节中关于语义主题的讨论相关，也与 11.5 节中讨论的交互密切相关。

3) 应用运行程序的制作

新的应用设计完成后，相关的运行代码就可以分发到其他进程中，这可以利用相关技术和语义映射来实现，相关内容见前面的 11.4 节。

4）应用的部署

运行时应用代码在执行阶段进行部署，可能以分布式或者移动形式部署，这有赖于动态设备、网络资源条件以及情境因素，而且应用程序在这个阶段需要保证是可用的，并能自动适应环境背景的变化。

5）应用的执行

应用部署完成后，常规生命周期阶段能够启动，根据情境信息和实际用户数量，对应用中的底层子服务进行有效地开启或者停止。

最终，用户可以与其新创建的应用进行交互。

11.5 智能空间：交互、使用和创建

智能空间由交互组件、传感器和执行器组成，通过已有的分布式接口，允许与服务进行广泛地交互操作。从某种意义上说，智能空间在理想状态下会形成一个生态系统。在这个系统中，人们可以通过与周围环境无缝地交互操作来实现特定目标，从某种意义上讲，这也是创建 DiYSE 的目标，而上述服务框架正是从软件层面为这一目标提供支持的。

11.5.1 服务交互和环境配置

这里讨论的交互作用与使用环境所提供的服务有关，或者与环境自身的配置有关。后者在 DiYSE 项目中得到特别的关注，这是因为在多数情况下，我们想让 DiY 终端用户完成这种配置操作。这就要求交互操作非常直观，不能通过编程的方式实现。配置环境，或定义环境"智能"，包含以下几个部分。

（1）把输入事件，如按钮的按动、传感器读数的改变，或 GUI 窗体小部件，与环境中的行动设置，如马达、阀门或其他的执行器，或是一些应用设置，通过一组行为规则联系起来。

（2）定义情境信息的相关性，如感知器、当日时间或温度。

（3）提供个性化的服务，如外观和感觉要符合用户的个性，考虑用户偏好的内容，调节使用模式，切换到用户偏好的输入或输出样式。

（4）为现存的控制创建混搭模式，定义一个控制操作"宏"，具体说明个人与服务的远程交互操作。

在本项目中，我们设想使用物理浏览技术来帮助用户在配置过程中选择物理目标对象，并通过触摸或者点击操作来实现。同时，此项目还将研究和探讨如何使用模板、向导或"做定义"（define by doing）的方法来简化配置。"做定义"的方法要求环境是完全可见的。用户将通过创建指定的情形和执行一系列操作来

定义一些复杂的功能，说明在环境中预期的应用结果。

11.5.2 生态设计方法

前面几节讨论几个不同的阶段，经过提炼可以发现，设计智能空间生态系统绝对不是一步能完成的，可以包括各种设计：在环境中可以使用的各种组件设计（如设备、传感器、执行器、单一装置应用）、易用性设计、环境功能性的设计、本地化设计。其中，易用性设计作为产品开发部分由专业人员完成，而本地化设计可以由终端用户通过定制环境并结合产品的功能来完成，就像前面章节中环境配置中的例证那样。我们称此方法为智能环境生态学方法（Ecological Approach to Smart Environments，EASE）。同时，注意到这个方法强调在设计的各个阶段用户参与的重要性（Keinonen，2007；Norros et al.，2009）。

11.5.3 交互操作的架构支撑和建模

实现环境中各种交互组件协同工作，从而为用户提供情景感知个性化的交互体验，绝对不是一件简单的事情。从用户的角度看，要正确地描述和宣传组件交互操作能力，也要明确规定好情境信息的依存性，如前面关于情境的讨论所述，用户的偏好及能力等因素必须予以充分考虑。

前面章节中描述的体系结构为这个交互环境提供了很好的基础。当运用合适的交互本体时，组件的交互能力可以利用基于本体的语义方法来描述。交互事件可以由可行的交互操作方案来传送。情境信息由系统中的代理以某种适当的方式提供。

交互式的应用本身需要用合适的建模方式，使得它们的交互作用可以很容易地映射到环境中可用的组件，这就需要采用新的解决方案。多数用户接口是为特定的平台而设计的，甚至是为特定的设备而设计，不能转移到其他平台上，更不用说转移到一组交互式的组件上了。远程接口，比如说使用 HTML 格式，能够部分地解决这个问题。通常，提供用户接口的平台可能与运行应用的平台有所不同。这种方法同时允许把用户接口与设备通过不同视窗进行分离。这种方法有时可称为多信道方法，对"窗口、图标、菜单、定点设备"（Window，Icon，Menu，Pointing device，WIMP）等是有效的解决方法，也可以成功地映射到移动设备。映射多模式的交互，或者将交互在多种设备上进行分布式部署，都需要设计更通用的用户接口建模。这种建模最早见于抽象用户界面解决方案，包括 UsiXML（Limbourg et al.，2005）及 Teresa（Paternò，1999）等。但不同于这些建模方案的是，DiYSE 系统还必须解决在变化的环境中及系统运行状态下实现映射。这正是本项目研究的主题内容之一。

11.5.4 个性化交互方法示例：智能配套设备

11.5.4.1 智能配套设备：多模式情感检测

与多信道方法相比，在物联网世界里，为了让传感器、执行器作为直观的、自然的用户接口并体现出其"瘦"的特征，需要经常把分布于空间中的各种用户交互作为一项重要需求。另一方面，丰富而直观的用户交互是单一或者多目标"富"智能物品的范例，它为用户创建者提供和配备符合人们使用习惯的对应物。在 DiYSE 项目中，这可以看成一个很大的进步，超越了经典的多媒体接口，提升了在智能空间中 DiY 创建活动中物品的可用性。

特别地，对智能配套设备来说，正在出现的机器宠物的外观和行为都是依据与人类的交互定制的，舒适的用户体验需要建立一套有意义的机器行为参照基础库。这可以借助一些技术来实现，目的在于听觉和视觉的识别，如说话/演讲和表情/手势的识别，其中最先进的技术是采用多模式方法，把声音、图像、手势识别和设备环境结合在一起。因此在 DiYSE 环境中，通过智能配套设备获取各种可用的情境数据，可以在 DiYSE 环境中被其他服务和应用所使用，反之亦然，这与交互用户之间建立起了非常丰富的连接。

基于当前科技的发展水平，智能配套设备还不具备这样的能力，也就是在与人类进行交互时，分析其中最重要的影响因素：即说话者的心境。通过扩展语言分析和非语言分析方法，可以检测人的心境或者情感，同时也可以在表情和手势识别中结合图像分析方法，进一步对情感识别技术进行加强。虽然这种感情识别技术已经成为扩展研究的对象，但是巨大的关联计算成本使这些应用受限于平台相对强大的计算能力，使交互操作必须通过计算机来实现。

因此，DiYSE 中智能配套设备的工作目标应该涵盖两个步骤：①基于 PC 平台，研究和实现情感识别算法；②把它们迁移到嵌入式平台中，成为新型的智能配套机器人。为了丰富 DiYSE 情景感知功能，预计会有一个标准的后端软件接口，不仅集成用户情感，也集成适当的智能行为，来丰富 DiYSE 智能用户接口的功能。

11.5.4.2 嵌入式系统：自主智能配套设备

如上所述，为了增强智能配套设备的功能，需要一个十分紧凑的、计算能力强大的、费用低廉的硬件平台。实际上，虽然服务于不同的目的，但是像这样的硬件需求，非常类似于 DiYSE 网关的硬件需求，后者是为了把"瘦"传感器和执行器节点连接起来。幸运的是，现在也有了实现这一功能的 DiY 集成电路板可供选择①，如 Beagle Board② 和 Gumstix Overo③。

11.5.4.3 DiYSE 中的情感识别

传统的人机交互系统不考虑用户的情感状态，与人的交流相比，显得冷漠和不自然。在过去十年中，我们不仅在基于声音、视频和视听方法④等人类行为分析方面取得了很大进步，而且在收集情感表现的大型数据库建设方面也取得了很多进展（Zeng et al.，2009）。

设计自动情感识别系统的先决条件是，要建立包含人类情感表达标记数据的可用数据库。因为手工标记情感表达是非常费时的、主观的、有错误倾向的、代价昂贵的，很多数据库包含人为的有意识的情感数据，也记录了一些通过人类采访、电话交谈、会议、电脑对话系统等方式获得的真实的、无意识的情感行为数据。尽管用于标记情感表达的自动工具 Feeltrace（Cowie et al.，2000）已经成功开发，半监督式标记方法的研究仍然是一个热点。

作为 DiYSE 中情感识别的首选实现方法，我们选择使用 EmoVoice 套装工具（Vogt et al.，2008），并结合 UMons/Multitel 设计的语音识别算法。实际上，EmoVoice 是为非专家用户设计的，这为 DiY 社区场景提供了更进一步的可能性，在这样的 DiY 社区场景中，DiY 创建者能直接提升情感识别能力达成预想的应用目的。

11.5.5 多模式中间件协议

将声音、图像和手势识别融合为一体的多模式方法需要通过各种各样的设备来获得数据。专用的多模式中间件协议（Multimodal Middleware Protocol，

---

① 最著名的嵌入式系统是采用 ARM 结构体系创建的。最近，Intel 公司也开发了 Atom 处理器以支持同样的应用。这些考虑使我们的选择缩小为两个：①德州仪器公司的基于单电路板计算机的开放式多媒体应用平台 OMAP；②Intel 公司的 Atom 系统，实现了能量消耗与轻量级编码的折中。基于这些内容，我们最终选择支持 WindowsCE、Symbian、Android 和 Linux 等操作系统的 OMAP（v3），对智能配套设备来说，Beagle Board 和 Gumstix Overo 成为首选的平台。

② http://beagleboard.org/。

③ http://www.gumstix.net/Overo/。

④ 为了识别样本情感，大部分基于音频的系统以演讲行为进行训练和测试。除了分类器选择之外，另一个重要的内容是，在语言和辅助语言描述符中建立一个优化特征集合，作为对这部分内容的可靠抽取（如与音高相关的韵律特征）。可视的情感识别研究主要关注用模式识别方法进行面部表情分析。将几何图形和外貌特征结合起来应用似乎是自动识别设计最好的方式。然而，一个重大的挑战是随意的头部运动、遮挡以及场景复杂性对于稳健性的考验。最终，大多数基于视听的系统执行一定决策水平的融合策略，而其他一些研究集中于基于特征水平的融合方法，用于识别粗略的情感状态（如积极、消极或者中性的）。基于模型水平的融合方法的优势在于：它可以利用音频和视频数据流的相关性进行分析，而不需要这两种数据流完全同步提供。

MMP）提供了一个底层架构，它能将各种不同的设备形式组件融合到单一用户接口网络中。MMP 的目标是构建这一网络，对底层网络协议和客户消息含义类的细节进行抽象。这样，各种高层次的语义和逻辑就可以与组合多模式接口关联起来。在 DiYSE 概念中，MMP 的上层是功能强大的情境推理系统，它可以提供情境感知计算特征，收集用户和他们周围环境的信息，用于调节应用的行为。通过由诸如智能配套设备之类的多模式设备提供的自然接口，可以使情境信息无缝地扩展，用于社交表达。

MMP 使设备互相连接，并且能在中心位置存储设备的性能，称为多模式集线器（MultiModal Hub，MMH）。一旦设备形式组件连接到 MMH，MMH 就会存储用户的接口连接能力，其依据人类交流事件过程中生产和消费并经组件发送的信息，进而，基于默认设置或者用户配置规则，管理组件之间的连接。

11.5.6 最后举例：简单智能空间与多设备接口的交互

除了智能配套设备以外，最终在 DiYSE 中还可以设想到很多异构的情景，举例说明如下。

Peter 忙完一天的工作之后，听着他心爱的 MP3 音乐回家。当他到家时，门厅里的灯光自动打开。然后，当他来到厨房开始做晚饭时，音乐自动转到厨房声音系统。这样，他就可以摘掉耳机，让两手空闲出来。在他准备晚餐的过程中，他的妻子 Katie 也到家了。她满怀热情地告诉他今天工作中遇到的激动人心的事情。她用手机控制厨房里的屏幕，打开她在工作中拍摄的照片。厨房的屏幕立刻开始生动地显示她工作中拍摄的图像。同时，手机的触摸屏发生变化，转变成一个可以操作屏幕上游标的触摸板。她选定感兴趣的第一张照片，说了声"开始幻灯显示"，屏幕就自动开始幻灯显示。当一个视频片断出现在幻灯显示过程中，Peter 的音乐淡出，他们听到了视频里的声音。当出现一个非常漂亮的画面时，Peter 用他的手机触摸屏幕，获得了这张照片。房间的灯光稍微干扰了他们的观看，Peter 用手机按了一下厨房的灯，就弹出了一个个性化的服务视窗，他轻轻地点了几次手机，选择了一个微暗的氛围……

像上述情景的实现，要求环境中的所有可用设备无缝配合。同时，利用多个现有设备的交互特性来操作新设备，就构成了一种多设备交互体验。为了进一步完善 DiYSE 体系，我们会进一步考虑这些内容，以便实现更加完备的功能。

11.6 结   论

本章概述了针对提升物联网活动中的大众创造力正在进行的诸多工作，这些工作同时也是 DiYSE 项目中所遇到的一些挑战。

总结目前项目的研究工作，可以得出一个清晰的结论：为实现物联网 DiY 应用创建活动，大量的公共基础设施和必要的支撑功能是需要首先解决的问题。

目前，增强型、语义标注设备驱动可以自动安装到 DiYSE 网关中。中间件可以在传感网节点间合理分布实施，与此同时利用服务框架和情景感知实现功能和组件服务构建模块可以实现环境创建，这些是能够确定在物联网中实现 DiY 应用创建的必要基础。

为了实现 DiY 智能空间的最终目标，并让非专业参与者直观地看到，DiY 创建相关的方法仍然需要进一步开发，包括后端服务和工具，以及对于在广大参与者之间分享 DiY 体验的支持。

本章写作的同时，项目组正在按照计划推进 DiYSE 架构的各项工作，包括：设计第一个原型系统，引导交互设计用户研究，进一步微调交流社区的实现，让大家分享 DiY 智能空间应用和智能物品等。

致　　谢

本项工作是在 ITEA2 尤里卡计划组和项目合作者各自的国家基金委共同支持下完成的，欧洲 ITEA2 项目 08005——DiY 智能体验（DiYSE）项目由 7 个来自欧洲国家的 40 个合作者联合实施。关于这个项目的更多信息可以参见项目官网 http://www.dyse.org。

参 考 文 献

Baglioni M，Macedo J，Renso C，Wachowicz M（2008）An Ontology-Based Approach for the Semantic Modelling and Reasoning on Trajectories. In：Song I-Y et al.（eds）Advances in Conceptual Modeling-Challenges and Opportunities，Springer，Berlin Heidelberg

Bastida L，Nieto FJ，Tola R（2008）Context-Aware Service Composition：A Methodology and a Case Study. SDSOA 2008 Worshop，ICSE Conference Proceedings，Leipzig，Alemania

Blum N，Dutkowski S，Magedanz T（2008）InSeRt，SEW，32nd Annual IEEE Software Engineering Workshop

Cowie R，Douglas-Cowie E，Savvidou S，McMahon E，Sawey M，Schöder M（2000）'Feeltrace'：An Instrument for Recording Perceived Emotion in Real Time. Proc. ISCA Workshop Speech and Emotion

De Leenheer P，de Moor A，Meersman R（2007）Context Dependency Management in Ontology Engineering：a Formal Approach. J Data Semant 8：26-56

de Moor A，De Leenheer P，Meersman R（2006）DOGMA-MESS：A meaning evolution support system for inter-organizational ontology engineering. Proceedings of the 14th International Conference on Conceptual Structures（ICCS 2006）

Dormer P（1997）The Culture of Craft. Manchester University Press，Manchester，UK

Eid M，Liscano R，El Saddik A（2007）A Universal Ontology for Sensor Networks Data. Proc. IEEE International Conference on Computational Intelligence for Measurement Systems and Applications（CIMSA

2007)

ESI (2008) A3. D20. The Approach to Support Dynamic Composition. SeCSE Deliverable

Fernandez M, Gomez-Perez A, Juristo N (1997) Methontology: From Ontological Art towards Ontological Engineering. Proc. AAAI97 Spring Symposium Series on Ontological Engineering

GeSI, The Climate Group (2008) SMART 2020: Enabling the low carbon economy in the information age. Creative Commons. http://www.smart2020.org/_assets/files/02_Smart2020Report.pdf. Accessed 25 September 2010

Gruninger M, Fox M (1995) Methodology for the Design and Evaluation of Ontologies. Proc. of the Workshop on Basic Ontological Issues in Knowledge Sharing

Guinard D, Trifa V, Pham T, Liechti O (2009) Towards Physical Mashups in the Web of Things. http://www.w3.org/TR/2004/REC-rdf-primer-20040210/. Accessed 25 September 2010

IFTF (2008) The Future of Making. http://www.iftf.org/system/files/deliverables/SR-1154% 20TH% 202008%20Maker%20Map.pdf. Accessed 25 September 2010

ITU-T (2008) Intelligent transport systems and CLAM. ITU-T Technology Watch Report #1

Karp P, Chaudri V, Thomere J (1999) XOL: An XML-Based Ontology Exchange Language. SRI International. http://www.ai.sri.com/pkarp/xol/xol.html. Accessed 25 September 2010

Keinonen T (2007) Immediate, product and remote design. International Association of Societies of Design and Research, Honkong

Kim J-J, Park JC (2005) Annotation of Gene Products in the Literature with Gene Ontology Terms Using Syntactic Dependencies. IJCNLP 2004. Lect Notes Comput Sci 3248: 787-796

Limbourg Q, Vanderdonckt J, Michotte B, Bouillon L, López-Jaquero V (2005) USIXML: A Language Supporting Multipath Development of User Interfaces. In: Bastide R, Palanque P, Roth J (eds) Engineering Human Computer Interaction and Interactive Systems. Springer, Berlin, Heidelberg

Loiseau Y, Boughanem M, Prade H (2006) Evaluation of Term-based Queries using Possibilistic

Luke S, Spector L, Rager D, Hendler J (1997) Ontology-based Web Agents. Proc. International Conference on Autonomous Agents (Agents97)

Machuca M, Lopez M, Marsa Maestre I, Velasco J (2005) A Contextual Ontology to Provide Location-aware Services and Interfaces in Smart Environments. Proc. IADIS International Conference on WWW/Internet

Meersman R (2010) Hybrid Ontologies in a Tri-Sortal Internet of Humans, Systems and Enterprises. Keynote talk, InterOntology'10 Conference, KEIO Tokyo

Miller E, Manola F (2004) RDF primer: W3C recommendation. World Wide Web Consortium.

Mogensen K (2004) Creative Man. The Copenhagen Institute for Futures Studies, Denmark

Niles I, Pease A (2001) Towards a Standard Upper Ontology. Proc. 2nd International Conference on Formal Ontology in Information Systems (FOIS-2001)

Norros L, Salo L (2009) Design of joint systems - a theoretical challenge for cognitive systems engineering. Cogn Technol Work 11: 43-56

Ontologies. In: Herrera-Viedma E, Pasi G, Crestani F (eds) Soft Computing in Web Information Retrieval: Models and Applications. Springer

Paternò F (1999) Model-based design and evaluation of interactive applications. Springer, London

Proceedings of INSS 2009 (IEEE Sixth International Conference on Networked Sensing Systems), Pittsburgh, USA. http：//www. vs. inf. ethz. ch/publ/papers/guinardSensorMashups09. pdf. Accessed 25 September 2010

Schilit B, Adams N, Want R (1994) Context-aware computing applications. Proc. IEEE Workshop on Mobile Computing Systems and Applications (WMCSA'94)

Schreiber G, Akkermans H, Anjewierden A, de Hoog R, Shabolt N, Van de Velde W, Wielenga B (1999) Knowledge Engineering and Management：The CommonKADS Methodology. MIT Press

Sennet R (2008) The Craftsman. Yale University Press, New Haven, CT

Shove E, Watson M, Hand M, Ingram J (2007) The Design of Everyday Life. Berg, London, UK

Smith B (2003) Ontology：An Introduction. In：Floridi L (ed) Blackwell Guide to the Philosophy of Computing and Information. Blackwell

Spyns P, Meersman R, Jarrar M (2002) Data modelling versus Ontology engineering. SIGMOD Rec 31：12-17

Sterling B (2005) Shaping things. MIT Press, Cambridge, MA

Strang T, Linnhoff-Popien C (2004) A context modeling survey. First International Workshop on Advanced Context Modelling, Reasoning and Management, Nottingham, England

Studer R, Benjamin R, Fensel D (1998) Knowledge Engineering：Principle and Methods. Data & Knowl Eng 25：161-197

Sundmaeker H, Guillemin P, Friess P, Woelfflé S (eds) (2010) Vision and Challenges for Realising the Internet of Things. CERP-IoT. http://www. internet-of-things-research. eu/pdf/IoT_Clusterbook_March_2010. pdf. Accessed 25 September 2010

Tang Y, Zhao G, De Baer P, Meersman R (2010) Towards Freely and Correctly Adjusted Dijkstra's Algorithm with Semantic Decision Tables for Ontology Based Data Matching. In：Mahadevan V, Zhou J (eds) Proc. of the 2nd International Conference on Computer and Automation Engineering "ICCAE 2010". IEEE, Suntec city, Singapore

Uschold M, King M (1995) Towards a methodology for building ontologies. Proc. of the Workshop on Basic Ontological Issues in Knowledge Sharing

van Harmelenand F, McGuinness D (2004) OWL web ontology language overview：W3C recommendation. World Wide Web Consortium. http://www. w3. org/TR/2004/REC-owl-features-20040210/. Accessed 25 September 2010

Vogt T, André E, Bee N (2008) EmoVoice-A Framework for Online Recognition of Emotions from Voice. Proc. Workshop on Perception and Interactive Technologies for Speech-Based Systems

von Hippel E (2005) Democratizing Innovation. MIT Press, Cambridge, MA

Zeng Z, Pantic M, Roisman GI, Huang TS (2009) A Survey of Affect Recognition Methods：Audio, Visual, and Spontaneous Expressions. IEEE Trans Pattern Anal Mach Intell 31：39-58

第 12 章　智能物流——利用物联网提高物流系统的互操作性[①]

Jens Schumacher，Mathias Rieder，Manfred Gschweidl，Philip Masser
奥地利，多恩比恩应用科技大学

目前，技术发展和流线型业务模式风头日盛，不断推动着合作方式的创新。近年来，物联网逐渐成为最有潜力的信息技术之一，它有助于实现业务运作中的实时信息交互和状态更新。因此，有些企业开始利用物联网来提升运作效率。本章将从技术、互操作性和兼容系统架构等几个方面阐述物联网的相关挑战。为了应对这些挑战，本章介绍了一些基本理论和概念。此外，本章还介绍了欧盟第七框架计划（EU-Framework Programme 7）资助的 EURIDICE 项目。该项目的研究目标是将物联网概念应用到智能物流领域，为运输行业提供一个开放的信息平台。

12.1　引　言

RFID 和智能移动终端可应用于各类产品上，以实现物物互联。正是这些技术的发展，驱动着物联网概念和服务由愿景变为现实。在产品中嵌入智能标签，可以实现与其他产品、周围环境的无缝交互，从而将现实世界和虚拟信息世界无缝地融合在一起。这意味着，在物联网环境中，通过无线连接，以及与其他产品或系统的交互，数以亿计的"智能产品"可以随时向物联网提供信息，包括所处位置、身份标识及相关历史数据（Glover et al.，2006）。在物流及供应链管理领域，物联网为业务运作与业务流程的管理提供了美好的发展前景；同时，物流系统的互操作性和数据的一致性等方面也存在一些挑战。尽管在具体实施过程中，不同的业务对物联网的要求有所不同，但是，对于大多数组织间的业务应用来说，建立一个开放的、标准的平台是必要的。这样的平台对实现物流和供应链管理领域的物联网应用是必不可少的。

---

① 译者注：互操作性（interoperability）的一般定义为"在规定条件下，各种功能单元之间进行通信、执行程序或传递数据的能力。"互操作性可以理解为不同的计算机系统、网络、操作系统和应用程序一起工作并共享信息的能力。互操作性是本章的重要概念。

通过考察这些驱动物联网发展的各类技术（如 RFID 芯片）的可用性（考虑到成本等因素），可以更明确这些技术可能带给交通运输行业的机遇。为此，欧盟委员会已经启动 EURIDICE 项目（此项目为欧盟第七框架计划的一部分）。

EURIDICE 项目的目的是运用物联网技术为交通运输行业提供更多更好的服务。这些服务将推动人们都能参与到智能物流的长期建设部署工作中，其中包括了交通运输行业的不同利益相关者，例如在海关、港口、码头的从业人员、运货商和货运代理商等。EURIDICE 项目由来自 20 多个不同的政府部门和企业承担，以确保这是一个开放的平台。该平台可以使服务提供商将不同的运输相关服务结合在一起，比如运输危险或贵重的物品可以用一种可自由定制的、开放的方式进行。在项目评估时，交通运输部门与公司在平台的设计流程方面相互协调配合，并由技术人员为他们提供安装指南，以保证系统的适用性。

EURIDICE 项目实现了以货物为中心的增值服务并采纳了智能物流的理念，其平台和架构为物流和运输链的协作提供了新的可能（European Commission, DG INFSO 2009）。EURIDICE 项目在一个开放、标准的基础平台上通过 Web 服务①的形式提供服务，这样便于各业务后台系统的集成，并且支持在平台内通过这些服务实现公司的业务流程。EURIDICE 平台的实现基于移动代理、Web 服务和仲裁机制，这些都将在本章稍后描述。基本来说，为了提供一个充分满足物联网范例标准的系统，在互操作性角度（Winters et al.，2006）必须满足以下三个要求。

（1）结构上的要求，包括在一般方法上的意义、概念、过程、信念以及术语的理解（Clark et al.，1999）——这些都属于以人为中心的互操作性。这也包括，比如一个进程的启动（如外部系统的功能），充分意识到将带来的语义影响。

（2）IT 系统上的要求，就是处理两个系统之间的互连问题。这种要求可用来评估在物理层上建立的两个基本可互相交流的系统的互操作性。

（3）数据上的要求，涵盖了数据在软件等级上的互操作性问题，如提供正确的数据、数据格式和呈现。需要注意的是，数据上的要求需要同时考虑互操作域、数据的语义互操作性，需要两个系统中数据背后的概念及语法的互操作性是完全相同的（Obrst，2003），其中包括所用数据格式的可读性。

本章的第一部分是和结构上的要求密切相关的，覆盖各个方面的业务流程和语义网，对主要的技术做了简单的介绍，比如自动操作、自发行为和重构。

第二部分在更多细节上描述了 IT 系统及数据的要求，分为两个部分，首先

---

① 译者注：Web 服务是基于网络的、分布式的模块化组件，它执行特定的任务，遵守具体的技术规范，这些规范使得 Web 服务能与其他兼容的组件进行互操作。

讨论代理技术在本体论范畴上"形而上学"的角色，然后介绍在 EURIDICE 背景下代理技术和 Web 服务之间的关系。

本章的最后一部分概要描述了智能物流对物流领域、供应链管理的影响，并进行了总结和展望。

12.2　语　义　网

对于物联网概念和技术的介绍是从语义网的角度定义和展开的，有时也被称为 Web 3.0。这一提法主要描述如何使用不同的技术来实现信息的有效扩展，从而使业务流程自动化。

语义网的基本思想是加强有效信息和语义描述的联系，使信息的管理和应用的整合能够得到有效的实施（Warren et al.，2006）。

在一次交流中，Tim Berners-Lee 明确地表达了他的观点："语义网的设计是为了使个人信息管理、企业应用集成、全球商业、科技和文化的数据之间的共享变得更加方便。我们所谈论的是数据并非人文资料。"（Updegrove，2005）

语义网将提供令人难以置信的海量信息，并加强自动化性能，使自动化服务得以快速发展。通过机器对数据的访问和处理，来帮助用户和企业达到他们的目标。这样便有了分布式知识系统，它包括多元化推理服务功能（Omelayenko et al.，2003），这为不同层面的语义集成、跨组织的流程整合提供了新的机遇，并且跨越了企业的整个供应链。从结构的角度来看，语义网服务在高水平的流程整合中承担着基本技术的角色。

12.2.1　语义网服务

语义网提供的技术是通过机器将网页改造成可解释的信息源。在一般所提供的网页上，算法能够加工和处理可用的信息，却同时降低了可读性。服务之所以能够有效访问企业的数据，大多是因为通过 Web 服务和面向服务的体系结构（Service Oriented Architectures，SOA）来实现的。而计算能力是封装在 Web 服务中的，允许其他组织通过一个注册表（Universal Description Discovery and Integration，UDDI）来查找，以及使用接口描述（Web Services Description Language，WSDL）与之交互（Preis，2007）。这样的实施服务操作已经在语法层面上得到普遍的接受，所以人机交互是需要的。对于这类服务的整合，需要开发商去寻找适当的 Web 服务，使人机结合起来。这也大大限制了可扩展性，并大幅缩减了 Web 服务，以及 Web 服务带来的经济价值（Fensel et al.，2002）。语义网服务尝试去解决这些问题（Roman et al.，2006）。

语义网服务的愿景是将语义网内在的思想同 Web 服务已有的技术相结合 (Paolucci et al. , 2003)。确保软件系统之间进行动态地、自动地交互，也确保物联网的实现。当前的 Web 服务技术只支持标准接口，没有涉及软件系统功能的机器信息。通过 Web 服务添加语义信息，可以利用语义网服务的概念去解决，我们的目标是运用机器语言来描述他们，同时对潜在的用户，提供一个相关软件。这种语义信息在发现的服务上比目前所使用的 UDDI 具有更复杂的机制。这些技术的结合将支持更复杂的应用开发，在服务上加快智能物流的推广。此外，这些服务与更加复杂的服务和进程的结合，将促进自动化的实现。业务流程也将具有更强的鲁棒性；如果一个服务不可用，那么可以迅速被替代或补充，而不是去维持复杂的服务和进程使之依然可用。语义网服务提供了描述服务和基础设施的方案，发现服务与互操作性的支持。语义网服务的本身不支持复杂情况下的推理（Preis，2007）。但是，语义网服务技术是确保实现自动网络过程的必要技术。

"语义网服务允许半自动和全自动注解、传播、发现、选择、组成以及组织间的业务逻辑执行，使互联网成为一个全球性的共同组织和个人相互之间的沟通平台，从而开展各种商业活动，并提供增值服务。"（Cardoso et al. , 2005）

12.2.2 语义网服务流程和生命周期

Web 服务的引入是为了组成松散耦合的网络。这些由 Web 进程组成的 Web 服务，允许不同组织之间交互，是对现有工作流程的改革。语义加入到 Web 服务中将发挥重要的作用，如 Web 进程中生命周期所显示的那样。如图 12.1 所示。

根据 Cardoso 和 Sheth（2005）的观点，网络服务的语义可以分为以下几个方面。

（1）功能性语义。用来描述服务和操作，包括投入和产出信息。

（2）数据语义。用来描述输入和输出数据时遇到的格式问题，对数据有共性的认识，在语义上解释数据的发送和接收。

（3）服务质量（Quality of Service，QoS）语义。为了选择最合适的服务，不同服务的质量不同。比如，最便宜的报价、最快的交货期等，还提供了定位和选择的服务。从而达到最佳的 QoS 标准，提供基于 QoS 的网络进程的检测，并评估其他流程，以便改进战略。

（4）执行语义。用来描述信息交换的流量（信息序列），为网络服务的执行提供一种会话模式、流动行为、先决条件和影响 Web 服务的创新等，可以描述在操作层面上的交互服务，尤其是长期运营的交互，复杂的会话所涉及的服务。

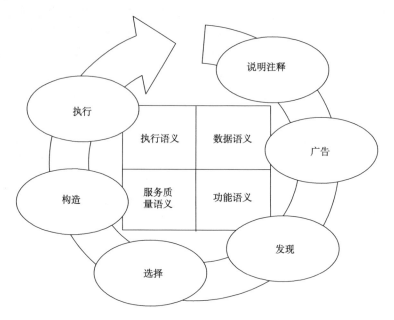

图 12.1　Web 流程的生命周期和语义（根据 Cardoso et al.，2005）

在网络中这些语义的自动组成，实现了基本语义网的生命周期。生命周期开始于说明注释，随后是传播、发现、语义服务的选择和构造网络进程的过程，最后是网络进程的执行。对于网络进程能否成功，这个阶段是很重要的，并且应紧跟着下面的步骤（Cardoso et al.，2005）。

（1）语义网服务注释。

用所需的不同类型的语义网服务来描述 Web 服务。

（2）语义网服务传播。

在语法和操作水平上提供的服务，使用语义网技术（不同技术都是可用的、集中的，等等。例如 UDDI，甚至可以是点对点的）（Li et al.，2007）。

（3）语义网服务发现。

在选择之前，基于语法信息、数据、功能和 QoS 语义，发现合适的服务流程。

（4）语义网服务选择。

选择最合适的服务来匹配定义的 QoS 指标和最好的质量标准。

（5）语义流程构造。

结构内部实现整个供应链上的自动化流程会带来很大的挑战（Stohr et al.，2001）。由于 Web 服务具有很高的自治性和异构性，如何构造十分重要。语义增强了 Web 服务的互操作性，在网络进程的组成中（自动化、半自动化和手工)、参与功能性的服务中（功能性语义）、数据传递的服务中（数据语义），都应该考虑服务进程质量（服务质量语义）以及服务执行模式和整个流程（执行语句）。

（6）网络进程的执行。

整个流程及服务的执行是语句执行的基础，特别是服务操作的连续、调用的平行以及指定的信息在数据流量上定义的语义。

在网络进程中使用的语义网服务，允许更高的动态创新和改进的服务，这是自动化的一步。如果所涉及的服务使用了相同的基本服务来沟通，那么在相同的本体中也有相同的条件。

语义网服务的实现需要一个完整的框架，这个框架由三部分组成（Roman et al.，2006）。

（1）一个概念模型（实体）。

（2）一种形式语言，提供语法和支撑概念模型的语义。

（3）一个执行环境，以结合所有组件并完成最终服务和进程自动化的任务。

由于语义网服务相对来说是比较新的，目前对语义网服务的认识还有不同的观点、不同的提法，比如，Web 服务建模本体（Web Service Modeling Ontology，WSMO）、Web 服务的本体语言（Ontology Web Language for Services，OWL-S）和语义网服务框架（Semantic Web Services Framework，SWSF）。在操作水平上，语义网服务和语义网进程都是非常好的技术，能够满足物联网的需要。

认识语义网服务系统最好的方法是 Web 服务建模本体（WSMO），因为它包括了一个可扩展的本体建模语言、一个网络服务建模语言和一个执行环境。

在欧洲，有关语义网服务最重要的计划之一是 WSMO 计划。它是欧洲语义系统计划（European Semantic System Initiative，ESSI）的一部分，是现代计算机工程标准化建立的主要计划。WSMO 统一了框架的标准化，并支持了概念的建模和正式的代表服务，最后是执行框架。它的三部分框架如下（Roman et al.，2006）。

1）Web 服务建模本体（Web Service Modeling Ontology，WSMO）

这是一个概念模式，为 SWS 描述了一个实体的核心要素。语义网技术将网络改造成全球系统的一种分布式计算。因此，SWSF 需要整合所有的设计原则，从网络服务、语义网，到分布式、面向服务的计算。WSMO 基于以下的设计原则：遵从网络，基于实体，严格的解耦，集中调解，实体的作用和描述与实施分离，执行语义和 Web 服务（Roman et al.，2006）。

2）Web 服务模式语言（Web Service Modeling Language，WSML）

WSML 是一个用于描述本体、目标、Web 服务和标准的一种语言，它基于

WSMO 概念模型。它的发展独立于现有的标准的语义网和 Web 服务（Prreis，2007）。发展工作小组的主要目的如下（Roman et al.，2006）。

（1）适当的语义网服务的形式化语言发展。

（2）提供一个足够的以规则为基础的语义网络。

在目前的版本 WSML（1.0）中定义了实体描述的语法和语义，并描述了资源描述框架（Resource Description Framework Schema，RDFS）和本体网络语言逻辑（Ontology Web Language Description Logics，OWL DL）及网络服务的实体。还支持了动态的 Web 服务、服务交互组合设计。

3）Web 服务的执行环境（Web Service Execution Environment，WSMX）

WSMX 提供了一个执行环境，能够发现、选择、调解和调用语义网服务，因此它是基于 WSMO 的概念模式，可以实现其中的一个模板。它支持动态的 SWS 互操作，是开放的资源，可以在相应的网站上下载，并且由松散耦合的组件组成构架，可以单独使用和互换（Roman et al.，2006）。

在本章的下一部分，我们将仔细了解实现的一般总体部分，尤其是本体，因为不同的执行方法其本体不同。

12.3　本　体　论①

一般的计算机系统或信息系统都与现实世界概念紧密相关。如果把物流信息系统和其他信息系统拿来研究，我们会发现不同属性的概念与词语之间的关系，从而可以对现实世界对象及进程进行定义。"货物"、"车辆"、"重量"或"交货的最后期限"是相关的语义物流术语。通常情况下，在软件使用过程中，这些术语的语义是指开发者通过软件的业务逻辑或者在逻辑层面进行定义的。这些概念之间的关系通过域分析方法，经过编码隐含于软件中（Musen，1998）。

现实世界域的本体表示需要现实的概念化（Gruber，1995）。本体论是"明确的、一个域利益共享的概念化的正式规范"（Ehrig，2006），从系统域来实现域特性的分离。使用本体论作为系统数据的基础表示，大力推动了真正的互操作系统的发展。物联网的开放性和互操作性在本体论中具有很重要的地位。要理解这点，首先要理解本体论的发展历程。上面描述的定义中（Ehrig，2006），对本体论来说包含两个主要的要求。它必须是"明确的、正式的规范"，它必须代表

---

① 译者注：本体论（Ontology）作为一个哲学范畴被引入信息科学中，并逐步发展，是本章的重要概念。目前对本体论概念在信息科学领域较为统一看法为"共享概念模型明确的形式化规范说明"（Studer 等）。具体到语义网（Semantic Web）领域，本体论是语义网实现逻辑推理的基础。本章中出现的"主体论"、"主体"、"实体"等名词均与上述含义有关。

"域的共享的概念化"。由于本体论的发展在第二个要求上是以时间为顺序的，因此我们从第二个要求开始讲解。

现实世界的域的概念化包含其相关部分（如概念、属性）的选择以及他们之间的关系，所以总会产生一个概念化的简化模型。当决策的概念和关系变为概念化模型的一部分时，就被称为承诺。来自现实世界的域是通过应用一套 K 承诺的概念化模型来实现的。

第二个要求，即要求一个"明确的、正式的规范"，这方便了计算机系统中本体用法的使用，也意味着本体论的使用是一个明确的、毫不含糊的语言（表述）。这个在本体论内部所编码的信息，允许计算机系统来处理并提取语义。这个代表性是指运用语言 L 的概念模型，意味着定义一个模型的词汇，即命名模型的要素（概念、类、属性、关系……）。

图 12.2 是上述过程的总结，主要在前两步。

（1）在 K 承诺的协助下使之概念化。

（2）在 L 语言的帮助下使之规范化。

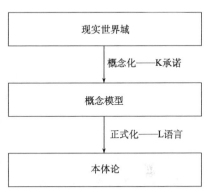

图 12.2 本体论的发展过程
（1）现实世界的域的概念化；
（2）一个本体论的模式规范化

在类似互操作性方面物联网具有强大的影响力，且其不同系统在所有的三个方面（结构、IT 系统和数据）都具有开放性和合作的潜力。

12.3.1 本体论与结构

当从结构的角度来解决问题时，我们可以看到技术的实现、语言的使用，或者编码和数据的格式，这些并非至关重要。用于确定哪些概念和关系成为概念化模型一部分的决策可被称为承诺。而且来自现实世界的域是通过应用一套 K 承诺的概念化模型来实现的。首先，一个现实世界的域的概念化具有无限的可能性。两个结构可以以不同的方式使相同的现实世界的域概念化，或者使两个不同的现实世界的域概念化为同样的模型。这两种过程都会导致严重的互操作性问题，而且这种问题常常难以被发现。可互操作的系统，以及物联网应用必须获得其他（即使是未知的）系统的开放性和互操作性的支持，因此需要使用本体论的概念来说明他们对现实世界的域的理解，或者换句话说，在此应用内声明所使用的 K 承诺。这样为了互操作的正确性，能够允许其他应用或结构来调整本身的愿景。

12.3.2　本体论与 IT 系统

从 IT 系统的角度看，需要更多的技术要素以保证拥有较强的合作能力，从而确保物联网技术的实施。比如像 SOA 这样标准的技术，能够为应用提供开放式的访问接口。正如上一节所讲的，本体论的概念已经深入到 SOA 的世界。语义网服务已经在本体论的协助下，对提供并使用的接口进行了充分的语义描述。通过自动发现去选择适当的服务，计算机程序便可以消耗特定的 Web 资源。

12.3.3　本体论与数据

当谈到数据互操作性时，尤其在数据交换能力这个角度上，首要考虑的是所使用的域模型的互操作性。数据的非均匀性问题是当前的研究热点（Papazoglou et al.，2000）。基本上，相同的数据有可能具有不同的或相同的但很特别的含义，从而有不同的代表性以至于无法解释。无论如何，相同信息的不同表示法，很大程度上是互操作性的问题。1999 年探测火星气象的卫星未能成功进入轨道，就是因为存在数据的互操作性问题（Isbell et al.，1999）。两个轨道器的软件组件，使用不同的数据模型，就目的而言是使之能够相互配合。采用英制单位（质量单位为磅），还是采用公制单位（力的单位为牛顿）。这两个单位的比率是 4.45。虽然两个组件使用的数据格式具有可互操作性（同时使用十进制数），但这些数据背后所具有的不同语义，使得这次卫星发射失败，并造成了 3 亿美元的资金浪费。

一般有两种方式来解决数据间的互操作性问题（Renner et al.，1995）。第一种方式，数据的标准化，可以预先通过定义数据结构的标准化。这样一个标准化的数据模型，不仅包括所使用的编码和数据格式，还包含所使用的模式、数据之间的相互依赖性、所使用的数据单位、数据类型和精确度。实现数据的标准化需要克服很大的困难，而且也很耗时。由于大规模化域的不同，所以这种大规模的标准化工作很难实现，至少存在一些风险（Hendler et al.，2000）。第二种方式，数据模型的选择，应用程序主要参考所要达到的目的来选择合适的数据模型（Renner et al.，1995）。因此，数据模型需要针对应用的需求，多考虑性能、存储空间、安全性等问题。人们可以观察到所谓的"域模式的演变"，尤其是量身定制的域模型。这意味着域模型自然地随时间而变（Goh et al.，1994）。

图 12.3 展示了如何用本体论来模拟一个公开透明的数据模型。数据模型以本体论为基础，提供了可互操作的数据结构，这里没有数据标准化的严格限制。数据模型设计如下所示（Guarino，1997）。

（1）顶层本体论代表了非常普遍的、一般的概念，如空间、时间、对象、问题、事件、动作等，这具有特定的应用领域的独立性。

（2）对某一个问题域，专业术语（物流等）在顶层本体论中，主要是域本体论和知识本体论，这些本体论在不同域中有不同的概念（例如，货物、车辆、路线……）和任务（加载、卸载、运送货物……），这些都有所体现。

（3）应用本体论描述的概念主要依靠两个方面：域概念的领域和所执行的任务。这是两种特别专业化的本体论。通常来说，这种本体论包含域实体，在执行特定任务时具有一定的作用（比如，货物及时到达了目的地）。

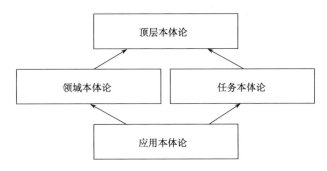

图12.3　本体论的分类，依靠他们所依赖的特定水平（Guarino，1997）

12.3.4　在多智能代理①系统中的本体论

从本体论的 IT 系统互操作性角度来看，多智能代理系统是"……松散耦合网络在解决问题时都是交互的，且超出了每个问题解决者的个人能力"（Durfee et al.，1989）。

多智能代理系统是具有上千组件的大型分布式系统，即所谓的"智能代理"。智能代理可以理解为软件组件集，它主要包括以下特性。

（1）自主性。代理工作，而不需要任何用户交互。

（2）社交性。其他代理与代理的交互通过代理通信语言——它们提供消费服务，超越了从单一的代理到相互代理的功能。

（3）反应性。代理感知它们所处的环境（可能是物理世界，通过一个图形用户界面的用户；其他代理的集合，通过互联网或者所有与之结合的沟通渠道）。

（4）主动性。代理不只是在它们所处的环境中响应，它们具有目标导向作用。

（5）适应性。代理享有学习的能力。这意味着根据周围不断变化的参数或事件，它们能够自适应。通常情况下，自适应应用的设计目标是能够更有效地达到

---

　　①　译者注：智能代理（agent）是驻留于环境中的实体，它可以解释从环境中获得的反映环境中所发生事件的数据，并执行对环境产生影响的行动。

代理的要求。

多智能代理系统所要求的社会自治能力，能够与物联网服务的理念紧密地结合在一起，从而保持开放性、互操作性和合作性。智能代理通常是用户、数字资源或现实世界对象的中介。因此，他们的实际动机和兴趣是所要寻找的要素。这些概念使本不相容的子系统组成为一个复杂的系统。中间者为所有相关的具体实体。

图 12.4 是一个多智能代理架构的物流系统的示例。资源中间代理封装了具体的依赖关系，比如运输车辆。其他代理不必处理好与运输车辆的交互，比如，一个车队管理系统的某一车辆本身配备了 RFID，或者放于中间件上的其他移动设备。

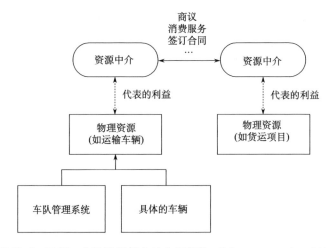

图 12.4　示例：在物流用例中的中间架构（Maturana et al.，1999）

由于其他代理，像示例中货运的调停者（见图 12.4），我们仅需要处理车辆这个中间者，去了解车辆是否直接参与，因此目前的车辆管理系统并不严谨。同时，作为交换子系统（例如，通过 RFID 和移动设备来装备车辆的车辆管理系统）并不会影响货运。只要资源中间代理支持同样的语言，拥有相应的本体论能力，那么在系统的顶层，一切可通过代理来实现。这个代理运用非常连贯且灵活的方式，用不同的组件来构建一个合适的系统。这些代理通过多智能代理系统理论，共享一个本体论，它必须承担资源中介应承担的责任，即维持应用底层系统和组件间的互操作性。这就意味着它必须从所依赖的资源中屏蔽其他系统，也就是实际的本体论资源（见图 12.5）。因此，这种完全以物联网为基础的系统，如一个物流项目，更确切地说是类似于货物代理商与车辆代理，在将来去慕尼黑运送货物时，并不需要相应的装载员工提前安排装运。公司的车辆管理系统能否提供专有的信息以及运输清单能否在车辆上随时更新，这些并不重要。类似的资源中介代理体现的正是这种单一系统如何工作的原理。

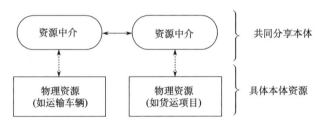

图 12.5 本体论在中间代理架构上的使用

12.3.5 顶层本体论的作用

在这一节的示例中，描述了中间架构如何避免不同的互操作性问题，从而保护系统。在以代理为基础的中间系统中，货运代理问题一般通过运输工具的代理服务来解决——运输系统。能否起到作用，便需要了解车辆运输的背景知识（比如，运输系统相关的知识）。域的概念知识我们已经知道，即在域本体和任务本体上的编码原则。这两个特有的域本体依赖一个共同的顶级本体。

通常情况下，这种顶层域不能从零开始。已经建立的上层域本体仍然可用，并且它可以根据应用的需求进行相应调整（Mascardi et al.，2007；Niles et al.，2001）。不过，重要的是上层本体的选择，其并非取决于应用程序域的适用性。如图12.3所示，两个来自顶层本体论的本体——域本体和任务本体，都提供了特定应用程序的概念，这样便可以使用内部的应用程序本体。这种完整性的能力将取代本体间的映射、转换机制和标准化的支持。

我们仔细研究了Cycorp在Cyc上的本体论这个例子，目的是收集日常生活中的常识（Matuszek et al.，2006）。Cyc本体论，这无疑是最完整的顶级域和任务本体，包含了超过300000个概念，超过3000000个事实以及规则，而且在不同的概念之间大约有15000个关系。这种方法是值得思考的，即仅使用本体的子集，用来减少处理的数据量。

12.4 EURIDICE 环境下的物联网

EURIDICE项目（EURIDICE，2009）的目的在于发展和推广智能物流，该项目被当做运输物流领域在信息通信技术（ICT）应用领域中的一种范式变化。

尽管RFID、高速移动网络和Web服务等关键技术是现实可行的，但是绝大部分的货物运输仍不支持沿线的信息服务，这会降低整个运输过程的效率，导致供应链参与者之间的沟通不畅，从而在环境影响、安全和保密等方面产生较高的社会成本。在EURIDICE项目的愿景中，无论何时，只要运输链有需求，智能物流都能够与物流服务供应商、产业用户和官方当局相联合，交换与运输有关的信息，并执行特定的服务。

在物流行业中，为了高效运作，物流服务供应商、消费者、经营者、主管部门和其他参与者之间的信息共享是必不可少的。EURIDICE 的目标是建立一个以个人货运项目及其与周围环境和用户的交互为中心的服务平台，该平台允许货运对象和设备自行执行基本的交互，如果有需要，还可以加入用户的信息系统。我们考虑一个活鱼运输的案例，用卡车将活鱼从供应商在非洲的养殖场运往附近的一个机场，在机场把这些鱼装在货盘上，然后乘飞机运往欧洲，飞机抵达后经过海关，然后通过火车运到配送中心，再从那里运送给早已订购这些鱼的个人客户。由于鱼是一种易腐货物，所以在这种情况下时间起着关键的作用，快速处理对于成功运作至关重要，尤其是在货物从一个经营者移交给下一个经营者的时候。

然而，参与这种供应链的不同公司通常使用专有的信息系统，这阻碍了所需信息的交换。这种情况给出了 EURIDICE 所面临的互操作性挑战的实例。

通过创建一个可以为交换运输相关信息提供所需服务的通用平台，EURIDICE 项目旨在促进各种供应链参与者之间的合作。EURIDICE 平台给货运项配备通信和计算能力，使之转化成智能货物，再把它放进流程中心。通过与周边环境、消费服务进行交互，以及提供与目前状况相关的服务，智能货物能够积极地参与到运输过程中来，并因此建立了物联网。

图 12.6 是海关授权的一个例子。该图展示了在供应链中，为了提供当前形势的相关信息，不同的利益相关者是如何密切地结合在一起，并提供相应服务的。

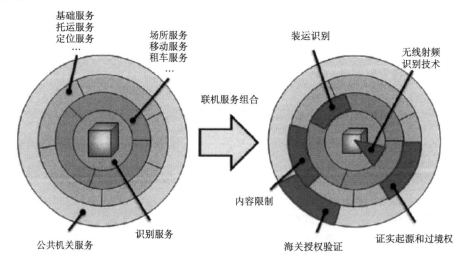

图 12.6　EURIDICE 货运中心的服务组合（EURIDICE，2009）

12.4.1 EURIDICE 的互操作性

EURIDICE 项目对互操作性和标准化数据模型有着特殊的要求。通过使用普通的数据模型和本体，跨业务领域合作的语义障碍得以降低。这是借助一个语义框架建立的，这个语义框架有两个主要目的。

（1）支持 EURIDICE 的核心服务和特定业务服务之间的可重用性、基于组件的设计和互操作性，其中包括终端用户应用程序和传统系统。

（2）定义一个模型，使其能够描述货物及相关应用领域的上下文[①]信息，以支持 EURIDICE 服务平台的情境感知。

如图 12.7 所示，EURIDICE 上下文模型（EURIDICE Context Model，ECM）是一个数据和知识结构，其允许从不同的领域访问与货物有关的信息和服务，以

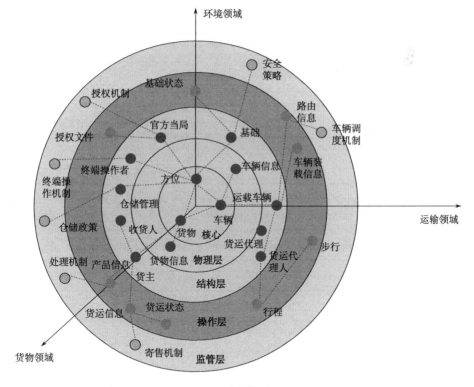

图 12.7 EURIDICE 上下文模型（EURIDICE，2009）

---

① 译者注：上下文（context/contextual）是一种属性的有序序列，为驻留在环境内的对象定义环境。上下文一般在对象的激活过程中被创建，而对象往往要求获得同步、事务、实时激活、安全性等自动服务。多个对象可以存留在一个上下文内。

及访问参与智能物流应用的参与者。ECM 的结构与定义是围绕着一个核心结构而组织的，该核心结构可以识别实体货物、车辆和位置。在物理内核的周围，模型信息由不同的层次组织而成，它将数据添加到不同的层次以丰富上下文定义，如下面的章节中所述。

（1）物理层（内核）表示了货物项物理环境的特点，即使用该领域内的现有技术（如标签、读写器、传感器、通信设备等）可以侦测到货物项。

（2）结构层表示了与货物运输、处理和管理活动所涉及的组织相关的货物环境特点。

（3）操作层表示了与货物、运载工具和基础设施状态，正执行的以及已计划的操作相关的货物环境特点（例如，货物温度、拥堵情况等）。

（4）监管层表示了与由不同公共和私人利益相关者制定的规则、公约和政策相关的货物环境特点。

虽然上面提到的层次是三个不同领域：货物领域、运输领域和环境领域，但它们之间是相互联系的。

由于 EURIDICE 上下文模型具有开放性、对 Cyc① 本体的兼容性、有关 IT 系统的前景和数据透视的互操作性等特点，它被表示在 Cyc 知识库内部。此外，Cyc 本体作为一个顶层本体，建立在 EURIDICE 上下文模型基础之上。由于 Cyc 包含了广泛的常识知识库，它允许对实时数据进行整合和推理，并且提供即时的错误检测。

Cyc 中域知识正规化方法采用了 Cyc 微观理论、个体、集合和谓词的概念。微观理论是用来表示主题的子集或本体的背景。Cyc 集合是各种各样的类，这些类的实例具有共同的属性。以下的方法论用来将 EURIDICE 上下文模型融入到 Cyc 知识库中。

1）域信息识别

该领域专家确定恰当的 EURIDICE 相关领域的关键词。在这个模块中，域的相关信息是确定的，如 EURIDICE 上下文模型中的实体名称和描述。而且，很多运输以及货运相关的业务文件都被用来分析和综合，例如提货单、托运单、海关文件等。

2）域子集提取

从多领域本体中提取相关域本体的子集是以特定的域信息为基础的，这一过程发生在域子集的提取模块中。一开始，高层域提取者使用关键字来限制多域本体的利益特定域。随后，域知识提取者使用有关 EURIDICE 上下文模型实体的

---

① 译者注：Cyc 是一个试图对日常生活常识建立综合的本体论和数据库的人工智能工程，其目标是使人工智能具有和人类似的推理能力。

信息，获得与 EURIDICE 有关的 Cyc 知识库子集。

3）域相关信息的预处理

在关系识别模块中，域信息模块中的信息和提取出的与 EURIDICE 相关的 Cyc 知识库的子集在语言方面都已被预处理。预处理阶段包括词法分析、停止词删除和阻止。

4）关系识别

Cyc 的有关概念和可能的新关系组成了一个排名列表。在关系识别期间，EURIDICE 上下文模型获得实体和描述以及 Cyc 知识库的相关子集，并且为每个 EURIDICE 上下文模型中的实体创建一个类似概念的排名列表。

EURIDICE 上下文模型用来捕获运输领域的知识。这方面的知识是基于一个广泛的标准化和特定域知识之上的。EURIDICE 架构在 EURIDICE 上下文模型的内部为信息搜集提供了两个主要的接口，如图 12.8 所示。

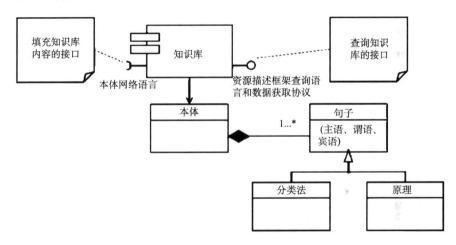

图 12.8　EURIDICE 知识库概念模型

选择本体网络语言是因为它允许通过明确和充分的语义表达，来对概念定义和关系进行修改和重复使用。基于本体论的模型为对象、类和关系的解释提供了逻辑特性，该模型允许语义上的一致性推论，也保证在服务平台和应用之间关联信息的共享和可重用表示。

SPARQL[①] 是一种资源描述框架（Resource Description Framework，RDF）查询语言。RDF 是网络上的数据交换的标准模型。RDF 将网络上的链接结构扩

———————————

① 译者注：SPARQL（Simple Protocol and RDF Query Language）是为 RDF 开发的一种查询语言和数据获取协议，它是为 W3C 开发的 RDF 数据模型而定义的，但是可以用于任何可用 RDF 来表示的信息资源。

展为使用统一资源标识符（URI）来命名事物之间的关系以及链路的两个端点（这通常被称为"三联组"）。使用这个简单的模型允许在不同的应用中混合、揭示和共享结构化和半结构化的数据。

一条语句是一个三元组，包括主语、谓语和宾语。主语确定信息的种类，谓语用于指定主语和宾语的关系，其中宾语表示一个值或者与其相连接的概念。分类是一个分层的概念体系，公理是概念之间的规则、原理或承诺。

EURIDICE平台的外部用户所面临的挑战是转换他们所需要的信息，将其以OWL格式提供给该平台，反之亦然，把OWL格式的数据转换到他们所选择的数据格式（例如，常用的运输管理系统的数据格式）。如同在第12.3节所述的一样，形式化本体与开放和标准化技术的使用将大力支持该会话过程。

12.4.2 EURIDICE 架构

EURIDCE项目并不是要建立一个供所有参与者所使用的新供应链管理工具，去取代现有的系统，而是鼓励参与者在一个公用的、值得信赖的、开放的平台上分享相关的信息和服务。这个平台本身是建立在开放标准之上的，如SOA、Web服务、智能物理代理基金会（The Foundation for Intelligent Physical Agents，FIPA）的标准、业务流程执行语言（Business Process Execution Language，BPEL）和本体。

它为对接物流和运输相关的信息提供服务，适合于参与运输链的各种利益相关者，而且通过定制能够表示供应链具体需求的服务，可以使供应商延长可用的服务，并且开发出能与传统系统进行交互的应用程序。这些EURIDICE和特定应用服务都基于协调层，该层使供应链沿线组织间的业务流程的定义成为可能。

综上所述，智能物流项目是EURIDICE平台不可或缺的组成部分，而且它还配有计算和推理能力。人们采用多智能代理系统（MAS），来对这些最终都将参与EURIDICE应用的大量货运项目进行有效管理。由于货运服务不仅对于其他商业服务和后端的应用是有利益的，而且对于设备和从事实际货物交互的全体人员来说也是有利益的，所以，每个智能物流项目由EURIDICE架构中的一对代理商来表示。这对代理商将EURIDICE平台分裂成两个子平台。一个是固定平台，它是由其服务的后端所组成；另一个是具备设备和服务的移动平台，它在该领域中伴随着货物。表示一个智能物流项目的相应代理商包括以下两类。

（1）辅助货运代理（Assisting Cargo Agent，ACA）。ACA是信息世界中货运的表示。它通过标准的Web服务接口为其他的后端服务和应用程序提供服务。它也可作为单一的访问点与该领域的实际货运项进行互动，并且当它需要执行后台服务时，它也能够影响自身的利益。因此，在概念上，它是 EURIDICE 固定平台的货运项本身。

（2）营运货运代理（Operational Cargo Agent，OCA）。通过与其周边环境进行连接和交互，以及观测的货物条件，比如温度限制，OCA 支持现实世界中的货运项。它能检测货物的局部环境，并调用或提供适当的局部服务，例如报关文件。通过与相应的 ACA 进行连接，它也可以调用后台的全局服务，例如获取交通信息。

总之，这些代理商建立了全面的 EURIDICE 基础设施的智能物流网络，如图 12.9 所示，它们被两个架构平台上的其他组件所包围。

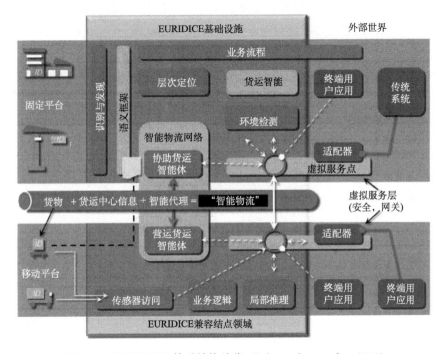

图 12.9 EURIDICE 体系结构总览（Schumacher et al.，2009）

在固定平台上，也有一些组件为多个项目提供服务。识别和发现组件提供的服务，能够唯一标识一个物品，并找到基于该标识符的相应 ACA。当一个物品的信息可以明确转移到同一层次的其他物品时，分层定位可以减少通信行为。例如，同一个卡车里运送的所有货运物品的位置几乎是相同的。

语义框架包含了第 12.4.1 节所述的 EURIDICE 上下文模型和知识本体。这个模型用来作为环境检测和货运智能组件的基础。环境检测向其他服务提供额外的关于货运物品的环境信息，其是基于 OCA 报告的传感器测量，而且其业务流程状态处在整个流程之内。货运智能组件提供了全局推理能力，如业务流程中的趋势和异常检测。

移动平台的组件在运输过程中支持单一的货运物品。传感器访问组件，使其能够搜索和访问局部周围的传感器。根据测量，局部推理和业务逻辑组件创建一个局部环境，并鉴定货运任务的违规行为，如时间延误或超过温度限制。

这两个平台都包含一个虚拟服务点，它作为 EURIDICE 组件的一个网关，能够实现自定义的应用程序和服务。

12.4.3　集成

受益于 EURIDICE 基础设施提供的服务，人们可以在其基础上开发新的应用，并且更重要的是，现有的传统系统，如企业资源计划（Enterprise Resource Planning，ERP）系统，必须进行整合才能实现整个供应链的企业之间交互操作。电子产品代码信息服务（Electronic Product Code Information Services，EPCIS)[①] 是一个完善的服务，广泛用于跨企业的数据共享（EPCglobal，2009）的 EPCglobal 标准。它由采集、查询和订阅与业务对象相关的事件服务组成。EURIDICE 基础设施是基于此标准建立的，并将这个标准扩展到适用于内在的所有项目的处理。已经使用 EPCIS 服务的企业可以直接访问，并与智能物流项目进行交互操作，否则适配器将 EURIDICE 上下文模型中的数据转换成一个系统特定的表示，该表示可附加在虚拟服务点（Virtual Service Point，VSP）中。

EURIDICE 架构的调用组件可以建立在这些服务和其他 EURIDICE 的服务之上，并建立和执行跨组织的业务流程，如图 12.10 所示。

对于给定的货运物品，由于该架构高度地分散在各个参与企业之中，正规服务供应商的识别是成功经营这些业务流程的关键。ACA 表示的货运物品是首要的信息来源和与该物品的直接耦合，还可以通过发现服务组件发现它。它可以提供额外的信息来源，如 EPCIS 服务所负责的特定物品。

12.4.4　部署

EURIDICE 架构高度地分散在各个参与企业之中，其目的并不是作为一个中央平台，而是利用各个企业现有的系统使它们之间彼此互通。

服务提供商的基础设施对于固定平台是必需的。这将由支持对象识别和定位的欧洲服务（Object Recognition and Positioning Hosted European Service，OR-

---

① 译者注：EPCIS 是一个 EPCglobal 网络服务，通过该服务，能够使业务合作伙伴通过网络交换 EPC 相关数据。具体内容参见 "EPC Information Services（EPCIS）Version 1. 0. 1 Specification"。

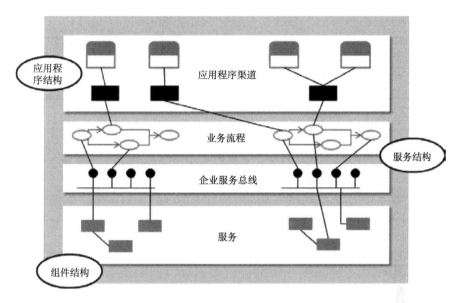

图 12.10 结合 EURIDICE 服务的业务流程（Schumacher et al.，2009）

PHEUS）提供，可以使 EURIDICE 用户访问服务（Euridice，2009）。

移动平台更加精致，因为其需要无数的设备来支持该领域中的货运物品。此外，在用例和运营商之间所使用的设备类型是变化多样的，从固定在卡车上的车载单元到智能手机，再到有源 RFID 标签。因此，移动平台必须具有灵活性。这种灵活性是通过表示单一货运物品的 ACA-OCA 实现的，其中责任可能在任何一方，或分散在它们之间，如图 12.11 所示。

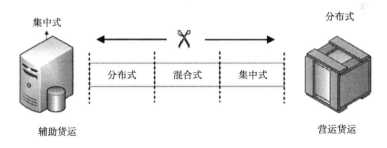

图 12.11 ACA 和 OCA 之间的职责分布

列举一个例子，如果在海关扫描一个盒子，在分布式的情况下（如智能手机）货运物品可能来自局部环境，其中的文件是与当前用户相关的，并直接把该物品传送到用户的设备中。在集中式的情况下（如 RFID 标签），用户的设备将会通过与货运 ACA 代理的联系寻求相同的信息。

12.4.5 项目评估

使用几个试点案例来对 EURIDICE 内部的项目成果进行评估。这些试点案例是由某一运输领域一组具有代表性的用例组成。八个业务案例是由各种类型不同的欧洲公司提供的，主要包括货主代表、生产商或分销商、基础设施管理、物流运营商、主管部门和货主。

人们选定这些方案来测试 EURIDICE 基础设施和真实案例中的技术，这样做的目的在于证实智能物流的技术及其优势。其涵盖各种各样的运输方式：公路运输、铁路运输、海上运输、航空运输、多模式组合。

每个方案涉及精确的业务环境和需要解决的问题。其目的不是包括通用运输过程中的所有可能的活动，而是要反映不同的相关情况，在这些情况下智能物流可以用来落实不同利益相关者的利益。物流过程中当前典型的问题包括：信息丢失（如到达/出发时间）或信息质量低、资源的无效利用、信息发布的延迟等。

这些指标是通过定性以及定量的测量得到的。该项目寄希望于利用物联网技术较好地提升这些指标。EURIDICE 的评估阶段定于 2010 年下半年开始。评估阶段的结果将在 EURIDICE 项目末期对外公布。

12.4.6 EURIDICE 和物联网

EURIDICE 项目所提供的功能和服务是物流业建立物联网的第一步。在信息世界中，货运物品可以被无缝地整合在服务网络中，从而货运物品可以被纳入高层的业务流程中。因此，在运输过程中发生的事情可以触发业务流程，如货物运输中对延迟的检测可能会重新安排随后的运输行程。通过这种实时的异常报告，在后台系统中，运输过程中的实际执行和相同过程的虚拟表示之间的障碍就会消失。

在移动的世界里，货运物品能够发现并与其他设备互连，以共享信息和服务。因此，具有某些功能的设备（如感应温度）可以为其周围的其他设备提供此信息，就像其他货运物品在同一个卡车内运输一样。此外，货运物品能够基于当前的环境，向与物品交互的人工操作者展现相关的信息。所以，货运物品可以自动检测哪种文件是当前用户感兴趣的，并且呈现报关文件、运输计划表或者发票。

EURIDICE 平台还支持三种互操作性前景的实现，这些前景需要建立一个物联网。通过对所有交换信息的建模——业务文件提交给人工操作者，任务文件定义了货运代理商的行为以及设备之间的信息交换——人们开始采用一个具有清晰语法和语义的正归化模型。对于数据透视中的交互操作，这是一个关键的要求。而且，在 FIPA 标准中定义的代理商之间的通信是基于知识本体的（FIPA，2006）。

通过使用 SOA 标准，未来的 IT 系统能够支持各种服务彼此之间的连接。在更高的业务层，在 EURIDICE 定义的服务的支持下，利用特定的客户应用，可以使用 BPEL 构建商业业务流程。这一层也可以用来克服组织层面互操作性方面的问题。

12.5 业 务 影 响

上述的技术和概念都是实现物联网和服务愿景的基础技术。物流和供应链管理是这个愿景的重要组成部分。单一货物流经一个具有虚拟表示的互连和互操作的信息系统，使用了系统中目的各异的服务（主要是运输服务），这使得现实的自动运输成为可能。因此，这个虚拟表示需要一些智能操作，在物流业中这通常被称为货物智能（也称智能物流），其已经由所提到的技术和概念实现，并展现在物流 EURIDICE 平台的背景下。部分物联网和服务的有效实现不仅推动业务运作中的技术进步，而且从管理的角度，他们也对当前和未来的业务运作造成巨大的影响。这些业务运作包括：商业模式、商机、经营理念、物流和供应链管理、供应链网络、货运交换平台、拍卖模式、规章制度、可持续性。

货运智能将会改变现有的物流运作方式。货运智能从面向过程的观点向真正面向对象的观点迈出了重要的一步。如今，物流服务商主要考虑他们的操作流程，如卡车、飞机、集线器、终端等——他们的工作重点显然是面向过程的。很明显，面向对象的观点是不同于这种观点的。现在，重点针对的是个人的货物物品，这就意味着基本的流程被视为由货运物品所提供的服务。

通过将每一个货运物品表示为一个智能体的方式，这种愿景可以实现。因此，当虚拟表示的实体物品能够识别和使用这些服务时，这些服务也就被描述为物流系统架构的一部分（如 EURIDICE）。智能是通过例如移动设备上的代理来体现的，这种设备可以连接到互联网。

货运智能在物流领域的发展将对基本的业务流程产生深远的影响。如同在其他领域一样，这意味着服务提供商的混乱状况以及运输链集成商扮演的新角色。虽然主要规划仍有必要，它是为了实现货运物品的"任务说明"，但是根据在真实的航运业务期间货运物品的实时环境和情况，人们使用的服务可能会有显著的不同。因此，长期运输合同就必须适应这种新形势。然而，尽管这一进程由面向对象的观点所取代，但这是提升运输车辆利用率的好机会，因为现在的运输车辆空间，可以很容易识别并分配一个通用的开放式、标准化和可互操作的平台，就像在本章详细讨论的 EURIDICE 平台一样。合理的利用将会降低运输成本，同时使得运输过程更加环保。目前，还缺失相关服务和货物运输的透明度。物流供应商在保持他们的托运货物的隐蔽性，如果竞争对手为这个客户提供服务（即使只是暂时的），那么担心失去客户的心情是可以理解的。但是，这里产生了一种根本的改变，如对物流市场的思考。

在过去十年中，欧洲国家已经部署了一个独特的通信基础设施，这使得在整个欧洲沟通无处不在。随着"伽利略"即将到来，本质上定位都会提高精度，它为新的物流服务和观点铺平了道路。

最近在物流链中获得的实时透明度需要新的物流流程，例如运输供应商需要进行信息的交换，因为这种需要为了实现之前确定的物流目标。只要三分之一的卡车空驶在欧洲的街道，这显然是一个很好的省钱机会，但也许更重要的是，这是一个有助于减少碳化的好机会。因此，它支持经济和环境可持续发展。

然而，人们采取一种集中的方法来解决这些问题，并且毫无疑问还必须采取政治行动，以便可持续控制欧洲的运输。

解决这个问题的方法之一是通过调节欧洲的货物流动。正如几年前在法国，如果货运交流平台采取了正确的管理，那么它们的运营可能会成功。从这样的体系中获得的透明度，可以很明显地减少运输业务的碳排放。如果物流服务的供应商被迫在一个专用的货运交流平台上发布他们三分之一的货运，而且自由竞价也能参与其中，那么投标人可以更好地利用其现有的运输业务的协同作用。这些协同作用可用于所有运输模式，并不仅限于公路运输。相关物流操作的信息具有不可比拟的准确性，它可以为在运输或物流业务所涉及的不同利益相关者量身定做，这导致在本部门的服务提供方面需要更多的信任。在物流和供应链（供应网络）操作中的这种透明度和公开性，使物流业成为物联网和服务愿景的一部分。

12.6 展　　望

从长远的观点来看，智能代理所能提供的这些信息和服务，很显然也可以用于其他领域。随着虚拟世界的"繁荣"，对于此类信息和服务的应用需求也是无止境的。并且，对代表现实产品的虚拟产品和服务的需求还要更大。我们人类能够独立做出明智的决策，其实，明智的决策对产品来说更重要，因为它们需要这些"智慧"的支撑来实现各种不同的目的。

基于虚拟产品的观点，一个基于多种特定产品的服务平台是可以实现的。以产品为中心的方式去维护、升级其他服务，可以使得 ERP 和客户关系管理（Customer Relationship Management，CRM）系统行业再次焕发生机。虚拟产品这一概念建立了一个新的客户渠道，这个渠道不仅对产品生产者和相关服务提供者有价值，对顾客也很有价值。近年来，软件行业通过使用这些类型的智能产品已经取得了巨大的成功。但是，在这里产品自身是虚拟的，这代表着这种情况下要提供智能功能，在产品和服务的理解方式方面，不需要实质性的重新构思。在将来几年中最大的挑战是，将这些经验转化到真正的产品世界中和真正的"无虚拟"的流程中。

12.7 结　论

虽然从提出物联网服务的愿景到现在已经有好几年了，但对其实际建设仍然欠缺。它为企业和消费者提供了潜在的增值服务。提出这个愿景后，技术上也有了一些进步，但是和所有的提出愿景到实现愿景的过程一样，为了提供达到目标的基础，我们必须做一些发展和研究。物联网当然是可以实现的，但是只有在基于已有的信息通信技术的基础设施上，同时具有标准且开放的交互性平台，物联网才可能实现。实现虚拟业务流程的工具已经出现了，下一步是与现实世界中对象的相互关联的业务流程的实现。因此，必须要提供使这些对象存在于一个虚拟世界中的解决方案。技术基础以及智能代理和相关技术的概念一样，已经存在了。但是为了广泛地推广物联网，需要提供其在相互关联的虚拟和现实世界中，易于实施和易于企业参与的开放的标准的基础平台。EURIDICE 试图消除虚拟和现实在物流方面上的差距。它为三个方面即商业、IT 系统和数据提供了一个共同的语言，采用多智能代理系统的概念，并通过使用 SOA，允许未来的系统兼容现有系统。

这种系统支持从传统的集中规划决策系统到分布式、智能化、合作制系统的转变，把单个对象和它们与环境的交互作用纳入流程。未来，可以预言随着必要的技术变得成熟，物联网服务将会成为现实。这已经不仅仅是一个梦想，而是一个在不久的将来就能实现的目标。

参 考 文 献

Cardoso J，Sheth A（2005）Semantic Web Services and Web Process Composition．First International Workshop-SWSWPC 2004-Revised Selected Papers．Springer，Berlin，Heidelberg

Clark T，Jones R（1999）Organisational interoperability maturity model for C2．Proceedings of the 1999 Command and Control Research and Technology Symposium．Newport，USA

Durfee EH，Lesser VR（1989）Negotiating task decomposition and allocation using partial global planning．In：Huhns M，Gasser L（eds）Distributed Artificial Intelligence Vol 2．Morgan Kaufmann Publishers Inc，San Francisco

Ehrig M（2006）Ontology Alignment：Bridging the Semantic Web Gap．Springer Verlag，Berlin

EPCglobal（2009），The EPCglobal Architecture Framework．http://www.epcglobalinc.org/standards/architecture/architecture _ 1 _ 3-framework-20090319. pdf. Accessed 30 June 2010

Euridice (2009) EURIDICE Whitepaper. http://www. euridice-project. eu. Accessed 30 June 2010

European Comission, DG INFSO (2009) Intelligent Cargo Systems study. http://ec. europa. eu/information_ society/activities/esafety/doc/2009/intelligent_cargo_study_final. pdf. Accessed 30 June 2010

Fensel D, Bussler C (2002) The web service modeling framework WSMF. Electron Commer Res Appl 1: 113-137

FIPA (2006) Foundation for Intelligent Physical Agents. FIPA Abstract Architecture Specification. http://www. fipa. org/repository/architecturespecs. php3. Accessed 30 June 2010

Glover B, Bhatt H (2006) RFID Essentials-Theory in Practice. O' Reilly Media, USA

Goh C, Madnick S, Siegel M (1994) Context interchange: overcoming the challenges of largescale interoperable database systems in a dynamic environment. Proceedings of the third international conference on Information and knowledge management. ACM Press, New York

Gruber TR (1995) Toward Principles for the Design of Ontologies Used for Knowledge Sharing. Int J Hum Comp Stud 43: 907-928

Guarino N (1997) Semantic Matching: Formal Ontological Distinctions for Information Organization, Extraction, and Integration. In: Pazienza MT (ed) Information Extraction: A Multidisciplinary Approach to an Emerging Information Technology. Springer, Heidelberg

Hendler J, Heflin J (2000) Semantic Interoperability on the Web, Proceedings of the Extreme Markup Languages 2000, Graphic Communications Assoc. , Montreal, Canada

Isbell D, Hardin M, Underwood J (1999) Mars Climate Orbiter Team Finds Likely Cause of Loss. http://www. spaceref. com/news/viewpr. html?pid=2937. Accessed 30 June 2010

Li H, Du X, Tian X (2007) Towards semantic web services discovery with QoS support using specific ontologies. Proceedings of the Third International Conference on Semantics, Knowledge and Grid (SKG 2007). IEEE Digital Library, Xi' an, China

Mascardi V, Cordì V, Rosso P (2007) A comparison of upper ontologies. Proceedings of the WOA07. Genoa, Italy

Maturana F, Shen W, Norrie DH (1999) MetaMorph: An Adaptive Agent-Based Architecture for Intelligent Manufacturing. Int J of Prod Res 37: 2159-2173. doi: 10. 1080/002075499190699

Matuszek C, Cabral J, Witbrock M, DeOliveira J (2006) An Introduction to the Syntax and Content of Cyc. Proceedings of the 2006 AAAI Spring Symposium on Formalizing and Compiling Background Knowledge and Its Applications to Knowledge Representation and Question Answering. Stanford

Musen MA (1998) Domain ontologies in software engineering: use of protege with the EON architecture. Methods Inf Med 37: 540-550

Niles I, Pease A (2001) Towards a standard upper ontology. Proceedings of the international conference on Formal Ontology in Information Systems Vol 2001. ACM Press

Obrst, L (2003) Ontologies for semantically interoperable systems. Information and knowledge management, ACM, New York

Omelayenko B, Crubzy M, Fensel D, Benjamins R, Wielinga B, Motta E, Musen M, Ding Y (2003) UPML: The Language and Tool Support for Making the Semantic Web Alive, chapter Ontologies and Knowledge Bases. Towards a Terminological Clarification. The MIT Press, Cambridge

Paolucci M, Sycara K (2003) Autonomous semantic web services. IEEE Internet Comp 7: 34-41

Papazoglou MP，Tari Z，Spaccapietra S（2000）Advances in Object-Oriented Data Modeling. MIT Press，Cambridge

Preis C（2007）Semantic Web Services：Concepts，Technologies，and Applications，chapter Goals and Vision. Springer，Berlin

Renner SA，Rosenthalm AS，Scarano JG（1995）Data Interoperability：Standardization or Mediation. Proceedings of the IEEE Metadata Workshop. Silver Spring，USA

Roman D，de Bruin J，Mocan A，Toma I，Lausen H，Kopecky J，Bussler C，Fensel D，Domingue J，Galizia S，Cabral L（2006）Semantic Web Technologies-trends and research in ontology-based systems. John Wiley & Sons Ltd. ，Chichester

Schumacher J，Rieder M，Gschweidl M（2009）EURIDICE-An enabler for intelligent cargo. The 2nd International Multi-Conference on Engineering and Technological Innovation（IMETI）. Florida，USA

Stohr EA，Zhao JL（2001）Workflow automation：Overview and research issues. Inf Syst Front 3：281-296. doi：10. 1023/A：1011457324641

Updegrove A（2005）The future of the web：An interview with Tim Berners-Lee. http：//www. consortiuminfo. org/bulletins/jun05. php. Accessed 30 June 2010

W3C（2004）OWL-S：Semantic Markup for Web Services. http：//www. w3. org/Submission/OWL-S/. Accessed 30 June 2010

Warren P，Studer R，Davies J（2006）Semantic Web Technologies-trends and research in ontology-based systems. John Wiley & Sons Ltd. Chichester

Winters LS，Gorman MM，Tolk A（2006）Next Generation Data Interoperability：It's all About the Metadata. Proceedings of Fall Simulation Interoperability Workshop. Orlando，USA

Wooldridge M，Jennings NR（1995）Intelligent agents：Theory and practice. Knowl Eng Rev 10：115-152

缩 写 词

4PL	Fourth Party Logistics	第四方物流
6LoWPAN	IPv6 Low Power Wireless Personal Area Networks	IPv6 的低功耗无线个人区域网络
ACA	Assisting Cargo Agent	辅助货运代理
ACEA	European Automobile Manufacturers Association	欧洲汽车制造商协会
ACID	Atomicity，Consistency，Isolation，Durability	原子性，一致性，隔离性，永久性
AJAX	Asynchronous JavaScript and XML	异步 JavaScript 和 XML
ALE	Application Level Events	应用级别事件
API	Application Programming Interface	应用程序接口
AR	Augmented Reality	增强现实
ASAM	Association for Standardisation of Automation and Measurement Systems	自动化及测量系统标准化协会
B2B	Business-to-Business	企业对企业
B2C	Business-to-Consumer	企业对消费者
BIBA	Bremer Institut für Produktion und Logistik GmbH	布雷默研究所毛皮生产与物流股份有限公司
BMS	Building Management Systems	房屋管理系统
BOL	Beginning of Life	生命周期开始
BPEL	Business Process Execution Language	业务流程执行语言
BPMN	Business Process Modelling Notation	业务流程建模符号
CAN	Controller Area Network	控制器区域网络
CBS	Cost Benefit Sharing	成本效益共享
CERP	Cluster of European Research Projects on the Internet of Things	欧洲物联网研究项目组
CH	Cluster Head	簇头
COBRA	Common Object Request Broker Architecture	公用对象请求代管者体系结构
CO-LLABS	Community-Based Living Labs	以社区为基础的生活实验室

COM	Component Object Model	组件对象模式
CPG	Consumer Packaged Goods	消费者包装商品
CPU	Central Processing Unit	中央处理器
CRC	Collaborative Research Centre	协作研究中心
CRM	Customer Relationship Management	客户关系管理
DCOM	Distributed Component Object Model	分布式组件对象模型
DFG	German Research Foundation	德国研究基金会
DiY	Do-it-Yourself	
DiYSE	DiY Smart Experiences	DiY 智能体验
DLNA	Digital Living Network Alliance	数字生活网络联盟
DNS	Domain Name Service	域名服务
DoD	Department of Defense	国防部
DOGMA	Developing Ontology Grounded Methods and Applications framework	建立基于本体的方法和应用框架
DOGMA-MESS	DOGMA Meaning Evolution Support System	DOGMA 含义演变支持系统
DPWS	Device Profile for Web Services	Web 服务的设备简介
DSRC	Dedicated Short Range Communications	专用短程通信
EAN	Electronic Article Number	电子商品号
EANCOM	EAN Communication	EAN 通信
EASE	Ecological Approach to Smart Environments	智能环境的生态学方法
ebXML	Electronic Business Extensible Markup Language	电子商务可扩展标记语言
ECM	Enterprise Content Management	企业内容管理
ECR	Efficient Consumer Response	有效消费者反应
EDI	Electronic Data Interchange	电子数据交换
EDIFACT	Electronic Data Interchange For Administration, Commerce and Transport	行政、商业和运输用电子数据交换
EEML	Extended Environments Markup Language	扩展环境标记语言
ENoLL	European Network of Living Labs	欧洲网络生活实验室
EOL	End of Life	生命周期终期

EPC	Electronic Product Code	电子产品编码
EPCIS	Electronic Product Code Information Service	电子产品代码信息服务
ERP	Enterprise Resource Planning	企业资源规划
ESSI	European Semantic Systems Initiative	欧洲语义系统计划
ETSI	European Telecommunications Standards Institute	欧洲电信标准协会
EURIDICE	European Inter-Disciplinary Research on Intelligent Cargo for Efficient, safe and environment-friendly logistics	欧洲关于高效、安全和环境友好型智能货物物流的跨学科研究
FIFO	First In, First Out	先进先出
FIPA	Foundation for Intelligent Physical Agents	智能物理代理基金会
FOSSTRAK	Free and Open Source Software for Track and Trace	自由和开放源码软件追查
FSF	Free Software Foundation	自由软件基金会
GEF	Graphical Editing Framework	图形编辑框架
GNSS	Global Navigation Satellite System	全球导航卫星系统
GPRS	General Packet Radio Service	通用分组无线业务
GPS	Global Positioning System	全球定位系统
GRAI	Global Returnable Asset Identifier	全球可回收资产标识
GSM	Global System for Mobile Communications	全球移动通信系统
GUI	Graphical User Interface	图形用户界面
HAL	Hardware Abstraction Layer	硬件抽象层
HF	High Frequency	高频
HTML	HyperText Markup Language	超文本标记语言
HTTP	HyperText Transfer Protocol	超文本传输协议
I/O	Input/Output	输入/输出
IC	Integrated Circuit	集成电路
ICT	Information and Communication Technology	信息通信技术
ID	Identifier	标识
IDE	Integrated Development Environment	集成开发环境
IERC	Internet of Things Research Cluster	物联网研究联盟

IETF	Internet Engineering Task Force	互联网工程任务组
IFC	Industry Foundation Classes	行业基础分类
IFTF	Institute for the Future	未来研究所
IMSAS	Institute for Microsensors，-actuators and-systems	微型传感器-微型执行器-微型系统研究所
IOT	Internet of Things	物联网
IoT IS	Internet of Things Information Service	物联网信息服务
IP	Internet Protocol	互联网协议
IPv6	Internet Protocol version 6	
IRTF	Internet Research Task Force	互联网研究任务组
ISO	International Organization for Standardization	国际标准化组织
IT	Information Technology	信息技术
ITEA2	Information Technology for European Advancement，period 2	欧洲发展信息技术项目（第 2 期）
ITS	Intelligent Transport Systems	智能运输系统
ITU-T	International Telecommunication Union-Telecommunication Standardisation Sector	国际电信联盟-电信标准化部门
IWT	Agency for Innovation by Science and Technology （Belgium）	科技创新代理机构（比利时）
J2SE	Java 2 Platform，Standard Edition	标准版 Java2 平台
JADE	JavaAgentDEvelopment framework	JavaAgentDEvelopment 框架
JSON	JavaScript Object Notation	JavaScript 对象表示法
KB	Knowledge Base	知识库
LCD	Liquid Crystal Display	液晶显示器
LED	Light-Emitting Diode	发光二极管
LOD	Linked Open Data	链接开放数据
LTE	Long Term Evolution	长期演进
M2M	Machine-to-Machine	
MAC	Medium Access Control	介质访问控制
MANET	Mobile Ad-hoc NETworks	移动 Ad-hoc 网络
MAS	Multi-Agent Systems	多代理系统

MIDI	Musical Instrument Digital Interface	乐器数字接口
MIT	Massachusetts Institute of Technology	麻省理工学院
MOL	Middle of Life	生命周期中期
NFC	Near Field Communication	近场通信
NIP	Non-Internet Protocol	非因特网协议
NJMF	Norwegian Iron and Metal Workers Union	挪威铁金属工人联盟
OBU	On-Board Unit	板单元
OCA	Operational Cargo Agent	营运货运代理
ONS	Object Name Service	对象名称解析服务
OOS	Out of Stock	脱销
ORiN	Open Robot Resource Interface for the Network	网络开放式机器人资源接口
ORPHEUS	Object Recognition and Positioning Hosted European Service	托管欧洲服务的对象识别和定位
OS	Open Source	开源
OS	Operating System	操作系统
OSGi	Open Service Gateway initiative	开放服务网关协议
OWL	Web Ontology Language	Web 本体语言
OWL-S	Web Ontology Language for Web Services	Web 服务的 Web 本体语言
P2P	Peer-to-Peer	
PaaS	Product as a Service	产品即服务
PbH	Power by the Hour	按时计算电力
PBL	Performance-based Logistics	基于性能的物流
PD	Participatory Design	参与式设计
PDT	Personal Data Terminals	个人数据终端
PEID	Product Embedded Information Device	产品嵌入式信息设备
PLCS	Product Life Cycle Support	产品生命周期支持
PLM	Product Lifecycle Management	产品生命周期管理
PMI	PROMISE Messaging Interface	PROMISE 消息界面
PuSH	PubSubHubbub	一种协议

QoS	Quality of Service	服务质量
R&D	Research and Development	研发
RDF	Resource Description Framework	资源描述框架
RDFa	Resource Description Framework in attributes	资源属性描述框架
REST	Representational State Transfer	表示性状态转移
RFC	Remote Function Call	远程函数调用
RFD	Reduced Functionality Devices	简化功能装置
RFID	Radio Frequency Identification	射频识别
ROI	Return on Investment	投资回报
ROLL	Routing Over Low power and Lossy networks	低功耗路由算法
RTI	Returnable Transport Items	可回收运输件
RTP	Real Time Protocol	实时协议
RTSP	Real Time Streaming Protocol	实时流协议
SAC	Social Access Controller	社交接入控制器
SCM	Supply Chain Management	供应链管理
SDO	Sensor Data Ontology	传感器数据本体
SGTIN	Serialized Global Trade Identification Number	全球贸易识别序列号
SHO	Sensor Hierarchy Ontology	传感层本体
SHOE	Simple HTML Ontology Extension	简单 HTML 本体扩展
SMD	Service Mapping Description	服务映射描述
SME	Small and Medium-sized Enterprises	中小型企业
SOA	Service Oriented Architecture	面向服务架构
SOAP	Simple Object Access Protocol	简单对象访问协议
SOC	Service-Oriented Computing	面向服务计算
SPARQL	SPARQL Protocol and RDF Query Language	SPARQL 协议和 RDF 查询语言
SPI	Serial Peripheral Interface	串行外设接口
SQL	Structured Query Language	结构化查询语言
SSCC	Serial Shipping Container Code	系列货运包装箱代码
SUMO	Suggested Upper Merged Ontology	推荐高层合并本体

SWS	Semantic Web Services	语义 Web 服务
SWSF	Semantic Web Services Framework	语义 Web 服务框架
TCP	Transmission Control Protocol	传输控制协议
TDS	Tag Data Standard	标签数据标准
TDT	Tag Data Translation	标签数据转换
UCD	User-centered Design	以用户为中心的设计
UCSD	University of California San Diego	加利福尼亚大学圣迭戈分校
UDDI	Universal Description, Discovery and Integration	通用描述、发现和集成服务
UHF	Ultra High Frequency	超高频
UI	User Interface	用户接口
UML	Unified Modelling Language	统一建模语言
UMTS	Universal Mobile Telecommunications System	通用移动通信系统
UPnP	Universal Plug-and-Play	通用即插即用
URI	Uniform Resource Identifier	统一资源标识符
URL	Uniform Resource Locator	统一资源定位符
URN	Uniform Resource Name	统一资源命名
USB	Universal Serial Bus	通用串行总线
UWB	Ultra Wide Band	超宽带
VSP	Virtual Service Point	虚拟服务点
W3C	World Wide Web Consortium	万维网联盟
WIMP	Window, Icon, Menu, Pointing device	窗口、图标、菜单和定点设备
WMS	Warehouse Management System	仓库管理系统
WoT	Web of Things	物维网
WS	Web Services	Web 服务
WSAN	Wireless Sensor and Actuator Network	无线传感器和执行器网络
WSDL	Web Service Definition Language	Web 服务定义语言
WSMO	Web Service Modeling Ontology	Web 服务建模本体
WSMX	Web Service Execution Environment	Web 服务执行环境
WSN	Wireless Sensor Network	无线传感器网络

WWAI	World Wide Article Information	万维物品信息
WWW	World Wide Web	万维网
XML	Extensible Markup Language	可扩展标记语言
XMPP	Extensible Messaging and Presence Protocol	可扩展通讯和表示协议
XOL	Ontology Exchange Language	本体交换语言